交通职业教育教学指导委员会推荐教材
中等职业院校筑路机械使用与维修专业教学用书

全国技工学校通用教材

Zhulu Jixie Dianqi

筑路机械电器

王立军　主编
周以德　主审

人民交通出版社

内 容 提 要

本书共分七个模块，其内容主要包括：起动型铅蓄电池，硅整流发电机与调节器，起动系统，点火系统，照明与信号装置，仪表、报警装置及辅助电器等系统中主要元件的结构原理、常见故障的诊断与排除，常用筑路机械电器总线路分析、微机控制系统简介等。

本书为交通行业技工学校筑路机械使用与维修专业教材，同时可供从事筑路机械维修技术人员参考。

图书在版编目（CIP）数据

筑路机械电器 / 王立军主编 . —北京：人民交通出版社，2009.10

ISBN 978-7-114-07937-5

Ⅰ. 筑… Ⅱ. 王… Ⅲ. 筑路机械－电器设备 Ⅳ. U415.5

中国版本图书馆 CIP 数据核字（2009）第 156640 号

书　　名：筑路机械电器
著 作 者：王立军
责任编辑：袁　方
出版发行：人民交通出版社
地　　址：（100011）北京市朝阳区安定门外外馆斜街3号
网　　址：http：//www.ccpress.com.cn
销售电话：（010）59757969，59757973
总 经 销：人民交通出版社发行部
经　　销：各地新华书店
印　　刷：北京交通印务实业公司
开　　本：787×1092　1/16
印　　张：10.5
插　　页：1
字　　数：254千
版　　次：2010年 3 月　第 1 版
印　　次：2010年 3 月　第 1 次印刷
书　　号：ISBN 978-7-114-07937-5
印　　数：0001~2000册
定　　价：25.00元

前　言

全国交通技工学校筑路机械使用与维修专业第一轮通用教材于2001年3月出版，至今已经8年，为本专业的人才培养起到了极其重要的作用。但随着教学模式的变革及知识与技术的更新，该套教材已显陈旧。为此，经交通职业教育教学指导委员会公路（技工）专业指导委员会研究，决定对筑路机械使用与维修专业的教学计划和课程内容进行修订，并在此基础上编写第二轮教材。在本套教材编写过程中，我们力求做到以下几点。

第一，立足行业。从用人单位的岗位要求入手，分析现代公路建设对专业技术工人的能力结构要求，确定课程体系，明确教学目标，强化教材的针对性和实用性。

第二，立足国家职业标准。本教材以国家职业标准为依据，使教材涵盖了筑路机械使用与维修职业或工种的相关要求，便于双证书制度在人才培养过程中的落实。

第三，立足学生的实际基础情况和学习规律。本教材充分考虑了技工学校学生的基础和学习特点，尽力摒弃冗长的理论叙述和复杂的公式，力求做到以图代文、通俗易懂、简明扼要。

第四，根据筑路机械技术的发展趋势，适当地加入了新知识和新技术的内容，使全书教学内容更趋合理。

第五，本套教材的每门课程都配有复习题，便于学生对知识的学习和巩固。

《筑路机械电器》是全国筑路机械使用与维修专业通用教材之一，内容包括：起动型铅蓄电池，硅整流发电机与调节器，起动系统，点火系统，照明与信号装置，仪表、报警装置及辅助电器，筑路机械电器总线路，共七个模块。

参加本书编写工作的有：山东省公路高级技工学校的王立军（编写模块四、模块六、模块七的课题三）、刘兆德（编写模块一、模块七的课题四），河南省交通高级技工学校的申琳（编写模块三、模块五、模块七的课题一、二），湖北汽车学校的黄刚（编写模块二、模块七的课题五）。全书由王立军担任主编，江苏省交通技师学院周以德担任主审。公路（技工）专业指导委员会聘请江苏省交通技师学院张宏春担任本套教材的总统稿人。

本套教材在编写过程中得到了全国17个省市交通技工学校领导的大力支持和帮助，共有80余名教师参加了教材的编审工作，在此表示感谢！

由于我们的业务水平和教学经验有限，书中难免有不妥之处，恳请使用本书的广大读者批评指正，并给出宝贵的建议。

交通职业教育教学指导委员会
公路（技工）专业指导委员会
2009年5月

目　　录

绪　论

《筑路机械电器》是筑路机械驾驶与维修专业的必修课程。随着筑路机械的技术性能和自动化程度的不断提高和机电液一体化技术的逐渐普及，电器设备在筑路机械上的作用越来越突出，这主要体现在：电器设备元件在筑路机械上所占的比例越来越大，电器设备对筑路机械施工质量的保障作用越来越明显。

由于筑路机械种类繁多，因此各种机型所配备的电器设备元件的组成、数量及复杂程度等也差别较大。目前，筑路机械所配备的电器设备基本上可分为车辆电器设备和电子控制装置两大类，本教材仅就筑路机械上配备的车辆电器设备的构造、原理、使用、维护与检修等内容为大家作一介绍。

自行式筑路机械车辆电器设备通常包括以下五部分：

1. 电源系统

包括蓄电池、发电机及其调节器。两者并联工作，给全车提供电能。发电机是主电源，蓄电池是辅助电源，调节器控制发电机的输出电压。

2. 起动系统

起动系统包括起动机、起动继电器等。其作用为起动发动机。

3. 点火系统

点火系统主要包括点火元件、点火线圈、火花塞等。它主要用于汽油机，功能是产生电火花，点燃气缸中的可燃混合气。

4. 照明、信号、仪表及辅助设备

照明、信号、仪表及辅助设备包括各种照明和信号灯、机油压力表、水温表等各种仪表以及空调、电喇叭等，用以保证行驶和施工的人机的安全，提高操作者的舒适性。

5. 筑路机械电器总线路

筑路机械电器总线路主要讲述典型机械电路组成的特点，电路中开关、保险、继电器等元件的结构、原理，用来正确查找、分析电路故障。

筑路机械的电器设备具有以下特点：

1. 低电压

额定电压一般为12V或24V，有些工程机械的电系两种电压共存，以便向不同额定电压的电器供电。

2. 直流电系

这主要是考虑到向蓄电池的充电必须是直流电源。

3. 并联、单线

主要电器设备都采用并联连接，以防止它们之间出现故障而造成相互影响。

各电器的连接采用单线制，即从电源到各用电设备只用一根导线连接，而用机架、发动机等金属机体作为另一公共“导线”。采用单线制的优点是节省导线、线路清晰、安装和检修方便。

4. 负极搭铁

将蓄电池的负极桩接到机架、发动机等壳体上，俗称“搭铁”。

模块一　起动型铅蓄电池

课题一　蓄电池的结构及工作原理

知识点：

1. 蓄电池的用途、结构、型号；
2. 蓄电池的工作原理及特性；
3. 蓄电池充放电特性及容量的影响因素。

【任务描述】

蓄电池能多次进行放电和充电，是将化学能转化成电能的直流电源。因其结构简单、易制造、短时间内能放出很大的电流，所以被广泛应用在筑路机械上。为保证蓄电池安全、可靠地工作和适当延长蓄电池的使用寿命，我们必须弄清其结构、原理和相关特性。

【任务分析】

蓄电池作为筑路机械的必备电源，是机械的重要组成部分之一。这就要求大家在机械的使用过程中，必须对蓄电池进行正确使用与维护。为此，在学习蓄电池时，一定要掌握其结构特点、能量的转化原理、影响容量的因素等相关知识。

【相关知识】

一、铅蓄电池的用途

铅蓄电池是一种化学电源，它既能把化学能变成电能提供给用电设备，也能把电能转变成化学能储存起来，故又称为二次电源。

筑路机械上用电设备所需的电能，都是由发电机和蓄电池提供的，二者并联。在发动机正常工作时，主要由发电机向用电设备供电，而蓄电池的作用主要体现在以下几个方面：

(1)起动发动机时，给起动机(汽油机包括点火系)供电。要求在5～10s内向起动机提供200～600A的起动电流(个别柴油机的起动电流可高达1 000A)。

(2)发电机不工作或输出电压过低时，向全车用电设备供电。

(3)在发电机短时间超负荷时，可协助发电机向用电设备供电。

(4)发电机正常工作时，蓄电池可将部分电能转变为化学能储存起来。

(5)具有电容器的作用，能吸收瞬间高电压，保护电路中电子元件不被损坏。

二、铅蓄电池的构造和特点

蓄电池的构造如图1-1-1所示，一般由6个单格电池串联而成，每个单格电池的标准电压为2V。蓄电池主要由正负极板组成的极板组、隔板、电解液、外壳、联条和极桩等组成。

1. 极板

极板是铅蓄电池的主要组成部分，它分为正极板和负极板，正、负极板均由栅架和活性物质组成。铅蓄电池的充、放电过程就是依靠极板上的活性物质和电解液中的硫酸进行化学反应来实现的。

正、负极板栅架结构相同,如图 1-1-2 所示。栅架一般由铅锑合金浇铸而成,其作用是容纳活性物质并使极板成型。加锑的目的是为了提高栅架的机械强度和浇铸性能,但加锑后易引起蓄电池自行放电、栅架腐蚀。因此,栅架的生产材料正向低锑(含量小于 3%)甚至不含锑的铅钙合金方向发展。

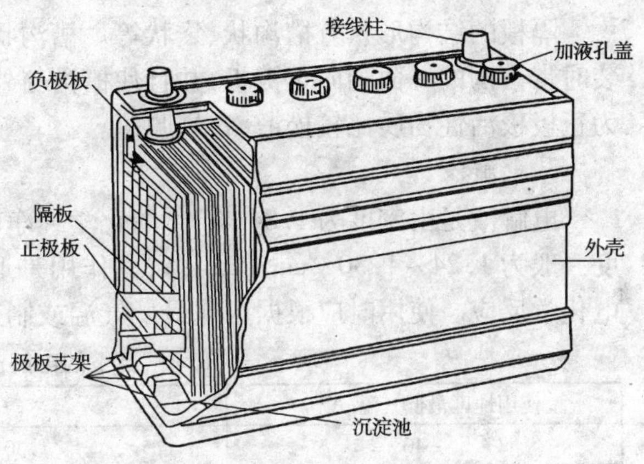

图 1-1-1 蓄电池的构造

活性物质是极板上的反应物质,正极板上的活性物质是二氧化铅(PbO_2),呈深棕色;负极板上的活性物质是海绵状的纯铅(Pb),制作时铅膏中加入了松香、油酸、硬脂酸等防氧化剂。成型后负极板呈青灰色。国产负极板的厚度为 1.8mm 左右,正极板厚度为 2.2mm 左右;国外大多采用薄型极板,厚度为 1.1 ~ 1.5mm。薄型极板可以提高蓄电池的比容量和改善起动性能。

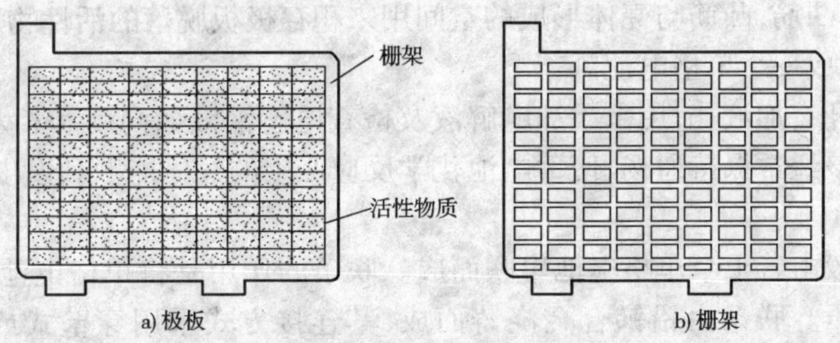

图 1-1-2 极板和栅架

a) 极板;b) 栅架

将正、负极板各一片浸入电解液中,就可获得 2.1V 的电动势。为了增大蓄电池的容量,而又不致使体积过大,一般都采用小面积的多片正、负极板分别并联,用横板焊接,组成正、负极板组,如图 1-1-3 所示。安装时正、负极板相互嵌合,中间插入隔板,放入单格电池槽内,形成单格电池。在单格电池中,负极板的片数比正极板的多一片,正极板都处于负极板之间,使两侧放电均匀,否则由于正极板的机械强度差,易造成正极板的拱曲变形和活性物质的脱落。

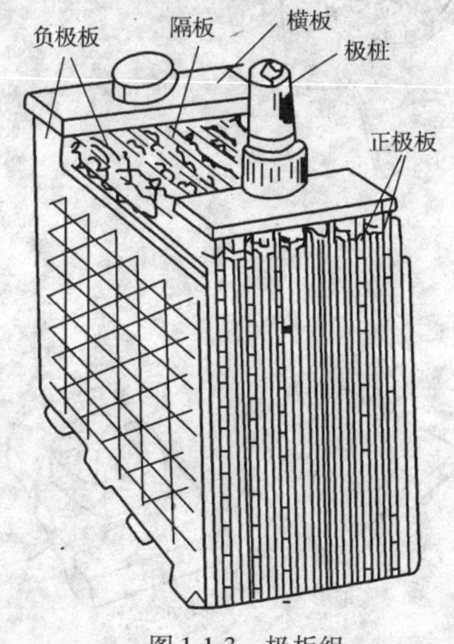

图 1-1-3 极板组

2. 隔板

为了减小铅蓄电池的内电阻和尺寸,正、负极板间的距离应尽可能的小,为此在二者之间插入隔板。隔板的作用就是使正、负极板尽量靠近而不至于短路。隔板采用绝缘材料制成,应具有多孔、一定的机械强度、耐酸、不含有对极板有害的物质等性能。目前使用的主要由木质隔板、玻璃纤维隔板、微孔橡胶隔板和微孔塑料隔板,其中微孔塑料隔板使用较为广泛。

隔板的结构形状有槽沟状、袋状等。槽沟状隔板比极板面积稍大,一面制有纵向槽沟,安装时带槽沟的一面朝向正极板,并且使槽沟与外壳低部垂直。袋状隔板仅包在正极板外部,因为正极板活性物质比较松散,容易脱落。

3. 电解液

电解液是由密度为 1.84g/cm³ 的化学纯净硫酸和蒸馏水按一定比例配制而成,其相对密度一般为 1.24 ~ 1.30g/cm³(25℃),其作用是形成电离,促使极板活性物质溶离,产生可逆的电化学反应。使用时应根据当地最低气温或制造厂的推荐进行选择(表 1-1-1)。

不同气温下的电解液相对密度(25℃) 表 1-1-1

使用地区最低气温(℃)	冬季	夏季
-40	1.30	1.26
-40 ~ 30	1.28	1.24
-39 ~ 20	1.27	1.24
-20 ~ 0	1.26	1.23

4. 外壳

蓄电池的外壳是用来盛放电解液和极板组的容器,其材料应耐热、耐酸 、耐震。目前国内多采用硬橡胶外壳和聚丙乙烯外壳,以后者居多。壳内用间壁分隔成 3 个或 6 个互不相通的单格,单格底部有凸筋,凸筋与壳体形成的空间用来积存极板脱落的活性物质。每个单格内放入一对极板组,组成一个单格电池。

蓄电池盖上开有加液孔,用来添加电解液及检查电解液液面高度和相对密度。加液孔螺塞上的通气孔应该经常保持通畅,使蓄电池化学反应产生的气体能顺利逸出。

5. 联条

铅蓄电池一般由若干个单格电池串联而成。联条的作用是将单格电池串联起来,提高整个蓄电池的端电压。联条由铅锑合金浇铸而成,其连接方式采用穿壁式或跨桥式连接方式(如图 1-1-4)。

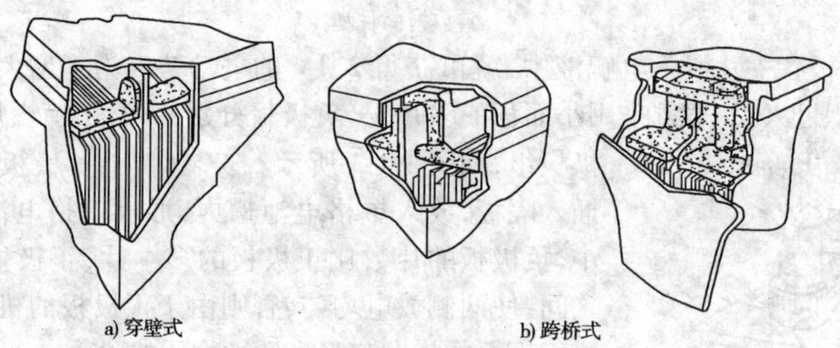

图 1-1-4 穿壁式与跨桥式联条

a)穿壁式;b)跨桥式

6. 极桩

铅蓄电池首尾两极板组的横板上分别焊有两接线柱称为蓄电池的正、负极桩。极桩分为侧置式、锥形和 L 形三种(图 1-1-5)。为了便于区分,正极桩上或旁边标有“ + ”记号;负极桩上标有“-”记号。使用过的蓄电池标注不清时,可采用以下方法确定:①用万用表测定;②观察极桩

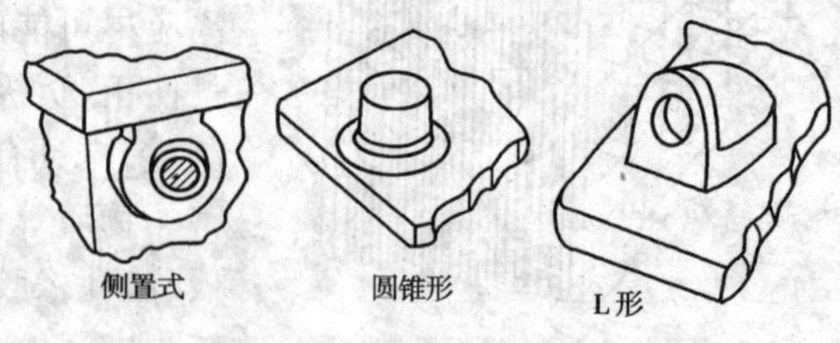

图 1-1-5 铅蓄电池接线柱外

的粗细，粗一些的为正极，细一些的为负极；③根据极桩表面硬度，用螺丝刀在极桩表面轻划，较硬的为正极，反之为负极。

三、蓄电池的规格型号

根据型号《铅蓄电池产品型号编制方法》(JB 2599—91)，铅蓄电池型号的组成为：串联单格电池数—电池类型和特征—额定容量—特殊性能。

(1)单格电池数。用阿拉伯数字表示。

(2)铅蓄电池类型是根据其主要用途来划分的。如起动型铅蓄电池用“Q”，代号 Q 是汉字“起”的第一个拼音字母。

电池特征为附加部分，仅在同类用途的产品具有某种特征，在型号中又必须加以区别时才采用。

(3)额定容量用阿拉伯数字表示。20h 放电率的一片正极板设计容量为 15A·h。

(4)在产品具有某些特殊性能时，可在型号的末尾加注相应的代号。如 G 表示高起动率；S 表示塑料外壳；D 表示低温起动性能。如 6-QA-60S 蓄电池，表示由 6 个单格电池组成，额定电压 12V，额定容量 60Ah 的起动型、干荷电、塑料壳体铅蓄电池(图 1-1-6)。

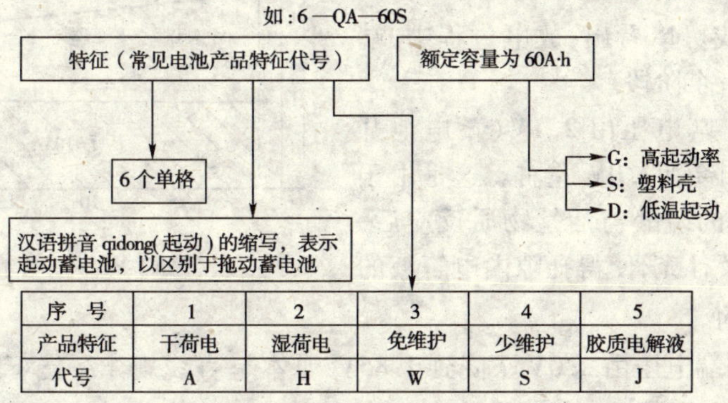

序　号	1	2	3	4	5
产品特征	干荷电	湿荷电	免维护	少维护	胶质电解液
代号	A	H	W	S	J

图 1-1-6　蓄电池的规格型号示意图

四、蓄电池的工作原理及特性

1. 蓄电池的工作原理

当蓄电池对负载放电时，正极板上的活性物质 PbO_2 和负极板上的 Pb 都转化成了 $PbSO_4$，电解液中的 H_2SO_4 浓度降低；充电时，正负极板上的 $PbSO_4$ 在充电电流的作用下逐渐恢复为 PbO_2 和 Pb，电解液中的硫酸浓度增高(图 1-1-7)。蓄电池充、放电过程的电化学反应式为：

$$PbO_2 + Pb + 2H_2SO_4 \underset{\text{充电}}{\overset{\text{放电}}{\rightleftharpoons}} 2PbSO_4 + 2H_2O$$

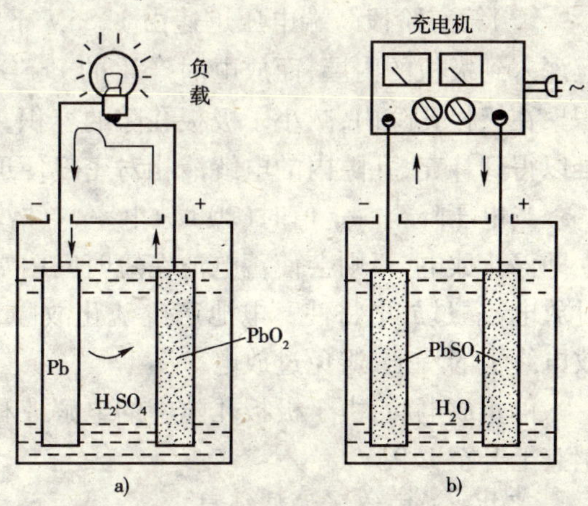

图 1-1-7　铅蓄电池反应原理

a)放电；b)充电

蓄电池充放电过程中，正负极板间的电动势在不断地变化，其中主要影响因素就是活性物质孔隙内的电解液相对密度，一般按下式进行估算：

$$E_0 = 0.84 + \rho_{25℃} \tag{1-1-1}$$

式中：E_0——极板间的电动势；

$\rho_{25℃}$——电解液的相对密度(25℃时电解液的密度)。

$$\rho_{25℃} = \rho_t + \beta(t - 25)\rho_t \tag{1-1-2}$$

式中：ρ_t——实际测量的电解液相对密度；

t——实际测量的电解液温度；

β——密度温度系数 $\beta = 0.000\ 75$，即温度每升高1℃，密度 ρ_t 将下降 0.000 75。

2. 蓄电池的放电特性

铅蓄电池的放电特性是指蓄电池在恒定电流放电状态下电解液的相对密度、蓄电池端电压随放电时间而变化的规律，如图1-1-8所示。是将充足电的6-QA-105蓄电池以5.25A的放电流进行放电时测得的规律曲线。

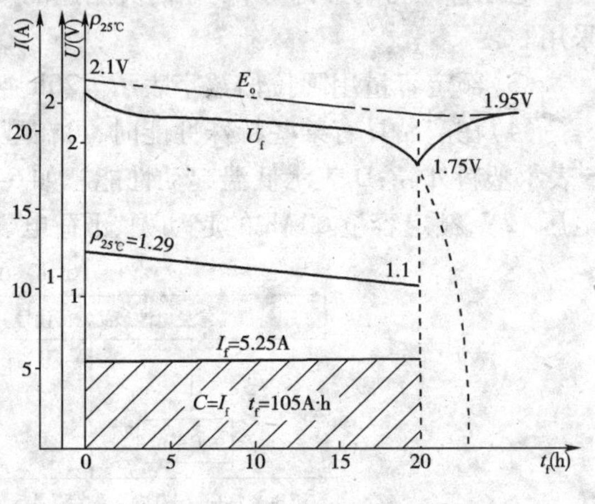

图1-1-8　放电特性曲线

在放电过程中，电解液的相对密度呈直线下降，相对密度每下降0.01，蓄电池约放掉6% Q_e 的电量。

从放电特性曲线可以看出，放电过程中，端电压的变化规律分三个阶段。

(1)第一阶段　端电压由2.1V(蓄电池开路时的电压)迅速下降到2.0V左右。这是由于放电开始时，孔隙内的硫酸与活性物质反应后，孔隙外的硫酸来不及补充，使得孔隙内电解液的密度迅速下降引起的。

(2)第二阶段　端电压由2.0V下降到1.85V，基本呈直线规律缓慢下降。在这一段的放电过程中，容器中的电解液便向极板孔隙内渗透，当渗入的新电解液完全补偿了孔隙内消耗的硫酸量时，端电压将随整个容器内电解液相对密度的降低而下降，因此端电压下降缓慢、时间较长。

(3)第三阶段　端电压迅速由1.85V下降到1.75V。这是由于放电接近终了时，化学反应深入到极板的内层，而放电时产生的 $PbSO_4$ 是原来活性物质 PbO_2 和Pb的2～3倍，$PbSO_4$ 积聚在极板孔隙内，减小了极板孔隙的容积，使电解液的渗入困难，极板孔隙内消耗掉的硫酸难以得到补充，孔隙内的电解液相对密度便迅速下降，端电压也随之急剧下降。

当电压降至一定值时(20h放电率，单格电压为1.75V)，放电过程达到放电终了。此时应立即停止放电，否则会使蓄电池在短时间内端电压急剧下降为零，致使蓄电池过度放电(简称过放电)。过放电将使蓄电池产生硫化故障，导致极板损坏、容量减小。因此，应熟悉蓄电池放电终了的特征，避免过放电。

停止放电后，由于极板孔隙中的电解液和容器中的电解相互渗透，趋于平衡，蓄电池电压稍有上升至1.95V。

蓄电池放电终了的特征是：

(1)单格电池电压下降到放电终止电压(1.75V)。

(2)电解液相对密度下降到最小值(约1.1)。

3. 蓄电池的充电特性

铅蓄电池的充电特性是指蓄电池在恒定电流充电状态下，电解液相对密度、蓄电池端电压随充电时间变化而变化的规律。将放完电的6-QA-105蓄电池以10.5A的充电电流进行恒流充电过程中，每隔一定时间测量其端电压、电解液密度和温度，便可得到该蓄电池的充电特性规律曲线，如图1-1-9所示。

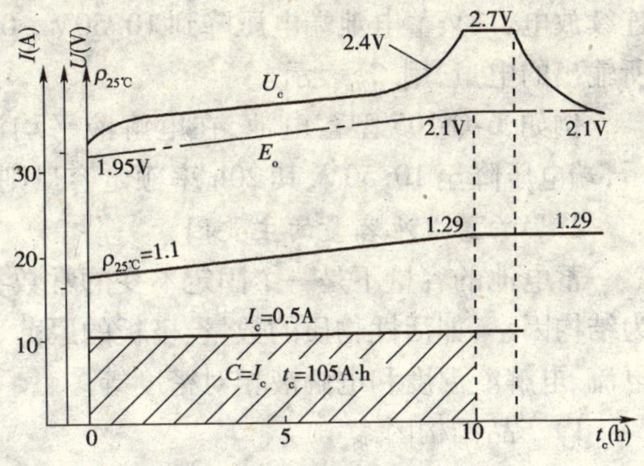

图1-1-9 充电特性曲线

在充电过程中，电解液相对密度随时间呈直线规律逐渐上升。蓄电池端电压的上升规律由四个阶段组成：

(1)第一阶段 充电开始，端电压上升很快。这是因为充电时活性物质和电解液的作用首先是在极板的孔隙内进行的，生成的硫酸使孔隙内的电解液相对密度迅速增大，从而使端电压迅速增高到2.1V。此时孔隙内的电解液还没来得及和壳体内的电解液进行交换。

(2)第二阶段 端电压上升较平稳，至单格电压2.4V。该过程中随着生成的硫酸量增多，硫酸开始不断地向周围扩散，使孔隙内析出的硫酸量与扩散的硫酸量达到平衡，此时蓄电池的端电压随着整个容器内的电解液相对密度的上升而相应增高。

(3)第三阶段 2.4V以后端电压迅速上升至2.7V，并有大量气泡产生。这时极板上的活性物质几乎最大限度地转变成了二氧化铅(PbO_2)和海绵状纯铅(Pb)，充电电流开始电解水，将水分解为氢气和氧气，以气泡的形式剧烈放出，形成所谓的“沸腾”状态。

(4)第四阶段 为过充电阶段，该阶段端电压和电解液的相对密度不再上升。过充电阶段一般为2h～3h，目的为保证蓄电池完全充足电。

铅蓄电池充电终了的特征是：

(1)电压和电解液相对密度均上升到最大值，且2～3h内不再增加。

(2)电解液中产生大量气泡，出现“沸腾”现象。

五、蓄电池容量及影响因素

1. 蓄电池的额定容量

蓄电池的容量是指在规定的放电条件下，完全充足电的蓄电池所能提供的电量，用C表示。蓄电池的容量是标志蓄电池对外放电能力，衡量蓄电池质量的优劣以及选用蓄电池的重要指标。

一般采用A·h(安时)来计量蓄电池的容量。即容量等于放电电流与持续放电时间的乘积，用下式表示：

$$C = I_f t \tag{1-1-3}$$

式中：C——蓄电池容量，A·h；

I_f——放电电流，A；

t——放电持续时间，h。

蓄电池的容量与放电电流、放电持续时间及电解液温度有关。因此，蓄电池出厂时规定的额定容量是在一定的放电电流、一定的终止电压和一定的电解液温度下取得的。我国规定以

20h 放电率容量作为起动型蓄电池的额定容量。

20h 率额定容量是指完全充足电的蓄电池，在电解液温度为25℃时，以20h放电率的电流连续放电，12V 蓄电池端电压降到10.50V ±0.05V；6V 蓄电池端电压降到5.25 V ± 0.02V时所输出的电量，用 C_{20} 表示。

例如，6-Q-105 型蓄电池，在电解液平均温度为25℃时，以5.25 A 的电流连续放电20h后，端电压降至10.50V，其20h率额定容量则为：$C_{20}=5.25\times 20=105$ A·h。

2. 影响蓄电池容量的主要因素

蓄电池的容量不是一个固定不变的常数，而与很多因素有关，归纳起来可分为两类：一类为结构因素，如活性物质的数量、极板的厚薄、活性物质的孔率等；另一类为使用条件，如放电电流、电解液温度和电解液相对密度等。

1）产品结构因素

（1）极板上活性物质的数量

从理论上讲，活性物质越多，则容量应越大。实际上，正负极板上只有大约55% ~60%的活性物质参加反应，当活性物质的数量确定后，其他因素对容量的影响就是对活性物质的利用率的影响。极板面积越大，片数越多，则同时和硫酸起化学反应的活性物质就越多，容量就越大。国产蓄电池极板面积已统一，每对极板面的容量为7.5 A·h。所以，极板数量与容量的关系可用下式进行计算：

$$C_{20}=7.5(N-1) \tag{1-1-4}$$

式中：C_{20}——定容量，A·h；

N——正负极板的总片数。

（2）极板的厚度

极板越厚，电解液向极板深处的扩散越困难，活性物质越不易参与反应。因此，减小极板厚度可以提高活性物质的利用率。

（3）活性物质的孔率

孔率即活性物质的孔隙多少。孔率越大，硫酸溶液扩散渗透越容易，活性物质与电解液直接接触的表面积越大（极板的真实表面积要比极板的几何尺寸计算面积大得多，大概几百倍），则容量可相应提高。但如果孔率过大，则活性物质的数量要减少，容量却反而会下降。

（4）极板中心距

极板中心距小，可以减小蓄电池的内电阻，在保证有足够硫酸量的前提下，缩小极板中心距可以提高蓄电池的容量。

2）使用条件对蓄电池的影响

（1）放电电流的影响

根据试验，放电电流越大，则电压下降越快，至终止电压的时间越短，因而容量越小。因为大电流放电时，极板表面活性物质的孔隙会很快被生成的硫酸铅所堵塞，使极板内层的活性物质不能参加化学反应，因此放电电流增大，蓄电池的容量减小。图1-1-10是3-Q-75型蓄电池在电解液温度为30℃时，容量与放电电流的关系。

（2）电解液温度的影响

温度降低则容量减小，这是由于温度降低时，电解液的黏度增加，渗入极板内部困难；同时电解液电阻也增大，使蓄电池内阻增加，电动势消耗在内阻上的压降增大，蓄电池端电压降低，容量因此减小。图 1-1-11 为 3-Q-75 型蓄电池以 225A 的电流放电,在不同温度下所输出的容量。

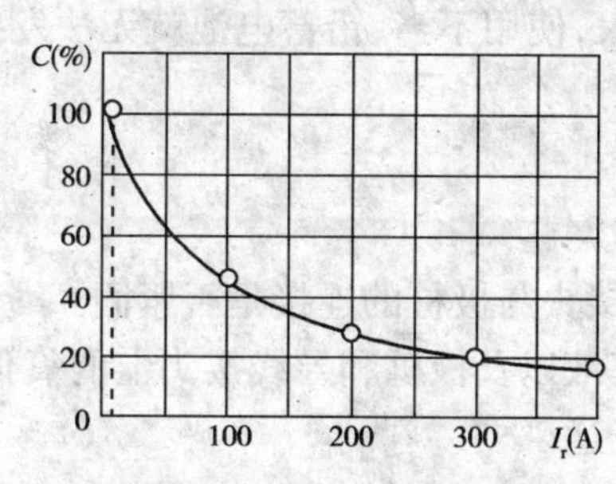

图 1-1-10　蓄电池容量与放电电流的关系

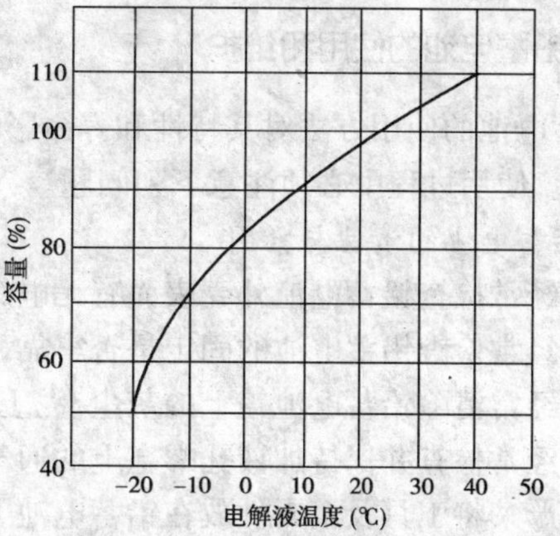

图 1-1-11　温度与容量的关系

由于温度对蓄电池放电时的容量有较大影响,因此,在寒冷地区应特别注意蓄电池的保温。

(3)电解液密度的影响

适当增加电解液的相对密度,可以提高电解液的渗透速度和蓄电池的电动势,并减小内阻,使蓄电池的容量增大。但相对密度超过某一数值时,由于电解液黏度增大使渗透速度减低,内阻和极板硫化增加,又会使蓄电池的容量减小。电解液相对密度和容量的关系如图 1-1-12 所示,起动用蓄电池一般使用相对密度为 1.26 ~ 1.29 的电解液。

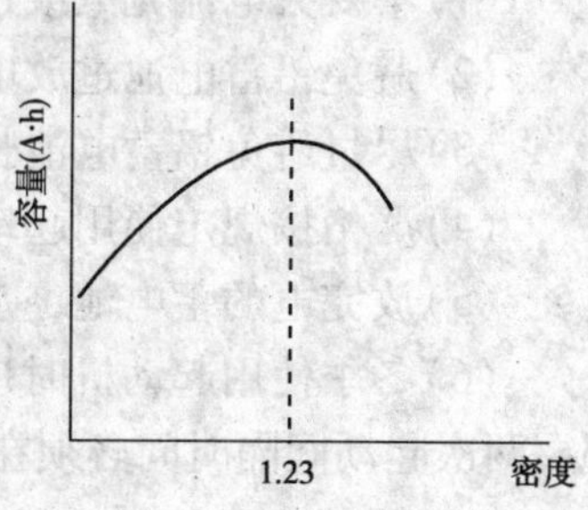

图 1-1-12　相对密度和容量的关系

课题二　铅蓄电池的使用与维护

知识点:

1. 蓄电池的维护作业内容与方法;
2. 蓄电池的充电方法及步骤;
3. 蓄电池的常见故障原因与预防措施。

技能目标:

1. 能够对蓄电池进行维护作业;
2. 能够对蓄电池进行补充充电。

【任务描述】

蓄电池在使用过程中,如果维护及时、使用方法正确,寿命可达两年以上。否则,容易形成各种故障,造成过早报废。为此,如何正确使用、维护蓄电池就显得非常重要。

【任务分析】

为保证延长蓄电池使用寿命减少经济损失,在机械使用过程中,首先要知道蓄电池的正确使用方法及注意事项;在日常的维护中还要知道蓄电池维护、检测内容,知道蓄电池正确的补充充电方法以及容易造成蓄电池故障的原因和预防措施。

【相关知识】

一、铅蓄电池的使用和维护

铅蓄电池的使用方法对其特性和寿命影响很大，使用不当，铅蓄电池就无法发挥应有的作用。因此，使用过程中必须注意下列问题。

1. 铅蓄电池的清洁与紧固

(1)经常检查铅蓄电池外壳表面有无电解液渗漏。

(2)经常检查铅蓄电池的固定是否牢靠，导线接头与极桩的连接是否紧固。

(3)经常清除铅蓄电池盖上的灰尘、泥土、电解液以及极桩和导线接头上的氧化物。

(4)经常检查并保持加液孔螺塞上的通气孔畅通。

(5)严禁将工具及金属件放在铅蓄电池上。

2. 正确使用

(1)不要大电流充电或过电压充电。

(2)避免铅蓄电池过放电和长期亏电。

(3)尽量避免铅蓄电池长期处于小电流放电情况下工作。

(4)严格按规定使用起动机，不常鸣喇叭。

(5)放完电的蓄电池，应在24h内充足电。

(6)冬季使用起动机时应先进行发动机预热，并严格控制起动时间(起动时间不要超过5s，两次起动间隔时间必须在15s以上)。

3. 铅蓄电池技术状况的检查

为了及时发现铅蓄电池使用中的各种内在故障，一般夏季使用5～6d，冬季使用10～15d，就要对铅蓄电池进行以下检查：

1)电解液液面高度的检查

电解液液面高度的检查方法如图1-2-1所示。电解液液面高度规定为高出极板10～15mm范围内(透明壳体在上下刻度线内)。电解液不足时一般只加蒸馏水或电解液补充液。

2)蓄电池放电程度的检查

(1)测量电解液的相对密度

通常用吸式密度计来测量电解液的相对密度。如图1-2-2所示，先吸入电解液使密度记浮子

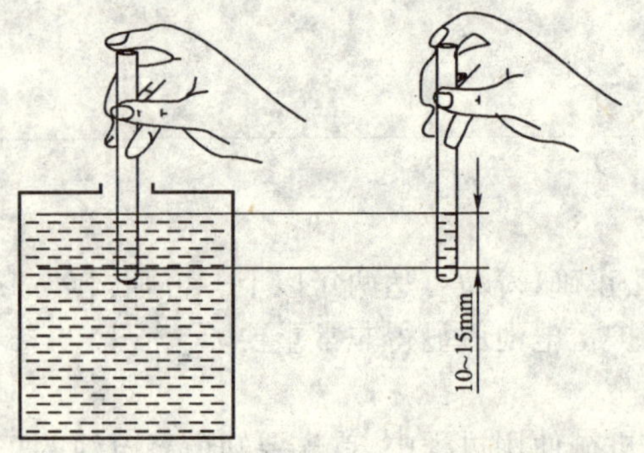

图1-2-1　电解液液面高度的测量

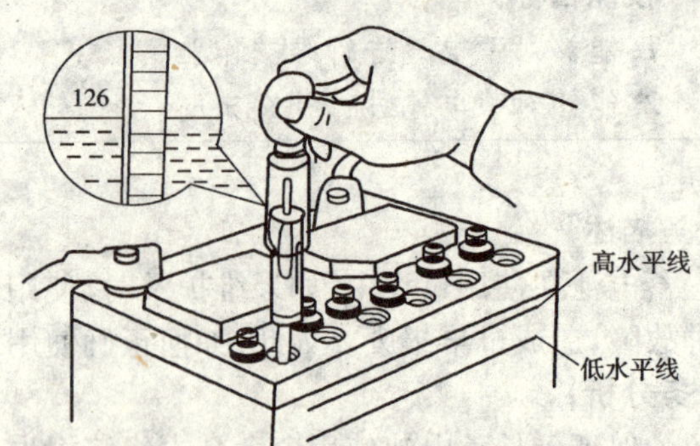

图1-2-2　测量电解液的密度

浮起,电解液液面所在的刻度即为其相对密度值。同时还要测量电解液的温度,然后将测量的密度值转换为25℃时的相对密度值。电解液相对密度下降0.01,就相当于蓄电池放电6%。所以可从测得的电解液相对密度粗略地估算出蓄电池的存电量,但在强电流放电或加注蒸馏水后,不应立即测量电解液的密度,因为此时电解液混合不匀,测得的相对密度不能用来估算蓄电池的存电量。

(2)用高率放电计测量放电电压

铅蓄电池电压的测量方法如图1-2-3所示,测量时,应将两触针紧压在电池的正负极桩上,测量时间为5s左右,观察此时蓄电池所能保持的端电压。若电压保持为10.6~11.6V,说明蓄电池的技术状况良好;如果电压保持为9.6V~10.6V,说明蓄电池性能良好,但存电不足;若电压迅速下降,说明蓄电池有故障,应及时修理。

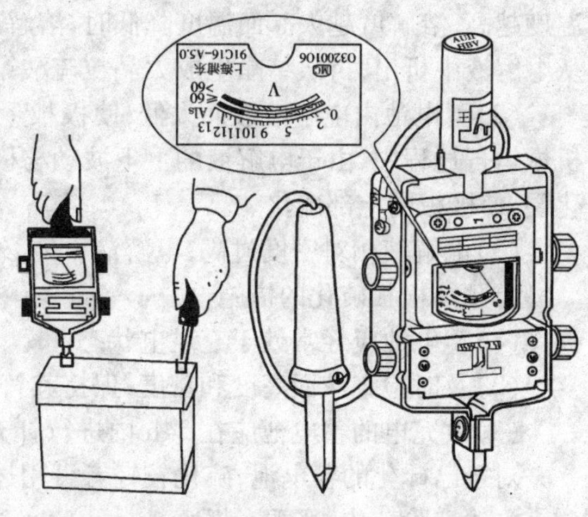

图1-2-3 用高率放电计测量放电电压

高率放电计测得的电压与放电程度的关系,见表1-2-1。

端电压与放电程度对照表　　表1-2-1

蓄电池的端电压(V)	放电程度(%)	蓄电池的端电压(V)	放电程度(%)
10.6~11.6	0	8.4~9	75
9.6~10.6	25	7.2~8.4	100
9~9.6	50		

二、铅蓄电池的常见故障分析

蓄电池的外部故障有:外壳有裂缝、接线柱松动、极桩腐蚀等。

内部故障有:极板硫化、自行放电、活性物质脱落和内部短路等。

蓄电池的外部故障较明显,易察觉,可通过修补、除污等简单方法进行修复。但内部故障不易察觉,只有在使用和充电时才出现症状,应尽量避免内部故障的产生。为此,我们必须清楚产生内部故障的原因和预防措施。

1.极板硫化

蓄电池长期充电不足或放电后长时间未充电,极板上会逐渐生成一层白色、坚硬、不易溶解的粗晶粒硫酸铅,这种现象称为"硫酸铅硬化",简称"硫化"。这种粗而坚硬的硫酸铅晶体导电性差、体积大,会堵塞活性物质的孔隙,阻碍电解液的渗透和扩散,使蓄电池的内阻增加,起动时不能供给大的起动电流,以至不能起动发动机。

极板严重硫化后,充、放电时会有异常现象,如放电时蓄电池容量明显下降,用高率放电计检查时,电压急剧降低;充电时单格电压上升快,电解液温度迅速升高,但密度却增加很慢,且过早出现"沸腾"现象。

1)产生硫化的主要原因

(1)蓄电池长期充电不足,或放电后未及时充电,当温度变化时,硫酸铅发生再结晶的结果。在正常情况下蓄电池放电时,极板上生成的硫酸铅晶粒比较小,导电性能较好,充电时能够完全转化而消失。但若长期处于放电状态时，极板上的硫酸铅将有一部分溶解于电解液中，温度越高，溶解度越大。而温度降低时，溶解度减小，出现过饱和现象，这时有部分硫酸铅就会从电解液中析出，再次结晶生成大晶粒硫酸铅附着在极板表面上。

(2)蓄电池内电解液液面太低，使极板上部与空气接触而强烈氧化(主要是负极板)。在机械运行过程中，由于电解液的上下波动与极板的氧化部分接触，也会形成大晶粒的硫酸铅硬化层，使极板的上部硫化。

(3)电解液相对密度过高，电解液不纯、外部气温剧烈变化时也将促进硫化。

2)预防极板硫化的措施

(1)蓄电池应经常处于充足电状态。

(2)及时检查液面高度和密度，保持其符合规定。

(3)放完电的蓄电池应在24h内进行补充充电。

对于已硫化的蓄电池，硫化较轻者可用过充电方法进行充电恢复处理，较严重者可用去硫化充电法消除硫化，严重者报废。

2. 自行放电

充足电的蓄电池，在无负载的情况下电量自行消失，该现象称为蓄电池的“自行放电”。若一昼夜容量损失不超过1%时，属蓄电池的正常自放电。若一昼夜自行放电量超过1%时，则属于自放电故障，这主要是由于使用维护不当所造成的。

1)自放电的原因

造成自放电的原因很多，主要有以下几个方面：

(1)电解液杂质含量过多，这些杂质在极板周围形成局部电池而产生自行放电。例如，当电解液中含铁量达1%时，一昼夜会将蓄电池全部放电。

(2)蓄电池内部短路引起的自放电。例如，隔板或壳体隔壁破裂、极板活性物质大量脱落而沉于极板下部，都将使正负极板短路而引起自放电。

(3)蓄电池盖上洒有电解液时，会造成自放电，同时，还会使极柱或连接条腐蚀。

2)预防自放电的措施

(1)配置电解液用的硫酸、蒸馏水必须符合规定。

(2)配置电解液用的器皿必须耐酸、耐热，配置好的电解液严防掉入赃物。

(3)蓄电池加液孔盖要盖好，防止掉入杂质。

(4)蓄电池表面要保持清洁、干燥。

因电解液不纯造成自行放电的蓄电池，可将它完全放电或过度放电，使极板上的杂质进入电解液，然后将电解液倒出，用蒸馏水将电池、极板清洗干净，最后加入新电解液重新充电。

3. 极板活性物质大量脱落

极板活性物质大量脱落主要是正极板上的活性物 PbO_2 脱落，这是蓄电池过早损坏的主要原因之一。活性物质脱落故障的特征是蓄电池输出容量降低，充电时电解液浑浊，有褐色物质。

1)活性物质脱落的原因

活性物质脱落的主要原因是充电电流过大、过充电时间太长、低温大电流放电。充电电流过大使温度升高快、反应剧烈，容易引起极板栅架腐蚀，加速活性物质脱落；过充电会电解水，产生大量氢气和氧气，当氢气从负极板的孔隙内向外冲出时，容易导致活性物质Pb脱落，当氧气从正极板的孔隙内向外冲出时，容易导致活性物质 PbO_2 脱落；大电流放电，特别是低温大电流放电时极板易拱曲变形而导致活性物质脱落。此外,电解液密度增大、温度升高,也会加速栅架腐蚀和活性物质脱落。

2)预防活性物质脱落的措施

(1)使用中应避免长时间过充电。

(2)蓄电池充电时的充电电流不能过大,电解液温度不得高于45℃。

(3)电解液密度在保证冬季不结冰的前提下,应尽量降低。

(4)蓄电池采用弹性支撑,减轻驾驶操作产生的颠簸振动。

脱落的活性物质沉积较少时,可清除后继续使用;沉积多时,须更换极板。

4. 极板短路

极板短路的故障现象为开路电压较低,大电流放电时端电压迅速下降,甚至到零;充电过程中,电压与电解液相对密度上升缓慢,甚至保持很低的数值就不再上升了,充电末期气泡很少,但电解液温度却迅速升高。

极极短路的原因主要有:隔板质量不高或损坏使正负极板相接触而短路;活性物质在蓄电池底部沉积过多、金属导电物落入正负极板之间也将造成蓄电池内部极板短路。对于短路的蓄电池必须拆开,查明原因而排除之。

【任务实施】

一、电解液的配制

电解液是由蒸馏水和相对密度为1.83~1.84的化学纯净硫酸按一定体积或质量比来配制的,25℃电解液的百分比配制可参照表1-2-2进行。

不同相对密度下硫酸与蒸馏水的配制比　　表1-2-2

电解液相对密度	质量比		体积比	
	硫酸	蒸馏水	硫酸	蒸馏水
1.24	1	1.86	1	3.40
1.25	1	1.76	1	3.22
1.26	1	1.60	1	3.05
1.27	1	1.57	1	2.80
1.28	1	1.49	1	2.75
1.29	1	1.41	1	2.60
1.30	1	1.34	1	2.47
1.40	1	1.02	1	1.60

注:1. 用的容器、玻璃棒、温度计、密度计应用蒸馏水冲洗干净。

2. 操作者应佩戴防护眼睛、橡皮手套、塑料围裙、高筒胶鞋以防烧伤。同时还要准备好10%的碳酸钠溶液,以备硫酸或电解液溅在皮肤上时作中和处理。

3. 配制电解液时,应将浓硫酸缓慢地注入到盛放蒸馏水的容器中,边注入边搅拌。严禁将蒸馏水倒入浓硫酸中,以防发生溶液沸腾飞溅,造成灼伤事故。

4. 待电解液冷却至环境温度后,测量密度值,若偏高时加入适量蒸馏水加以调整;偏低时加入适量相对密度为1.40的稀硫酸加以调整。

二、充电设备

目前最常用的充电设备是硅整流充电机、可控硅充电机和可控硅快速充电机(图 1-2-4)。这些充电机具有结构简单、操作维修方便、整流效率高、工作稳定可靠和寿命长等优点。

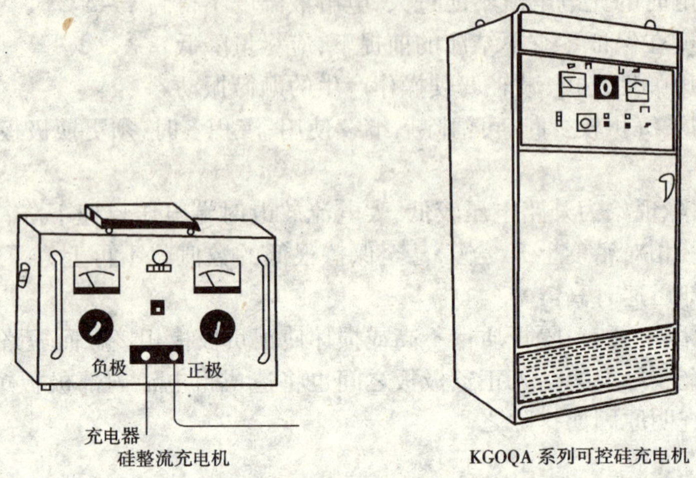

图 1-2-4 常用充电设备

三、充电方法

蓄电池的充电方法有定流充电、定压充电和脉冲快速充电三种。

1. 定电流充电

定电流充电是指充电过程中充电电流保持一定的充电方法。采用定流充电可以将不同电压等级的蓄电池串在一起充电,连接方法如图 1-2-5 所示。串联充电时,充电电流应按照容量最小的电池来选择,待小容量电池充足后,应及时摘掉,然后继续给大容量蓄电池充电,直到充足。

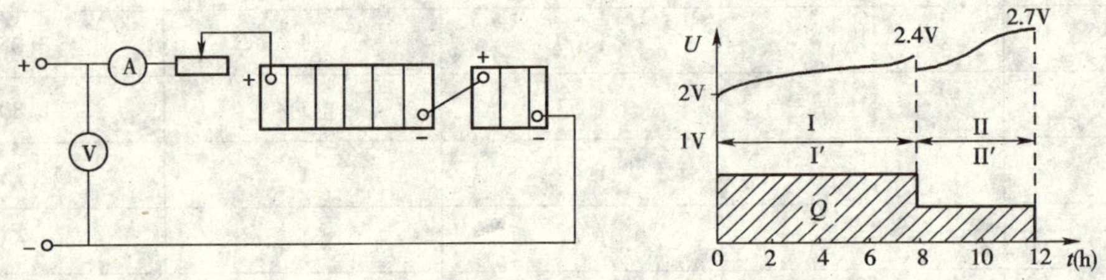

图 1-2-5 定电流充电

定电流充电适用性较广,常用于蓄电池的初充电、补充充电及去硫化充电。但这种充电方法的缺点是:充电时间较长,并且需要经常调节充电电流。

2. 定电压充电

定电压充电是指充电过程中充电电压保持不变的充电方法。定电压充电可将电压相同的铅蓄电池并联在一起充电,连接方法如图 1-2-6 所示。定压充电的特点是充电效率高、不易造成过充电,但必须注意选择好充电电压,若电压过高,则同样会发生过充电现象;若电压过低,则又会使蓄电池充电不足。

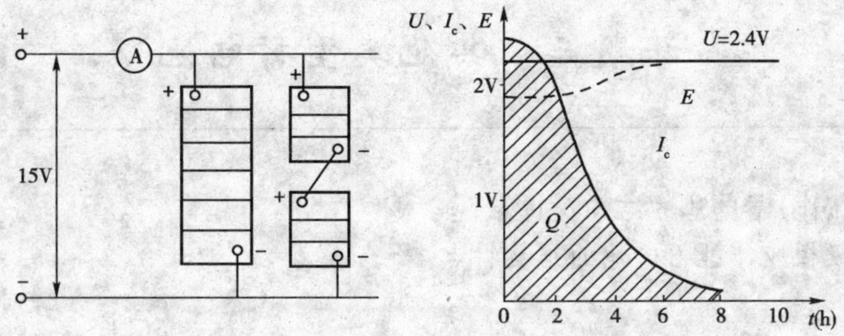

图 1-2-6　定电压充电

定压充电仅使用于补充充电，不能用于初充电和去硫充电。车用发电机对蓄电池的充电就是定压充电。

3. 脉冲快速充电

脉冲快速充电是利用可控制硅快速充电机对蓄电池进行正反向脉动充电。这种充电方法的优点是：

(1)充电效率高。对新蓄电池的初充电一般不超过 5h；对旧蓄电池的补充充电只需 0.5～1.5h，从而大大地缩短了充电时间。

(2)可增加蓄电池的容量。

(3)具有显著的去硫化作用。

四、充电种类

蓄电池的充电分为初充电、补充充电和去硫化充电等。

下面以常用的补充充电为例说明蓄电池需要充电的特征和操作步骤。

五、铅蓄电池需要补充充电的特征

使用中的蓄电池，由于充电机会少或充电电压偏低，而使蓄电池存电不足、容量下降时，应及时对其进行补充充电，一般每月一次。蓄电池存电不足的现象有：

(1)电解液相对密度下降到 1.15g/cm^3 以下时。

(2)冬季放电超过 25%，夏季超过 50% 时。

(3)灯光暗淡，起动无力时。

(4)12V 蓄电池端电压降至 10.6V 以下时。

六、铅蓄电池补充充电操作步骤

(1)调整好液面高度(高出极板 10～15mm)。

(2)接通充电电路。整个充电过程分两个阶段进行，第一阶段充电电流约为额定容量的 1/10，充电至单个电池端电压达 2.4V，而且电解液中放出气泡，此阶段大约需要 10～11h，再进行第二阶段的充电。第二阶段的充电电流为第一阶段的 1/2，充电至电解液剧烈“沸腾”，电压和密度在 3h 内稳定不变为止，该阶段大概需要 3～5h。全部充电时间约为 15h。

(3)充电过程中应经常测量电解液的温度，若温度超过到 40℃，应将电流减半或停止充电，并采用人工冷却，待冷却至 35℃以下时再继续充电。

课题三　其他类型蓄电池

知识点：

1. 免维护(MF)蓄电池的结构及特点；
2. 螺旋状极板胶体型蓄电池的结构特点。

技能目标：

能使用及检测免维护蓄电池。

【任务描述】

随着材料的改进和技术的发展,使得免维护蓄电池可以提高比能、无需初充电或免去定期添加蒸馏水。由于有这些明显优点,免维护蓄电池在工程机械上的使用日益广泛。这就要求我们必须知道这些新型蓄电池的结构特点及必要的维护、检测方法。

【任务分析】

新型蓄电池所用材料、结构有所改进,提高了抗氧化性能,采用整体塑料容器平底结构的大储液室、信封式隔板、通气塞中还装入催化剂钯等技术,使蓄电池具有免维护功能。免维护并非不维护只是维护的次数少了,还必须按照规范使用才能延长其使用寿命。

【相关知识】

一、免维护(MF)蓄电池的结构

免维护蓄电池又称 MF 蓄电池,这种蓄电池在使用过程中只需少量的维护工作,就能保证蓄电池良好的技术状态。

如图 1-3-1 所示的 MF 蓄电池极板的栅架采用的是无锑铅钙或铅锡合金材料,从而消除了锑的副作用,达到了免维护的目的。另外,MF 蓄电池在结构上也作了如下改进:

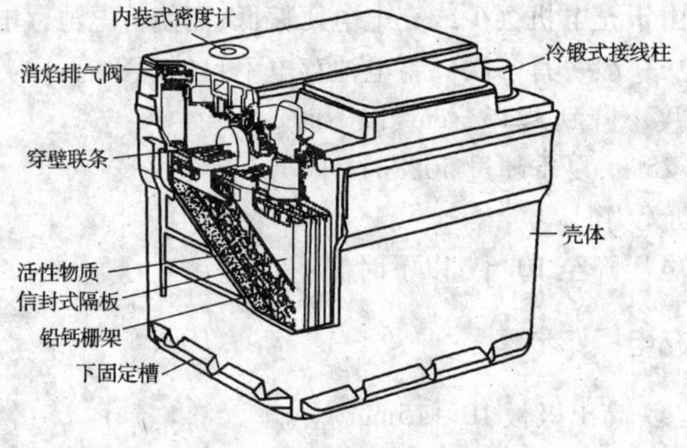

图 1-3-1　免维护蓄电池

(1)采用袋式聚氯乙烯隔板,将正极板包住,可保护正极板活性物质不至脱落,防止极板短路。

(2)单格电池间采用穿壁式连接,使内阻减小,输出电流增大。

(3)设计有内装式密度计,可使 MF 蓄电池成为无加液孔的全密封蓄电池。

(4)采用新型安全的通气装置。有的 MF 蓄电池通气装置中还装有催化剂钯,使绝大部分氢气和氧气再结合成水返回蓄电池内部，在很大程度上减小了水的消耗。该装置可使电池顶部和极桩保持清洁，减少了极桩的腐蚀。

(5)外壳采用聚丙烯塑料制成，壳底无凸筋，极板组直接落在底部，使电解液的储存量明显增加，且壳体壁薄，与同容量电池相比，质量轻，体积小。

【知识链接】

MF 铅蓄电池的性能特点：

(1)使用中不需添加蒸馏水。

(2)自放电少，寿命长，一般在4年左右，为普通蓄电池的2~3倍。

(3)内阻小，起动性能好。比传统的蓄电池具有更好的起动放电性能。

(4)清洁、安全。由于设置了安全通气装置，MF 电池内的氢气和酸气不宜逸出，因而防止了因火花引起的爆炸，还保持了其顶部干燥，减小了极桩的腐蚀。

(5)使用中或储存时不需进行补充充电。

二、螺旋状极板胶体型免维护蓄电池的结构特点

螺旋状极板胶体型免维护蓄电池结构如图1-3-2所示，它具有下列特点：

(1)电池极板及隔板呈螺旋紧密捆绑状，使得同样容积极板面积增大(比普通电池几乎大一倍)，低温起动电流达850A。

(2)体状电解液黏附于极薄的纤维隔板材料上，零下40℃不会结冰，高温65℃是不会漏液、漏气。可以任何角度固定电池。

(3)自放电极少。它可在不使用状态下放置10个月以上。

(4)过充电性能好。能在1h内以100A的大电流应急充电。

(5)耐硫化。放电时产生的硫酸铅很难溶解到胶体中，胶体中的硫酸铅也难以返回到极板形成再结晶，因此可在一定程度上防止极板硫化。

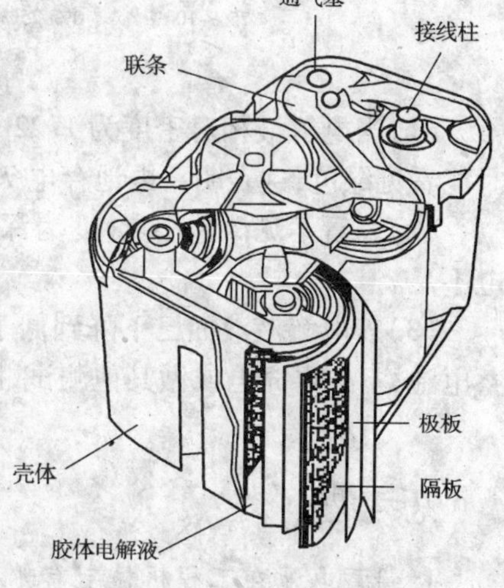

图1-3-2　胶体型免维护蓄电池

(6)内阻大。大电流放电时蓄电池容量有所降低。

【任务实施】

一、干荷电式蓄电池的激活

初次使用干荷电式蓄电池时，需将蓄电池加液盖旋开，疏通通气孔(有的采用蜡封口，有些用封条贴封），加入标准相对密度1.26(25℃)的电解液到规定高度，记下相对密度和温度，将蓄电池静放20min，再调整电解液的液面高度至规定位置，之后即可使用。在下列情况下，应对干荷式蓄电池补充充电，并达到充足电状态。

(1)电解液注入后，超过48h后不使用的。

(2)由于发电机工作不良或车辆停放时间长或工作时间过短等原因，造成蓄电池容量损失或充电不足。

(3)蓄电池干态储存超过一年有效期者。

二、免维护铅蓄电池电解液密度的检测

免维护铅蓄电池设有内装式密度计，内部装有一颗能反光的绿色塑料小球，随其浮升的高度变化，从玻璃观察孔中可以看到代表不同状态的颜色（图 1-3-3）。从而判断密度的高低和存电情况。

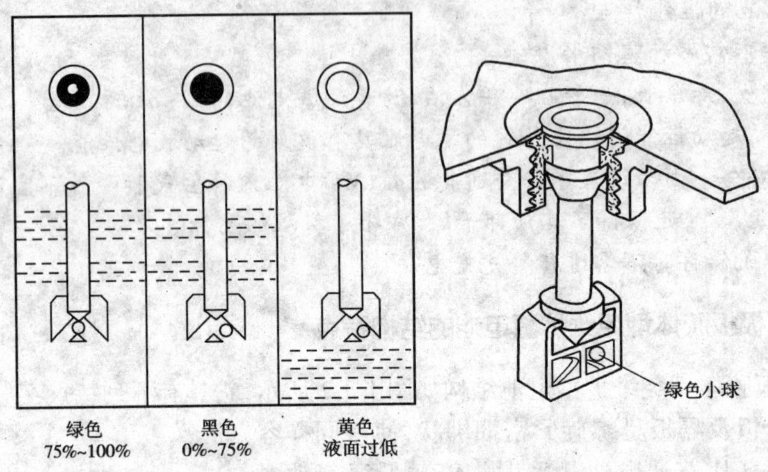

图 1-3-3　内装式密度计示意图

（1）当电解液相对密度为 1.22 以上时，绿球上升到笼子顶部，并与玻璃棒的下端接触，此时能看见绿色，这表明蓄电池存电 75% 以上。

（2）当看不见绿色小点（变为深绿色）时，表明小球已经降到了笼子的底部，说明蓄电池存电不足。

（3）若电解液液面已下降到低于密度计，玻璃孔显示淡黄色，当出现此现象时，必须更换蓄电池，不必再充电或做其他测试，同时应检查发电机充电电压是否过高。

思考题

1. 铅蓄电池在工程机械上有哪些作用？
2. 铅蓄电池由哪些部分组成？各有何结构特点？有何作用？
3. 影响电池性能的因素有哪些？
4. 什么情况下铅蓄电池应进行补充充电，充电终了有何特征？
5. 如何对普通铅蓄电池进行补充充电？
6. 试归纳新型蓄电池各有哪些特点？

模块二　硅整流发电机与调节器

课题一　硅整流发电机的使用与维护

知识点：

1. 硅整流发电机的构造、工作原理、工作特性；
2. 硅整流发电机常见故障诊断。

技能目标：

1. 能拆装发电机；
2. 能检查与测试发电机。

【任务引入】

现代筑路机械上采用的发电机几乎都是交流发电机，这种发电机是用二极管整流输出直流电的发电机，由于通常采用硅二极管整流，所以也称为硅整流发电机。

作为筑路机械的主要电源，硅整流发电机是如何发电的，在实际应用中有哪些特点，出现了故障如何判断、检测等相关问题需要我们必须知道并能解决。

【任务分析】

为更好地使用硅整流发电机，要清楚硅整流发电机如何发电，必须在了解发电机构造的基础上，掌握其工作原理；然后在分析其工作过程的基础上，总结发电机的工作特性；最后在全面了解硅整流发电机构造、原理、特性的基础上进行发电机的拆装、常见故障的诊断与检测。

【相关知识】

一、硅整流发电机的作用

硅整流发电机在工程机械中的作用是当发动机在怠速以上转速运转时，向除起动机以外的所有用电元件供电，并且给蓄电池充电。

二、硅整流发电机的构造

目前，国内外生产的交流发电机的结构基本相同，主要是由三相同步交流发电机和硅二极管整流器两大部分组成（图 2-1-1）。带泵发电机还有真空泵，整体式发电机还有内装式集成电路调节器。

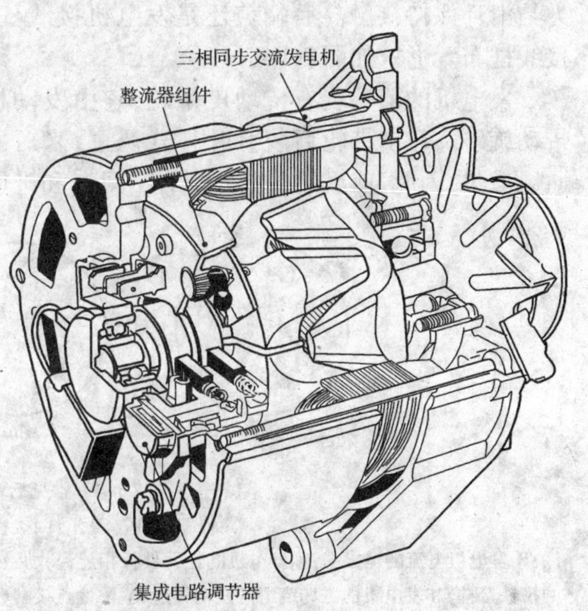

图 2-1-1　硅整流发电机的整体结构

1. 三相同步交流发电机

三相同步交流发电机的作用是产生三相

交流电。它主要由转子总成、定子总成、前后端盖、风扇及皮带轮组成。

转子总成的作用是产生磁场。它由转子轴、爪形磁极、磁场绕组、滑环等组成(图 2-1-2)。前后两块相对的爪形磁极压装在转子轴上,磁场绕组装在其内,绕组的两个头分别焊接在与轴绝缘的两个滑环上,滑环与端盖上的两个电刷接触,两电刷的引线分别与端盖的磁场(F)、搭铁(E 或 -)两接线柱相连,当直流电通过磁场、搭铁两接线柱引入后,磁场绕组内便有电流通过,产生磁场,使两块爪极分别磁化为 N 极、S 极,从而形成相互交错的磁极并沿圆周方向均匀分布的磁场。我国设计的交流发电机的磁极对数多为 6 对。爪形磁极的外形呈鸟嘴形,当发电机工作时,可在定子铁芯内部形成近似正弦变化的交变磁场。

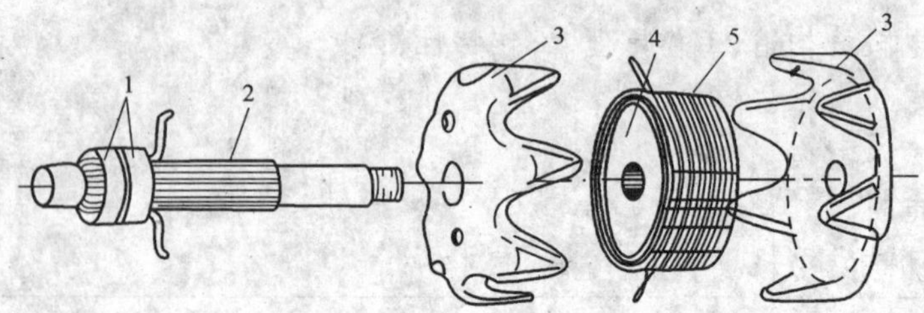

图 2-1-2　交流发电机的转子

1-滑环;2-转子轴;3-爪极;4-磁轭;5-磁场绕组

定子总成的作用是产生交流电。它由定子铁芯和三相定子绕组组成(图 2-1-3)。定子铁芯由一组相互绝缘且内圆带有嵌线槽的环状硅钢片叠制而成,定子槽内嵌有三相对称绕组。三相绕组的连接方法有星形(Y 形)接法和三角形(△形)接法两种。

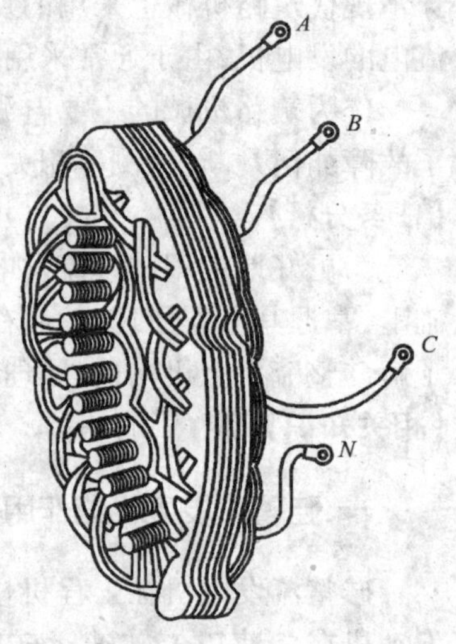

图 2-1-3　定子总成

前后端盖均由铝合金压铸或用砂模铸造而成。采用铝合金的目的是减少漏磁,减轻发电机的质量,并使其有良好散热。后端盖上装有电刷架,两个电刷分别装在电刷架的孔内,借弹簧压力与滑环保持接触。后端盖还是发电机接线柱的支座,常见的接线柱布置形式如图 2-1-4 所示。

发电机的前端装有传动皮带轮,它由发动机曲轴通过皮带带动旋转。在皮带轮后装有叶片式风扇,来对发电机进行强制通风散热,因此,前后端盖上分别有出风口和进风口。

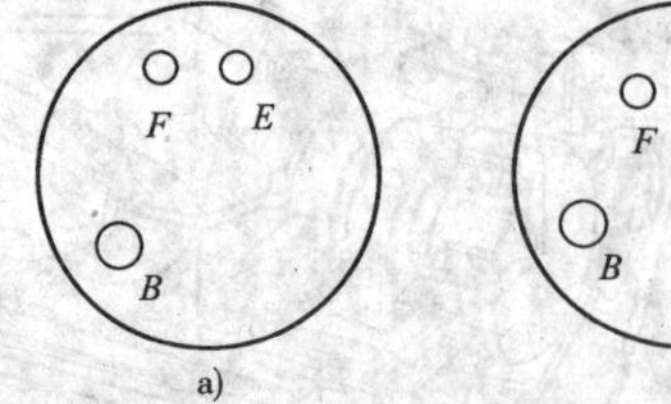

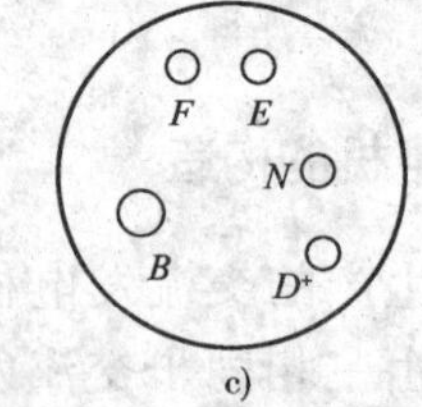

图 2-1-4　常见后端盖接线柱布置

a) 三接柱端盖;b) 四接柱端盖;c) 五接柱端盖

注:B-发电机电流的输出端,和发电机的正元件板相连;F-励磁电流的输入端,和发电机的磁场绕组绝缘端相连;E-发电机的搭铁接柱,和发电机的磁场绕组搭铁端相连;N-中性点接柱,和发电机电枢绕组的中点相连;D +-发电机励磁电流的输出端,和发电机励磁二极管相连(在九管发电机上使用)。

2. 硅二极管整流器

整流器的作用是将定子绕组产生的三相交流电转换为直流电。它由六只大功率的硅整流二极管组成三相桥式全波整流电路，如图 2-1-5 所示。硅整流二极管通常直接压装在元件板（散热板）或发动机后端盖上。元件板有正、负之分，正元件板与壳体绝缘，负元件板与壳体相连。压装在正元件板上的三只硅二极管，引线为正极，外壳为负极，涂有红色标记。压装在负元件板上的三只硅二极管，引线为负极，外壳为正极，涂有绿色或黑色标记。和正元件板相连的螺栓通至后端盖外部，作为发电机的电源输出端（电源正极），并在其附近的发电机端盖上铸有"*B*"或"＋"或"*A*"的标记。

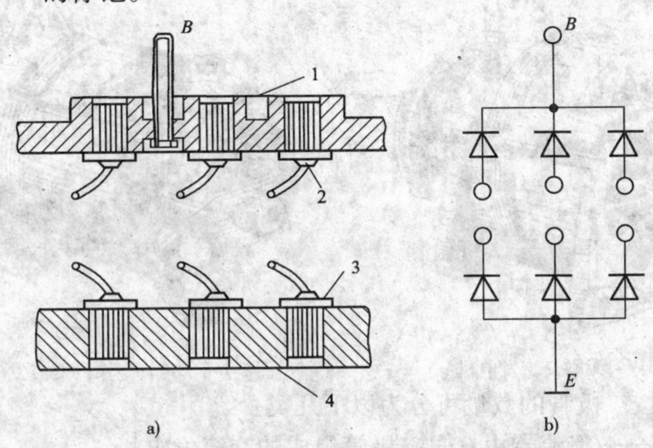

图 2-1-5　6 只整流二极管的安装与电路符号

a）整流二极管的安装；b）整流二极管的电路符号

1-正元件板；2-正极管引线（红色标记）；3-负极管引线（黑色标记）；4-负元件板

【知识连接】

Y 形接法是将三相绕组的末端 *X*、*Y*、*Z* 连接在一起，形成三相绕组的中性抽头或称为中性带内，记为 *N*。将三相绕组首端 *A*、*B*、*C* 作为发电机的三相交流输出端，如图 2-1-6a）所示。

△形接法是将相邻相绕组的首端与尾端相连，即 *A* 相首端与 *C* 相首端、*B* 相首端与 *A* 相的尾端、*C* 相首端与 *B* 相尾端分别相连，形成三个接点作为发电机的三相交流输出端，无中点。如图 2-1-6b）所示。

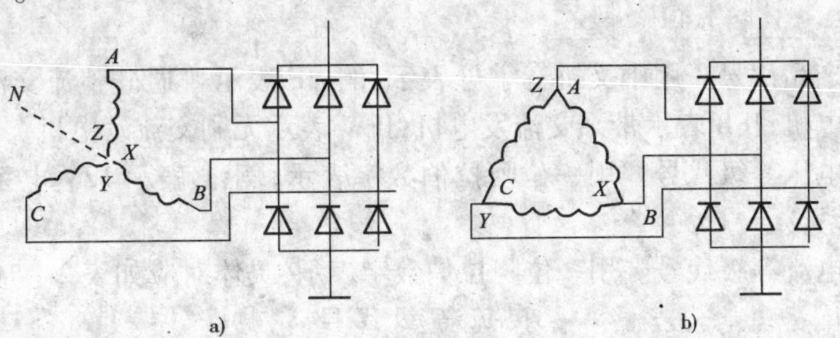

图 2-1-6　交流发电机定子及定子绕组的连接方法

a）Y 形接法；b）△形接法

Y 形接法多用在需要发动机低速时提供较高电压的场合，而三角形接法的交流发电机可以输出较高的电流强度。车用交流发电机大多采用 Y 形接法，神龙富康轿车公司、美国通用汽车公司等的交流发电机采用△形接法。

三、交流发电机的分类

(1)交流发电机按总体结构可分为以下几类：

普通交流发电机——在位置、功能和特点上都无特殊之处的交流发电机。

整体式交流发电机——调节器内置的交流发电机。

无刷交流发电机——无电刷，也不需要滑环的交流发电机(图 2-1-7)。

带泵交流发电机——带真空制动助力泵的交流发电机(图 2-1-8)。

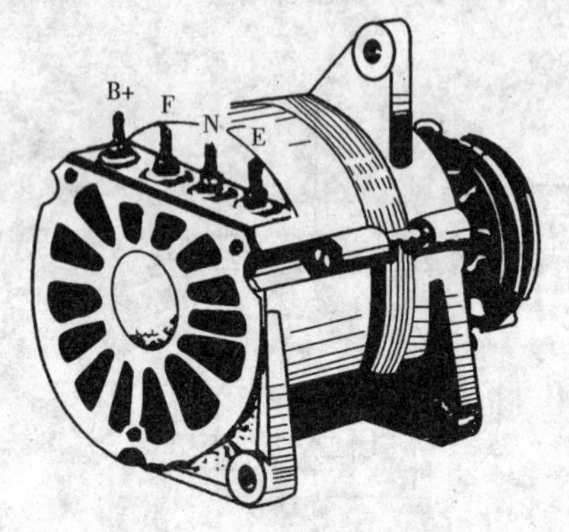

图 2-1-7 无刷交流发电机

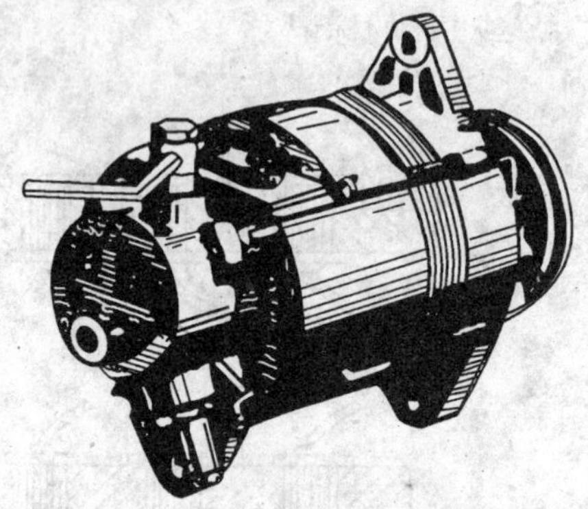

图 2-1-8 带真空泵的交流发电机

(2)交流发电机按二极管的数量可分为以下几类：

六管交流发电机——整流器由 6 只二极管组成的交流发电机。

八管交流发电机——电路中有 6 只整流二极管，加装 2 只中性点二极管的交流发电机

九管交流发电机——电路中有 6 只整流二极管，加装 3 只小功率磁场二极管的交流发电机

十一管交流发电机——电路中有 6 只整流二极管，加装 3 只小功率磁场二极管的交流发电机，也装有 2 只中性点的二极管的交流发电机。

四、交流发电机的规格型号

国产交流发电机的规格型号组成如下：

| 1 | | 2 | | 3 | | 4 | | 5 |

第 1 部分为产品代号。用中文拼音字母表示，例：JF 表示普通硅整流交流发电机；JFZ 表示整体式交流发电机；JFB 表示带泵交流发电机；JFW 表示无刷交流发电机。

第 2 部分为电压等级代号。用一位阿拉伯数字表示，例：1 表示 12V 电系，2 表示 24V 电系，6 表示 6V 电系。

第 3 部分为电流等级代号。用一位阿拉伯数字表示，具体对应如表 2-1-1 所示。

电流等级代号 表 2-1-1

电流等级代号	1	2	3	4	5	6	7	8	9
电流等级(A)	≤19	20～29	30～39	40～49	50～59	60～69	70～79	80～89	≥90

第 4 部分为设计序号。用阿拉伯数字表示产品设计的先后顺序。

第 5 部分为变形代号。交流发电机以调整臂位置对应变形代号。以驱动端看，调整臂在中间不加标记，在左边对应 *Z*，在右边对应 *Y*。

例如：JF132——交流发电机，12V，I≥30～39A，第 2 次设计。

JFB1712——带泵交流发电机，12V，$I \geqslant 70 \sim 79\mathrm{A}$，第 12 次设计。

JFZ1913——调整臂位于左边的整体交流发电机，12V，$I \geqslant 90$，第 13 次设计。

五、交流发电机的工作原理

1. 发电原理

交流发电机是根据电磁感应原理而产生交流电的。工作原理如图 2-1-9 所示，三相定子绕组按一定规律分布在发电机的定子槽中，彼此相差 120°电角度。三相绕组的末端连在一起，成星形连接。

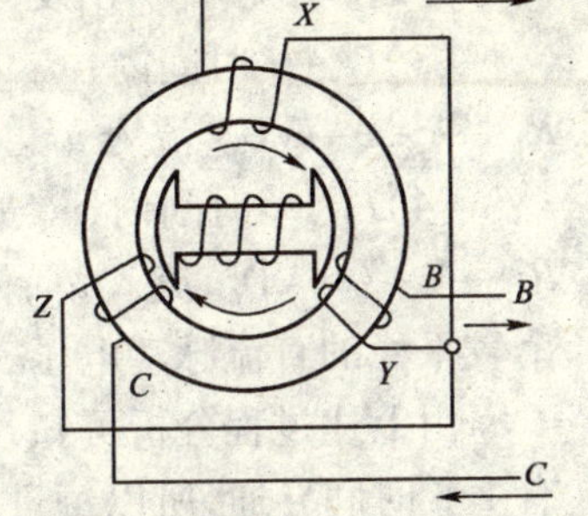

图 2-1-9　三相同步交流发电机工作原理

当转子旋转时，定子绕组与磁力线之间有相对运动，绕组线圈切割磁力线，在三相绕组中产生频率相同、幅值相等、相位相差 120°电角度的三相正弦交流电动势，其瞬时值分别为：

$$e_A = E_m \sin\omega t \tag{2-1-1}$$

$$e_c = E_m \sin\left(\omega t - \frac{2}{3}\pi\right) \tag{2-1-2}$$

$$e_c = E_m \sin\left(\omega t + \frac{2}{3}\pi\right) \tag{2-1-3}$$

式中：E_m——每相电动势的最大值，V；

ω——角频率，rad/s。

每相电动势的有效值为：

$$E\psi = Cn\Phi \tag{2-1-4}$$

式中：C——电机常数；

n——转子转速，r/min；

Φ——每磁极磁通，Wb。

综上所述，三相同步交流发电机每相电动势的有效值高低与转子的转速和磁通量的乘积成正比。

2. 整流原理

通过硅整流二极管组成的整流电路将交流电转变成直流电，主要是利用二极管的正向导通、反向截止特性，在这前面已经介绍了。现在是要将三相交流电转换成直流电输出，所需要用到的电路为三相桥式整流电路，如图 2-1-10 所示。

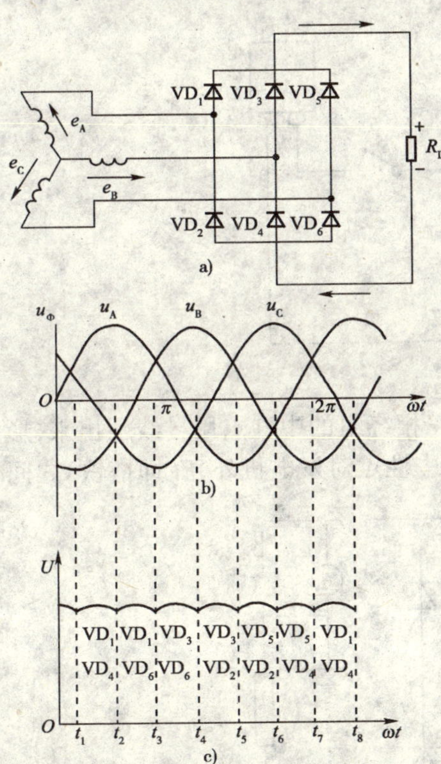

图 2-1-10　三相桥式电路及整流原理

a）整流电路；b）三相交流电电动势波形；c）整流电压波形

二极管的导通原则如图 2-1-11 所示。

1）正极管的导通原则

由于三只正极管（VD_1、VD_3、VD_5）的正极分别接在发电机三相绕组的首端，负极连接在一起，在某一瞬间，正极电位最高者导通。

2）负极管的导通原则

由于三只负极管（VD_2、VD_4、VD_6）的负极分别接在发电机三相绕组的首端，正极连接在一起，在某一瞬间，负极电位最低者导通。

该整流电路的整流过程为：

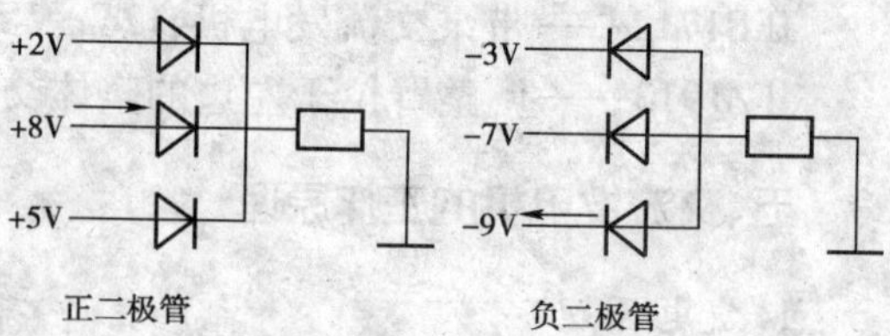

图 2-1-11　二极管的导通原则

(1)0 ~ t_1 时间内,C 相电位最高,B 相电位最低,VD_5 和 VD_4 获得正向电压导通,电流由最高电位 u_C 出发,经 VD_5→"+"→R_L→"-"→VD_4,流入最低电位 u_B。

(2)t_1 ~ t_2 时间内,u_A 最高,u_B 最低,VD_1 和 VD_4 导通,电流有 u_C 出发,经 VD_1→"+"→R_L→"-"→VD_4,流入 u_B。

(3)t_2 ~ t_3 时间内,u_A 最高,u_C 最低,则 VD_1 和 VD_6 导通,电流有 u_A 出发,经 VD_1→"+"→R_L→"-"→VD_6,流入 u_C。

(4)t_3 ~ t_4 时间内,u_B 最高,u_C 最低,则 VD_3 和 VD_6 导通,电流有 u_B 出发经 VD_3→"+"→R_L→"-"→VD_6,流入 u_C,依此循环导通,每一时刻有两只二极管导通在负载 R_L 两端可得一个较平稳的直流脉动电压。波形如图 2-1-10c)所示。

由上述过程分析可知,在三相桥式整流电路中,在交流电的每一个周期内,每只二极管只有 1/3 时间导通,所以每只二极管的平均电流 I_{VD} 只为负载电流的三分之一,即 $I_{VD}=1/3I$。

3. *励磁方式*

在实际工作中,交流发电机和蓄电池并联,在低速或发电机电压低于蓄电池电压时,由蓄电池向发电机磁场绕组供电,为他励方式;随着发电机转速升高,其电压也不断升高,当升高到比蓄电池电压高时,由发电机自身向磁场绕组供电,为自励方式。图 2-1-12 所示为硅整流发电机的励磁电路,图中 S 为点火开关。

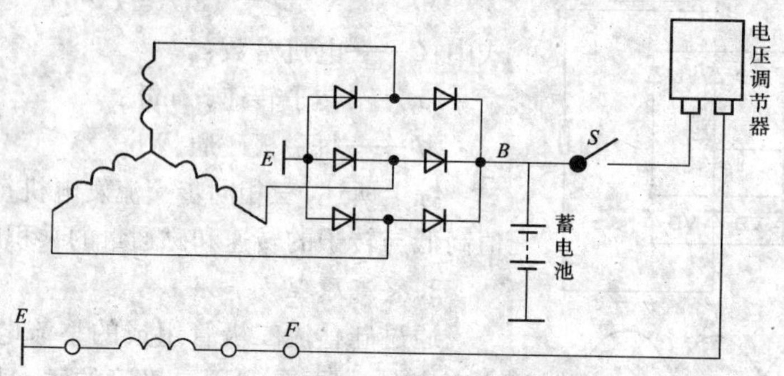

图 2-1-12　交流发电机的励磁电路

在实际电路中,如交流发电机采用星形接法,一般将三相绕组的中性点用导线引出来,形成中性点抽头,如图 2-1-13 所示,其接线柱的记号为"N",中性点对发电机外壳(即搭铁)之间

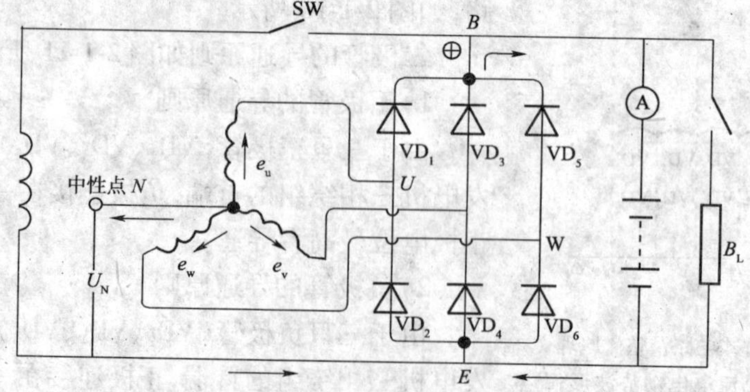

图 2-1-13　具有中性点接线端子的交流发电机电路

的电压 U_N 是通过 3 个负极管 VD_2、VD_4、VD_6 半波整流后得到的直流电压，故 $U_N=\frac{1}{2}U$。该电压一般用来控制各种用途的继电器，如磁场继电器、充电指示灯继电器。

【知识链接】

交流发电机的工作特性

车用交流发电机的工作特点是转速变化范围大，因此必须了解发电机输出电流 I 与端电压 U 和转速 n 变化之间的关系，即交流发电机的工作特性，包括输出特性，空载特性和外特性。

1. 输出特性

当发电机端电压 U 一定时，输出电流 I 与发电机转速 n 之间的关系，即 U 为常数，$I=f(n)$ 的函数关系，称为发电机的输出特性. 如图 2-1-14 所示。

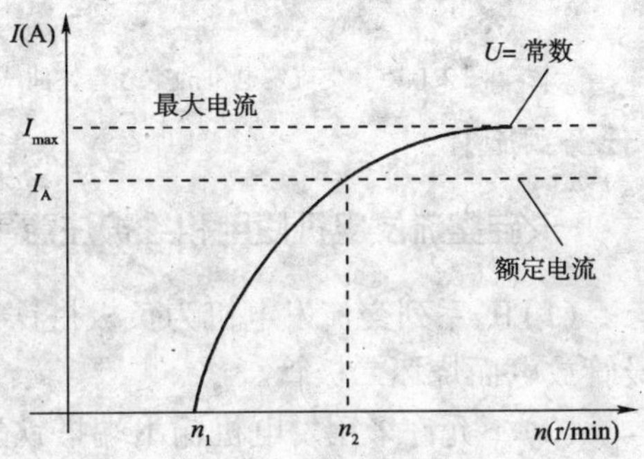

图 2-1-14　交流发电机的输出特性曲线

发电机的输出特性曲线表明，如端电压保持不变，当发电机转速 n 低于 n_1 时，对外输出电流为零，只能由蓄电池供电，故称 n_1 为空载转速。只有当发电机转速高于空载转速，发电机才可能向外供电，此时输出电流 I 在一定范围内随着转速的增加而逐渐增大。所以空载转速 n_1 通常是选择发电机与发动机传动比的主要依据，也是反映发电机低速充电性能好坏的重要参数。

发电机达到额定功率时的转速 n_2 称为额定转速，这时发电机的负载电流为额定电流 I_A。

n_1 和 n_2 是交流发电机的主要性能指标，在产品说明书中均有规定。使用中只要测得这两个数据，与规定值比较，便于判断发电机的性能是否良好。

由输出特性曲线也可看出，当发电机转速增加到一定值后，发电机输出电流就不再随转速的升高而继续增加，这说明交流发电机具有限制最大输出电流的自我保护能力。交流发电机的最大输出电流约为额定电流的 1.5 倍。能自动限流的原因是由于随着定子绕组中感应电动势的增加，定子绕组的阻抗也随转速的升高而增加，同时定子电流增加时，电枢反应的增强也使感应电动势下降，故发电机转速升到一定值后，其输出电流不再变化，自动限流，所以交流发电机可以不需另外设置限流器。

2. 空载特性

当发电机空载运行时，端电压 U 与转速 n 之间的关系，即 $I=0$ 时，$U=f(n)$ 的函数关系称为发电机的空载特性，如图 2-1-15 所示。

由空载特性曲线可以看出，随着发电机转速的升高，其端电压上升较快，且当它由他励转为自励时，就能向蓄电池充电。空载特性也是判断充电性能的一个参照。

3. 外特性

当发电机转速 n 一定时，其端电压 U 与输出电流 I 之间的关系，即 n 为常数时，$U=f(I)$ 的函数关系称为发电机的外特性，如图 2-1-16 所示。

从外特性曲线可以看出，随着输出电流的增加，发电机的端电压下降较大。因此，要使输出电压稳定，必须配置电压调节器。另外，当发电机在高速运转时，如果突然失去负载，则其端电压会急剧升高，这时发电机中的二极管以及其他电子元件将有被击穿的危险，要引起注意。

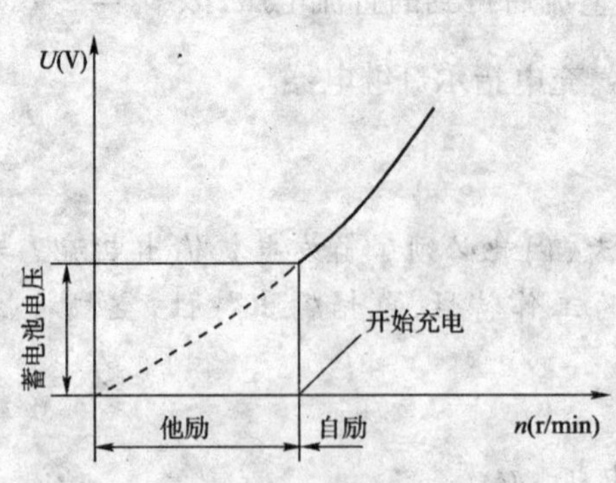

图 2-1-15　交流发电机的空载特性曲线图

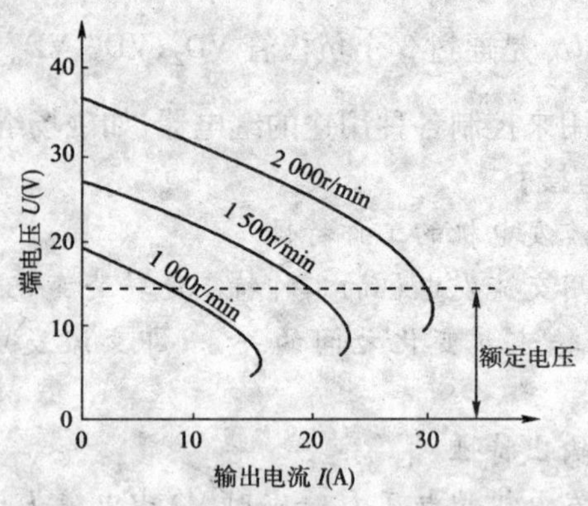

图 2-1-16　交流发电机的外特性曲线

【任务实施】

一、硅整流发电机使用和维护注意事项

(1)JF 系列交流发电机为负极搭铁,蓄电池也必须为负极搭铁,否则蓄电池会通过整流二极管放电而烧坏二极管。

(2)不允许采用发电机输出端搭铁试火的方法检查发电机是否发电,否则会损坏发电机整流器。

(3)发电机在正常工作时,不得任意拆动电路连接件,否则瞬时电压过高,会烧坏电路中电子元件。

(4)一旦发现发电机不发电或充电电流很小时,就应及时找出故障并予以排除,不应再继续工作。如因一只二极管短路,发电机就不能正常输出电压,并会导致其他二极管或定子绕组被烧坏。

(5)不允许用 220V 交流电源或兆欧表检查发电机的绝缘性能,否则将损坏二极管和调节器中的电子元件。

(6)发动机熄火后,应及时关闭点火开关或电源开关,避免损坏发电机的磁场绕组。

(7)交流发电机与调节器必须配套使用,确保电路连接正确。

(8)皮带的松紧度应符合规定。用 50N 的力按压皮带,如图 2-1-17 所示,其挠度应为 10 ~ 15mm。否则,会损坏发电机轴承或引起蓄电池充电不足等现象。

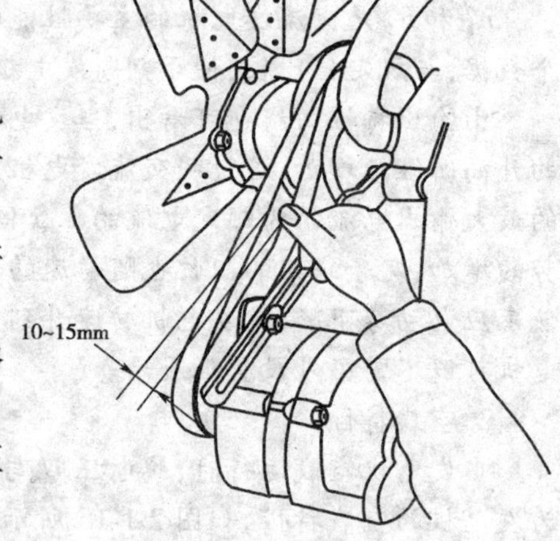

图 2-1-17　皮带的松紧度检查

二、交流发电机的检查、测试与拆装

交流发电机每运转 750h(相当于 3 万 km),应拆开检修一次,主要检查电刷和轴承的情况,电刷磨损超过原高度(17 ~ 18mm)的 1/2,应更换新件;轴承如有明显松动,也应换用新品。

当充电系不正常,经判断后确属交流发电机的故障,则将其从车上拆下作进一步检查与测试。

1. 不解体检查

1)外观检查

(1)手持皮带轮前后拖动,检查前轴承轴向间隙,径向晃动检查径向间隙,两间隙值都不得大于规定值。

(2)转动转子轴,直接观察皮带轮摆动幅度,以判断转子轴是否弯曲。

(3)转动皮带轮,检查轴承阻力、噪声以及转子与定子之间有无摩擦声及异响。当发现阻力较大时,可拆除电刷再试,以判断阻力来自电刷还是来自轴承。

(4)检查外壳、支脚、皮带轮槽等处有无裂纹及损坏。

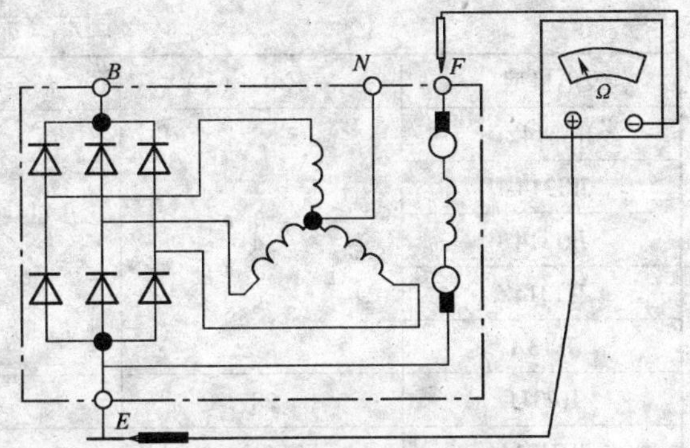

图 2-1-18　交流发电机整机阻值测量

2)整机阻值检测

用万用表欧姆档测量发电机各接线柱之间的电阻值。如图 2-1-18 所示,正常值见表 2-1-2。

交流发电机各接线柱之间的电阻值(Ω)及故障分析　　表 2-1-2

发电机型号	F 与 E	B 与 E		N 与 E	
		正向	反向	正向	反向
JF11　JF13 JF15　JF21	5 ~ 6	40 ~ 50	>10 000	10	>10 000
JF12　JF22 JF23　JF25	19.5 ~ 21	40 ~ 50	>10 000	10	>10 000
故障分析	①阻值小于标准值,则磁场绕组局部有短路; ②阻值为零,则 F 接线柱搭铁或两滑环短路; ③阻值大于标准值,电刷与滑环接触不良等; ④阻值为∞,磁场绕组断路	①正向电阻小于标准值,则二极管短路; ②正反向电阻值均为零,则 B 接线柱搭铁或正负极管至少各有一只短路; ③正向电阻大于标准值,则二极管断路		①正向电阻小于标准值,则负二极管短路; ②正向电阻大于标准值,则为个别二极管或个别电枢绕组断路; ③正反向电阻值均为∞,则为电枢绕组或负二极管全部断路	

3)整机性能试验

按图 2-1-19 所示电路将发电机固定在试验台上进行试验,并由调速电动机驱动(有内搭

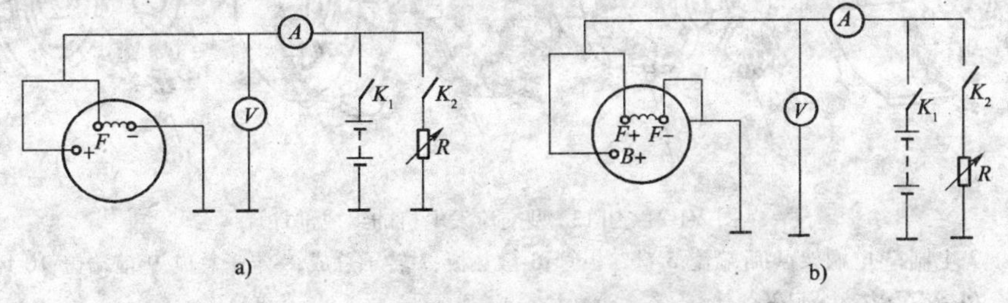

图 2-1-19　交流发电机的整机性能试验

a)内搭铁;b)外搭铁

铁式和外搭铁式两种类型发电机)。具体过程是:先合上 K_1,由蓄电池向励磁绕组供电,然后逐渐提高发电机的转速,并记下电压升高到额定值时的转速,即空载转速;然后打开 K_1 合上 K_2,同时调节负载电阻 R,记下额定负载情况下电压达到额定值时的转速,即额定转速。试验结果应符合表 2-1-3 的规定,否则表明发电机有故障。

国产交流发电机规格　　表 2-1-3

发电机型号	额定电压(V)	额定电流(A)	空载转速(r/min)	额定转速(r/min)
JF1314ZD	14	≥25	1 000	3 500
JF1314-1				
JF1314B				
JF1314Z				
JF13A				
JF2311	28	≥18		
JFZ1714	14	≥45	1 000	6 000
JFZ1813ZB	14	≥90	1 050	6 000

4)用示波器观察输出电压波形

当发电机有故障时,其输出电压的波形将会发生变化,根据电压波形即可判断故障所在,如图 2-1-20 所示。

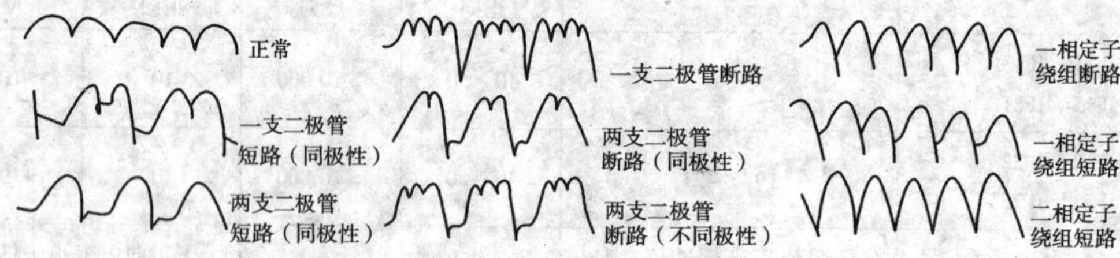

图 2-1-20　交流发电机各种故障时的输出电压波形

2. 发电机的拆卸

1)普通交流发电机(如国产 JF13 系列交流发电机)的分解(图 2-1-21)

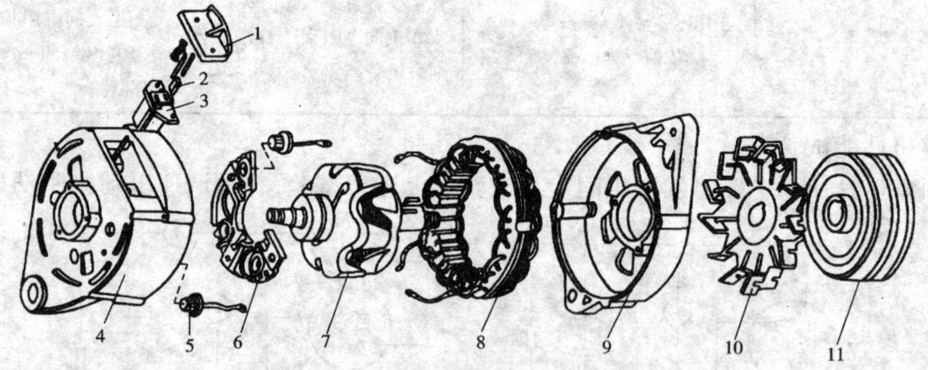

图 2-1-21　JF132 型交流发电机的组成部件

1-电刷弹簧压盖;2-电刷;3-电刷架;4-后端盖;5-硅二极管;6-散热板;7-转子总成;8-定子总成;9-前端盖;10-风扇;11-皮带轮

(1)清除外部的灰尘泥土。

(2)拆下电刷架紧固螺钉,取下电刷架总成(含电刷)。

(3)拆下连接前后端盖的拉紧螺栓，将其分解为与转子结合的前端盖和与定子连接的后端盖两大部分。

注意：不能单独将后端盖分离下来，否则会扯断定子绕组与整流器的连接线（即三相定子绕组端头）。

(4)将转子夹紧在台虎钳上，拆下皮带轮紧固螺母后，可依次取下皮带轮、风扇、半圆键、定位套。

(5)将前端盖与转子分离，若该部装配过紧，可用拉力器拉开或用木锤轻轻敲，使之分离。

注意：铝合金端盖容易变形，因此拆卸时应均匀用力。

(6)拆卸防护罩，拆掉后端盖上的三个螺钉，即可将防护罩取下。

(7)拆下定子上四个接线端（三相绕组首端及中性点）在散热板上的连接螺母，使定子与后端盖分离。

(8)拆下后端盖上紧固整流器总成的螺钉，取下整流器总成。

(9)零部件的清洗。对机械部分可用汽油或清洗液清洗，对电气部分如绕组、散热板及全封闭轴承等宜用干净的棉纱擦去表面尘土、脏物。

2)整体式交流发电机的分解

以 JFZ1913Z 为例进行步骤说明，如图 2-1-22 所示。

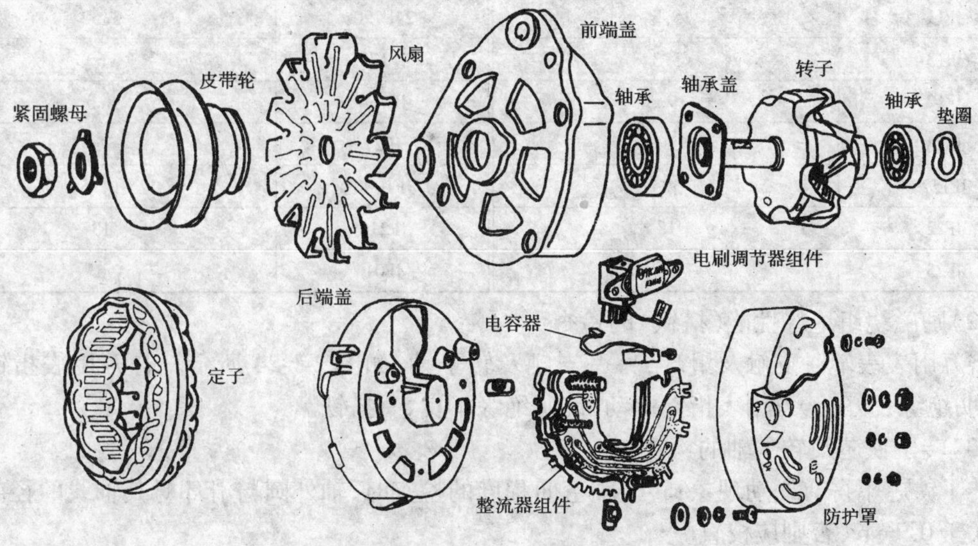

图 2-1-22　JF1913Z 发电机结构

(1)解体前，应在发电机前、后端盖与定子铁芯结合处做好记号，以防止装复时造成错误。

(2)拆除后端盖上的螺钉。

(3)拆掉电刷调节器组件架上的两个固定螺钉，取出电刷调节器架总成。

(4)拆开整流器组件与定子的连接，拆除后端盖上的防电磁干扰电容和整流器组件紧固螺钉，注意不要丢失整流器组件上的绝缘垫圈。

(5)取下后端盖和定子绕组，注意不要丢失轴承垫片。

(6)把转子夹在台钳上，皮带轮侧向上（要小心：台钳口会损伤转子）。用扭力扳手拧下皮带轮的紧固螺母，取下皮带轮、风扇、皮带轮上的半圆键，拆下前轴承盖、前端盖，转子即可拆下。

(7)在台钳上用拉器拉出转子轴上轴承。

3. 解体后的检查

1）硅二极管的检查

拆开定子绕组与二极管的连线，用万用表测量每个二极管的正反向电阻，即可判断二极管的好坏。正常的二极管正向电阻应为 8～10Ω，反向电阻应在 10kΩ 以上。

2）转子的检查

（1）励磁绕组短路、断路的检查

将万用表拨至 $R\times1$ 档，两表笔分别与两滑环接触，如图 2-1-23 所示，测量励磁绕组阻值，应符合表 2-1-4 的规定。若阻值小于规定值，则匝间可能有短路故障；若阻值无穷大，则励磁绕组有断路或绕组与滑环存在接触不良的故障。

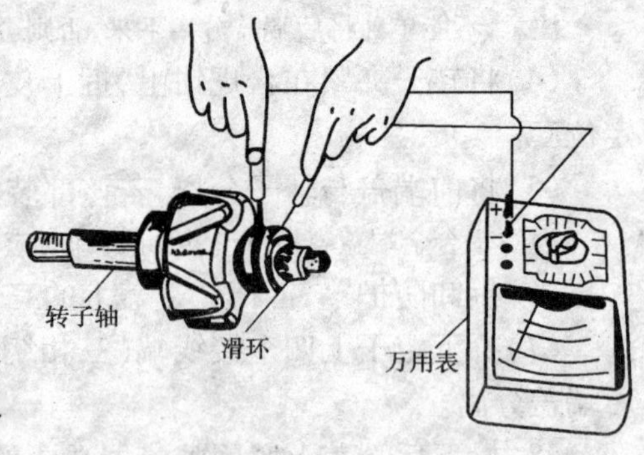

图 2-1-23　发电机励磁绕组阻值检测

JF 系列交流发电机励磁绕组的电阻值　　表 2-1-4

发电机型号	励磁绕组的电阻值（Ω）	发电机型号	励磁绕组的电阻值（Ω）
JF11	5.3	2JF750	3.53
JF13	5.3	JF172	5
JF12	19.3	JF750	8.5
JF23	20	JF27	13
JF152	5.5	JF1000	14.5
JF22	18	JF210	13
JF25	20	JF01	5

（2）励磁绕组绝缘性能（搭铁）的检查

将万用表表笔一支触及滑环，另一支触及转子轴，如图 2-1-24 所示。若万用表指针不摆动，说明绝缘良好，若万用表指针摆动，说明绝缘不良，有搭铁。

（3）转子铁芯及转子轴的检查

转子铁芯不得有松动现象；转子轴弯曲程度的检查时，轴外圆与滑环对其轴线的径向跳动不应大于 0.1mm，否则应校直。

3）定子的检查

（1）定子绕组短路、断路的检查（图 2-1-25）

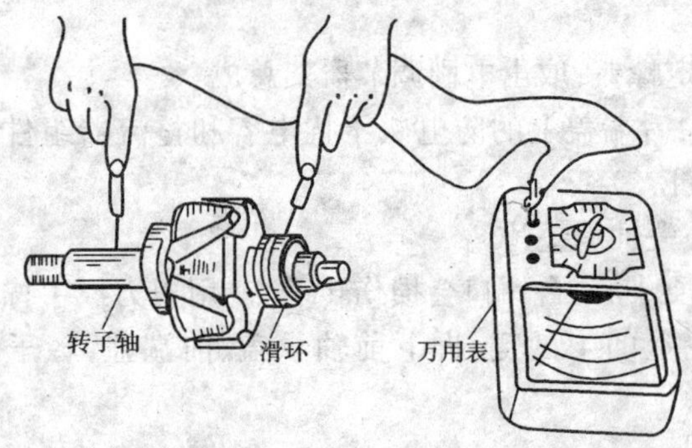

图 2-1-24　发电机励磁绕组绝缘性能检查

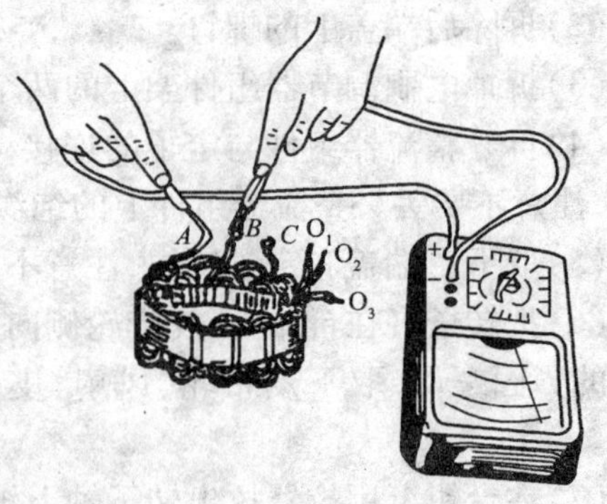

图 2-1-25　发电机定子绕组检查

将中性点引出线头脱焊分离，将万用表两表笔分别测量某两相之间电阻，如指针不动，说明无短路；如指针偏转，说明该两相短路。再分别测单相两端之间电阻，如测得阻值很小，说明无断路；如阻值为无穷大，说明该相断路。

(2)定子绕组搭铁的检查

将万用表置 $R\times1$ 档，表笔一支接定子绕组的一个线端，另一支接定子铁芯，如指针偏转，说明该相有搭铁故障；如指针不偏转，则说明该相绝缘性能良好。

4. 交流发电机的组装

装复交流发电机各零部件之前，先将轴承填充润滑脂(1～3 号复合钙钠基润滑脂或 2 号低温润滑脂)润滑，填充量为轴承空间的 2/3 为宜。若过量则易溢出，溅到滑环上会造成电刷与滑环接触不良。一般组装顺序与拆卸顺序相反，下面只简要说明普通交流发电机的组装顺序，步骤如下：

(1)将整流器装到后端盖上，拧上 3 颗固定螺钉，整流器即被固定在后端盖上。应注意各绝缘垫片不能漏装。

装复后用万用电表测量"＋"接线柱与端盖间电阻应为∞；测量两散热板之间及绝缘散热板与端盖之间电阻，均应为∞。若上述电阻有为零者，表明漏装了绝缘垫片或套管，应拆开重装。

(2)将定子总成与后端结合。将定子绕组上的 4 个接线端子从后端盖孔中穿出，将接线端分别连接在整流器的连线螺钉上。

(3)将前端盖装到转子轴上。先将前端盖上的轴承、轴承盖安装并紧固好，再将该部分套到转子轴上，若过盈量较大，可用木锤轻轻敲入。

(4)将后端盖、定子装到转子轴上。应注意使前后端盖上发电机安装挂脚位置恰当。上述两大部分结合后，穿上前、后端盖坚固螺栓并分几次拧紧。注意各螺栓的拧紧切不可一次完成，而应轮流进行，并不断转动转子，若转子运转受阻或内部有碰擦，应调整拧紧力矩。

(5)装配风扇、皮带轮。在转子轴上套上定位套、安装半圆键、风扇叶片、皮带轮、弹簧垫圈，拧紧皮带轮紧固螺母。

(6)装复后端盖上的防护罩。

(7)装回电刷架总成。

(8)检验装配质量。用万用表检查各接线柱之间的电阻值，若不符合要求应拆开重装。

课题二 电压调节器

知识点：

1. 触点式调节器的构造，工作原理，工作过程；
2. 晶体管式调节器的结构和工作原理。

技能目标：

调节器的检测与调整。

【任务引入】

我们知道，硅整流发电机是利用硅二极管的单向导电性进行整流的，因此不会出现蓄电池向发电机逆流放电的现象,不需要截流继电器。同时,硅整流发电机具有自动限制最大输出电流的能力,也不需要电流限制器。但三相同步交流发电机发出的交流电,其每相电动势有效值高低与转子的转速和磁极磁通的乘积成正比,转子的转速是由发动机的转速决定的,当磁通不变时,如果发动机转速变化,则发电机所发电的电压会变,这样直接输出会使很多用电元件损坏,所以必须解决这个问题。

【任务分析】

要使发动机转速变化时,发电机输出电压得到控制而保持恒定,从而防止输出电压过高,以保护用电设备,就需要加装电压调节器。

我们要在掌握调节器构造和工作原理的基础上,学会调节器的检测与调整。

【相关知识】

一、电压调节器的作用

电压调节器的作用是:当发动机转速变化时,自动调节发电机的输出电压并使电压保持恒定,防止输出电压过高而损坏用电设备和避免蓄电池过充电。

二、电压调节器的分类

电压调节器按结构特点和工作原理可分为两大类。

1. 触点式调节器

它是利用触点的反复开闭来改变发电机励磁绕组的励磁电流,从而达到自动稳定发电机输出电压的目的。有单级式、双级式两种。

2. 电子式调节器

它是利用晶体三极管的开关特性,来接通或断开发电机励磁电路,以调节励磁电流,达到自动调节输出电压的目的。有晶体管式、集成电路式两种。

各种电压调节器的外形如图 2-2-1 所示。

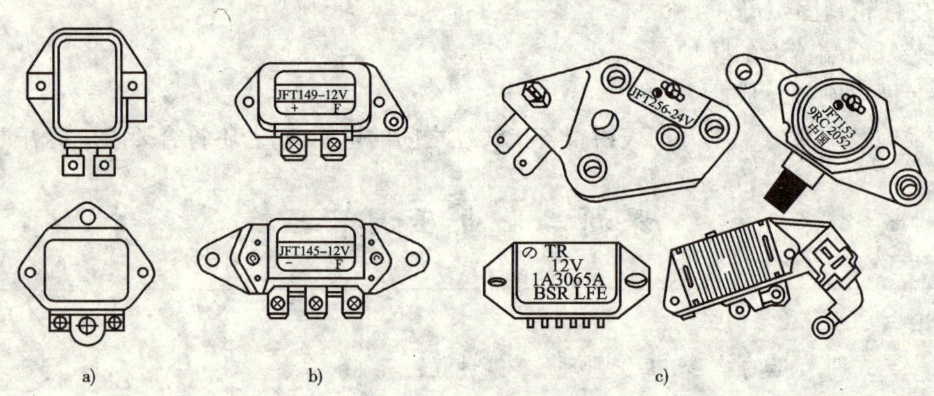

图 2-2-1 典型电压调节器的外形

a)触点振动式;b)晶体管式;c)集成电路式

三、电压调节器的型号

根据《汽车电器设备产品型号编制方法》(QC/T 73—1993)规定,交流发电机调节器的型号由以下几个部分组成。

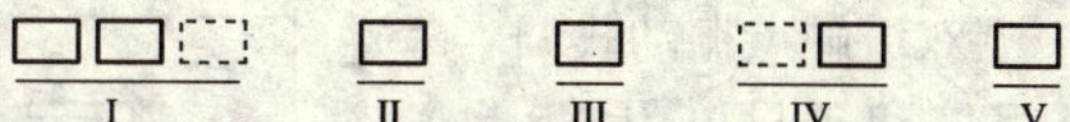

Ⅰ——产品代号。交流发电机调节器的产品代号为 FT、FTD 两种，分别表示发电机调节器和电子式发电机调节器（字母“F”、“T”、“D”分别为“发”、“调”、“电”字的汉语拼音第一个大写字母）。FT 表示机械振动式，FTD 表示电子式，JFT 表示晶体管式（旧标准）。

Ⅱ——电压等级代号。与交流发电机相同，1 表示 12V，2 表示 24V。

Ⅲ——结构形式代号。用一位阿拉伯数字表示，数字“4”表示晶体管式，数字“5”表示集成电路式。

Ⅳ——设计序号。按产品设计次序，用 1 ~ 2 位阿拉伯数字表示。

Ⅴ——变型代号。以汉语拼音大写字母 A、B、C……顺序表示（但不能用 O 和 I 两个字母）。

例如：型号 FTD152 调节器表示电压等级为 12V 的集成电路式调节器，第二次设计。

四、调节器的结构与工作原理

前面已讲述三相同步交流发电机的每相电动势有效值为：

$$E_{相} = Cn\Phi \tag{2-2-1}$$

若忽略内阻压降，三相同步交流发电机的相电压有效值为：

$$U_{相} = Cn\Phi \tag{2-2-2}$$

则经硅整流输出的直流端电压为：

$$U = 2.34Cn\Phi \tag{2-2-3}$$

从式（2-2-3）可知，硅整流发电机端电压与转子的转速 n 和磁极磁通 Φ 成正比，而磁通大小取决于发电机励磁电流的大小，因此，无论是哪一种调节器，其调压的基本原理都是以发电机转速为基础，通过调整发电机的励磁电流，以保持发电机输出电压的恒定。

1. 触点振动式调节器

1）双级触点振动式调节器

（1）常见双级触点振动式调节器的结构如图 2-2-2 所示，一般均有两对触点，其中低速触点为常闭触点，高速触点为常开触点，电压调节分两级进行。

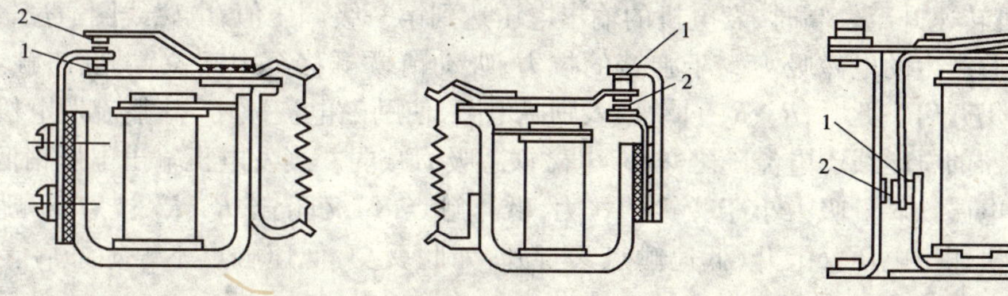

图 2-2-2　双级电磁振动式电压调节器的结构形式

1-低速触点；2-高速触点

下面以 FT61 型双级触点振动式调节器为例，说明其结构和工作情况。

发电机与调节器的连接电路如图 2-2-3 所示。

由图 2-2-3 可知，FT61 型双级触点振动式调节器由电磁铁机构、触点组件和三只电阻 R_1、R_2、R_3 等组成。其中装在衔铁 2 上的动触点（两个）位于两个静触点之间，形成两对触点 K_1、K_2。调节器不工作时，在弹簧 4 的拉力作用下，上面一对触点 K_1（即低速触点）处于闭合状态，下面一对触点 K_2（即高速触点）处于打开状态。高速触点的固定侧通过调节器底座直接搭铁。三只电阻中 R_1（1Ω）为加速电阻，其作用是在触点打开时，加速铁芯退磁，使触点 K_1 迅速闭合，以加快其振动频率，提高调节器的灵敏度和调压质量；R_2（8.5Ω）为附加电阻（调节电阻），其作用是在触点打开时，减小励磁电流，以降低发电机的输出电压；R_3（13Ω）为温度补偿电阻，由镍铬丝制成，其电阻温度系数很小（仅为铜的 1/800），当它串入电磁线圈电路时，可使整个电磁线圈电路的电阻值随温度升高而相应减小，使调节电压不随温度的升高而升高。

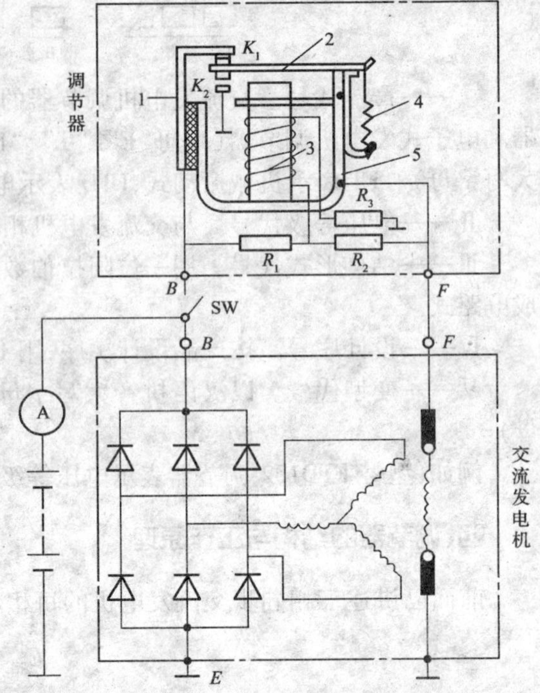

图 2-2-3　FT61 型双级电磁振动式调节器线路图

1-支架；2-衔铁；3-电磁线圈；4-弹簧；5-磁轭；R_1-加速电阻；R_2-附加电阻；R_3-温度补偿电阻；K_1-低速触点；K_2-高速触点

（2）调节器的工作过程如下：

①发动机起动并闭合点火开关 SW，蓄电池经低速触点 K_1 向励磁绕组供电（他励）。励磁电路为：蓄电池正极→电流表 A→点火开关 SW→调节器“B”接线柱→支架 1→衔铁 2→磁轭 5→调节器“F”接线柱→发电机“F”接线柱→电刷→滑环→励磁绕组→滑环→电刷→搭铁→蓄电池负极。与此同时，蓄电池也向调节器电磁线圈供电，电路为：蓄电池正极→电流表 A→点火开关 SW→调节器“B”接线柱→加速电阻 R_1→电磁线圈 3→温度补偿电阻 R_3→搭铁→蓄电池负极。电磁线圈中有电流通过，产生了电磁吸力，试图吸开低速触点 K_1。

②随着发动机转速的升高，发电机转速也随之升高，发电机的端电压也升高，当端电压稍高于蓄电池电压，发电机进入自励阶段。此时，励磁电路和电磁线圈电路只有电源由蓄电池换成发电机，电路其余部分不变，低速触点 K_1 仍保持闭合。

③发动机转速升至较高时，发电机的输出电压达到第一级调压值，电磁线圈通过较大的电流，使电磁铁芯产生的电磁吸力大于弹簧的拉力，吸动衔铁下移至中间位置，低速触点 K_1 打开，高速触点仍开启。此时，R_1、R_2 自动串入励磁电路，使励磁电流减小，硅整流发电机输出电压下降，调节器的电磁线圈电流随之减小，电磁铁芯吸力减弱。当发电机输出电压稍低于第一级调压值时，电磁铁芯的吸力小于弹簧的拉力，低速触点 K_1 又闭合，R_1、R_2 被短路，励磁电流再增大，发电机输出电压又上升，低速触点又打开，如此反复，低速触点不停地开启、闭合（即振动）实现第一级电压的调节工作。

第一级调压的励磁电路为：发电机“B”接线柱（正极）→点火开关 SW→调节器“B”接线柱→R_1→R_2→调节器“F”接线柱→发电机“F”接线柱→电刷→滑环→励磁绕组→滑环→电刷→搭铁→发电机负极。

④当发电机输出电压超过第一级调节电压而未达到第二级调节电压，电磁线圈电流所产

生的电磁吸力远大于调压弹簧的拉力，让衔铁处于中间位置，高速、低速触点均不闭合。调节电压进入“失控区”，这时发电机靠通过电阻 R_1 和 R_2 的电流励磁，发电机电压随转速升高而升高。

⑤当发电机高速运转，发电机的输出电压达到第二级调压值时，调节器电磁线圈中电磁铁芯的电磁吸力进一步增大，使衔铁进一步下移，高速触点 K_2 闭合，发电机励磁绕组因两端搭铁而短路，无励磁电流通过，磁场削弱，只有剩磁，发电机端电压迅速下降。同时，调节器的电磁线圈吸力大大削弱，在弹簧拉力作用下，高速触点打开，励磁电流又增大，使发电机输出电压升高。如此反复，高速触点不断开启、闭合（即不断振动），就使发电机在高速运转状态下自动调节电压，使其保持在第二级调压值上稳定不变。

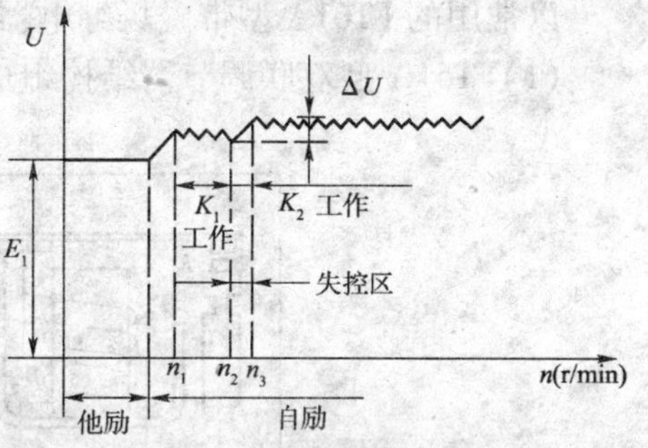

图 2-2-4　双级触点振动式调节器电压调节曲线

双级触点振动式调节器调控两级电压，其电压调节曲线如图 2-2-4 所示。第一级的调节转速范围不大，第二级的调节转速范围较大。

从第一级过渡到第二级时，有“失控区”，在“失控区”，发电机电压随转速升高而升高，对充电性能有一定影响；且因双级式调节器有两对触点，触点间隙很小，仅 0.2～0.4mm，不便于维护和检调，在工作中也易产生电蚀现象，使调压性能恶化。

为克服上述不足，可采用具有灭弧系统的单级式电压调节器。

2）单级触点振动式调节器（带灭弧系统）

以 FT111 型单级触点振动式调节器为例进行介绍，其连接电路如图 2-2-5 所示。

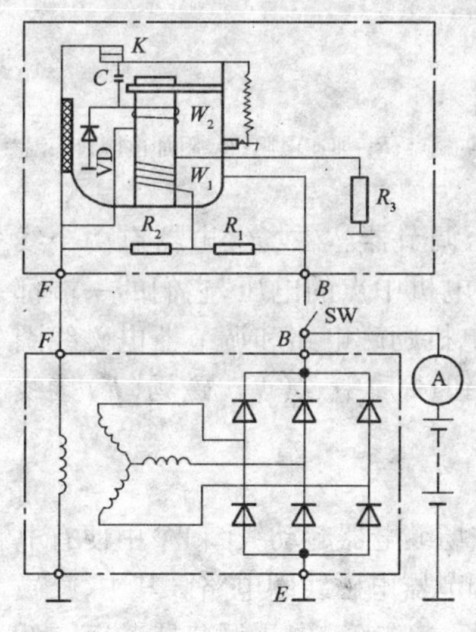

图 2-2-5　FT111 型调节器

R_1-加速电阻；R_2-附加电阻；R_3-温度补偿电阻；W_1-磁化线圈；W_2-扼流线圈；VD-二极管；C-电容器

图 2-2-5 所示的这种调节器只有一对触点，但附加电阻的阻值由 8.5Ω 提高到 40Ω，调节电压较容易。在高速时，只要将附加电阻串入发电机励磁电路，就能使励磁电流下降进行调压。增加的灭弧系统由二极管 VD、扼流线圈 W_2 和电容器 C 组成，它可以有效地减少触点断开时的火花，延长触点的使用寿命。

通过触点 K 的不断开闭来调压的过程比较简单，与上面的一级调压基本相同，下面重点介绍灭弧系统的工作原理。

当发电机输出电压达到调压值时，触点 K 打开，由于励磁电流突然减小，在励磁绕组中便产生较高的自感电动势，并正向加在二极管 VD 上，其感应电流经过二极管 VD、扼流线圈 W_2 与励磁绕组构成回路，起到续流作用而保护触点。同时，在触点两端通过扼流线圈 W_2 并联的电容器 C，用来吸收自感电动势，加速了自感电动势的减小，减少了触点电蚀。扼流线圈的另一个作用是，触点打开时，感应电流通过它产生退磁作用，加快触点的闭合，使触点的振动频率提高，改善了调压质量。

3）带磁场继电器的触点式调节器

在使用汽油发动机的筑路机械上，通常是利用点火开关对硅整流发电机的励磁电路电压调节器的电磁线圈电路进行控制，停车时关掉点火开关，即可切断励磁电路，防止蓄电池向励磁绕组放电。但在使用柴油发动机的筑路机械上，停车时一般使用熄火拉杆，如果驾驶员忘记关断电源开关，就会造成蓄电池长时间通过发电机励磁绕组和电压调节器的电磁线圈放电，不仅容易造成蓄电池亏电，而且容易导致励磁绕组烧坏。为了防止这种情况发生，一般柴油发动机的筑路机械都在调节器的基础上，增装了磁场继电器，以起到当发动机熄火时自动切断发电机励磁电路和调节器电磁线圈电路的作用。

以常用的 FT61A 型带磁场继电器的触点式调节器（简称双联调节器）为例进行介绍。

(1) FT61A 型双联调节器结构组成如图 2-2-6 所示。

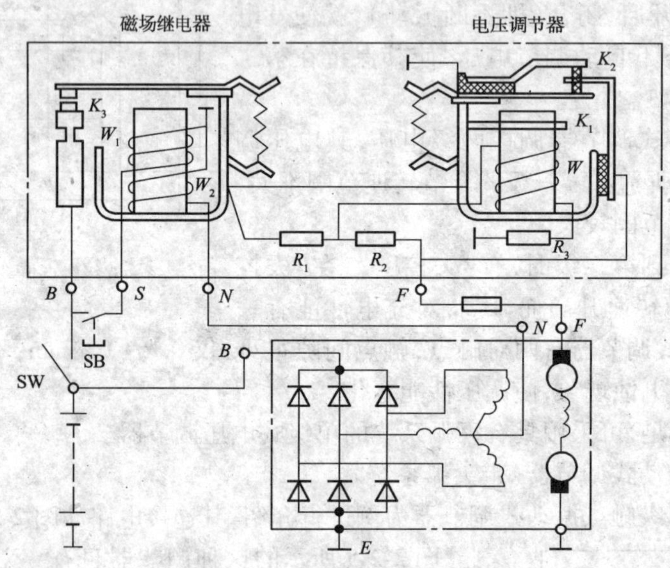

图 2-2-6 FT61A 型双联调节器原理图

W-电磁线圈；W_1-起动线圈；W_2-维持线圈；*SW*-电源开关；*SB*-起动按钮；K_1、K_2、K_3-触点；R_1-加速电阻；R_2-附加电阻；R_3-温度补偿电阻

图 2-2-6 中上部左边一组为磁场继电器，右边一组为电压调节器。磁场继电器有两个线圈，W_1 是起动线圈，承受蓄电池电压，W_2 是维持线圈，承受发电机中点的电压，它们的一端都在内部搭铁；还有一个常开触点 K_3，只有在该触点闭合时，发电机励磁电路和调节器电磁线圈电路才能接通。该调节器对外有四个接线柱，即电池（*B*）、按钮（*S*）、中点（*N*）、磁场（*F*）接线柱，它必须与具有中性点接线柱的硅整流发电机配套使用。

(2) FT61A 型双联调节器的工作过程如下：

发动机起动时，接通电源开关 SW，按下起动按钮 SB，则磁场继电器起动线圈 W_1 中便有电流通过，产生电磁吸力使触点 K_3 闭合，接通励磁电路和电压调节器电磁线圈电路。其中，励磁电路为：蓄电池正极→SW→调节器“*B*”接线柱→继电器触点 K_3→磁轭→电压调节器磁轭→低速触点 K_1→调节器磁场接线柱“*F*”→熔断器→发电机磁场接线柱“*F*”→励磁绕组→搭铁→蓄电池负极。电压调节器电磁线圈 *W* 的电路为：蓄电池正极→SW→调节器“*B*”接线柱→继电器触点 K_3→继电器磁轭→加速电阻 R_1→电磁线圈 *W*→温度补偿电阻 R_3→搭铁→蓄电池负极。

发动机起动后，发电机电压升高，其中性点 N 处的电压也随之升高，故磁场继电器的维持线圈 W_2 中有电流通过。由于 W_2 与 W_1 中电流产生的电磁力方向相同，使触点 K_3 闭合更可靠。

发动机起动后，松开起动按钮 SB，切断起动线圈 W_1 的电流，但由于维持线圈 W_2 中仍有电流，K_3 保持闭合，发电机励磁电路和调节器电磁线圈电路仍能正常工作，起调压作用。

当发动机停止运转时，即使忘记关断电源开关 SW，但因硅整流发电机中性点 N 处电压下降至零，磁场继电器维持线圈 W_2 中无电流通过，于是 K_3 断开，而自动切断了蓄电池与励磁电路和调节器电磁线圈电路，起到保护作用。

2. 电子调节器

前面所述触点振动式调节器组成中有触点、线圈、磁轭、弹簧等机械部分，不仅结构复杂，重量和体积大，而且火花易烧蚀触点，对无线电有干扰。虽然在实际应用中采取了一些措施，但在触点开闭过程中仍存在一定的机械惯性和电磁惯性，使触点振动频率低。且如发电机在高速满负荷下突然失载，就可能由于触点不能马上切断励磁回路而导致发电机产生瞬时过电压，对二极管等元件造成危害。由此可见，传统的触点式调节器被逐渐淘汰已成为必然。现代机械上主要采用电子式电压调节器，它利用晶体三极管代替触点，提高了开关频率，且不会产生火花，调压效果好。电子式电压调节器通常可分为晶体管调节器和集成电路调节器两种，两者的工作原理基本相同。这里仅对晶体管调节器进行说明。

现在国内外晶体管调节器的电路设计已逐渐趋向一致，构造也基本相同，下面以国产 JFT106 型外搭铁式和 JFT126A 型内搭铁式晶体管调节器为例进行介绍。

1）JFT106 型晶体管调节器电路组成及原理（图 2-2-7）。

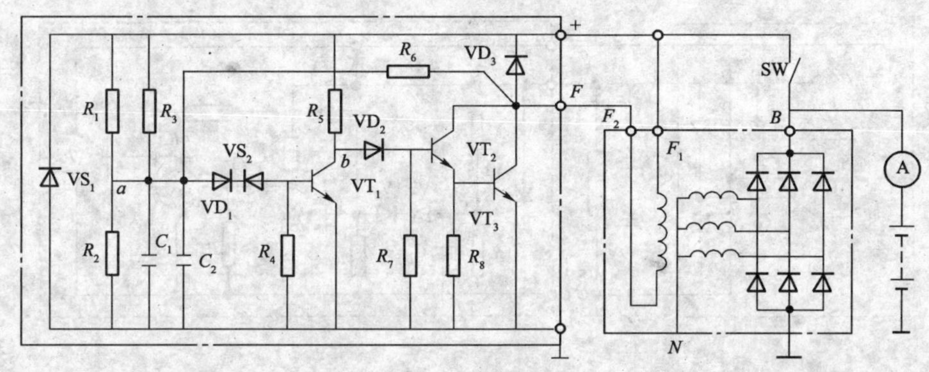

图 2-2-7　JFT106 型晶体管调节器原理图

（1）JFT106 型晶体管调节器电路组成

该调节器电路主要包括电压敏感电路（由 R_1、R_2、R_3 和稳压管 VS_2 组成，其中 R_1、R_2、R_3 组成分压器，将发电机或蓄电池的端电压进行分解后加到稳压管 VS_2 的两端，使稳压管承受反向电压），电子开关电路（由 VT_2 和 VT_3 组成，它的作用是提高放大倍数，增大输出电流，是针对发电机励磁绕组的），开关控制由 VT_1 承担。

另外，R_4、R_5、R_7、R_8 是晶体三极管的偏置电阻，用以保证三极管的正常工作。二极管 VD_2 为温度补偿二极管，用来减少温度影响。二极管 VD_3 反向并联在励磁绕组两端，起续流作用，常称为续流二极管；当 VT_3 导通时，VD_3 中无电流，但在 VT_3 截止时，由于励磁绕组中的电流突然变小，将产生较高的自感电动势，此时利用 VD_3 构成自感电流的闭合回路，可有效地保护 VT_3。R_6 是正反馈电阻，用来提高 VT_3 导通和截止的翻转速度，使调节电压更稳定，改善调压质量。电容器 C_1 和 C_2 用来降低 VT_3 的开关频率，减少功率损耗。稳压管 VS_1 接在发电机的输出端，以便当负载发生变化时，使调节电压能保持稳定。

(2) JFT106 型晶体管调节器的工作原理

接通点火开关 SW，当发电机端电压低于蓄电池电压时，蓄电池电压加在分压器两端，稳压管 VS_2 承受反向电压，但低于其击穿电压而截止，三极管 VT_1 截止。蓄电池电压经 R_5 加在 VD_2、R_7 上，电阻 R_7 使 VT_2 获得正向偏压而导通；TV_2 导通后，偏流电阻 R_8 使 VT_3 获得正向偏压而导通，接通励磁电路。其路径为：蓄电池正极→电流表 A→点火开关 SW→发电机"F_1"接线柱→VT_3 集电极、发射极→调节器"E"接线柱→搭铁→蓄电池负极。发电机电压随转速的升高而升高，其间由他励转为自励。

当发电机端电压达到调压值时，电阻 R_2 的分压加在 VD_1、VS_2、R_4 上，使 VS_2 反向击穿导通，VT_1 随之导通，VT_1 导通后其集电极对搭铁的电压几乎为零，使 VT_2 失去正向偏置而截止，VT_3 也截止，切断励磁电路，发电机电压下降。当发电机电压稍低于调压值时，VS_2 截止，VT_1 截止，VT_2、VT_3 又导通，励磁绕组中又有电流通过，发电机电压又上升。这样反复循环，从而使发电机端电压维持在调节电压附近。

2) JFTl26A 型晶体管调节器

JFTl26A 型晶体管调节器为内搭铁式，调节器中所有电子元件均焊接在印刷线路板上，印刷线路总成则固定在钢板冲制的盒内，装配后，盒内注满 107 硅橡胶，硅橡胶固化后，可起固定元件和散热作用。调节器的引线采用接线板结构，在其盒盖上压有与接线板对应的"正极"、"磁场"、"负极"字样，其内部线路如图 2-2-8 所示

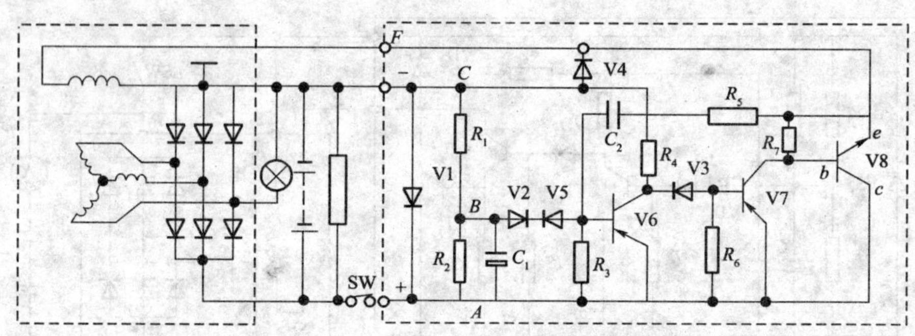

图 2-2-8 JFT126A 型调节器电路

(1) JFTl26A 型晶体管调节器电路组成特点

该调节器由两只小功率 PNP 型三极管 R_5V_6、V_7 和一只大功率 NPN 型三极管 V_8 以及有关的一些阻容元件、二极管等组成。其中三极管 V_7 和 V_8 接成复合管形式，相当于一只大功率 NPN 型三极管以提高其放大倍数。

电路中二极管 $V_1 \sim V_5$、电容 C_1、C_2、电阻 R_5 等附属元件的作用原理与上述 JFTl06 型晶体管调节器的相应附属元件的作用原理基本相同。

(2) JFTl26A 型晶体管调节器的工作原理

当合上点火开关 SW 后，蓄电池电压便加在 A、C 两端，R_2 上的分压 U_{AB} 则通过晶体管 V_6V_8 的发射结加到稳压管 V_2 上，由于蓄电池电压低于发电机的规定电压值，故此时加到稳压管上的电压值低于稳压管的反向击穿电压，稳压管 V_2 截止，V_6 无基极电流而截止，V_7 则由 R_6 提供偏置电流而处于导通状态，V_7 导通后则通过 R_7 给 V_8 提供偏置电流使 V_8 导通，蓄电池便经 V_8 给发电机磁场绕组提供磁场电流，其电流通路为：蓄电池"+"极→点火开关 SW→调节

器“+”接柱→V_8→调节器“F”接线柱→发电机“F”接线柱→发电机磁场绕组→搭铁→蓄电池“-”极。若此时发电机运转，发电机电压就会随转速的上升迅速升高，当发电机电压升至蓄电池电压时发电机开始自激发电；当发电机电压超过规定值时，通过 R_2 的分压加到稳压管 V_2 的电压超过稳压管 V_2 的反向击穿电压，则稳压管导通，V_6 获得基极电流而导通，V_6 导通后，使 V_7 的发射结被短路，因而 V_7 截止，V_7 截止 V_8 相应截止，从而切断了发电机的磁场电路，使得发电机电压迅速下降。当发电机电压降到低于规定值时，加到稳压管 V_2 上的电压又低于其反向击穿电压，稳压管重新截止，使 V_6 也截止，V_7、V_8 重新导通，接通发电机的磁场电路而使发电机电压又升高，如此往复，发电机的电压便被稳定于规定值。

【知识链接】

稳压二极管是一种具有稳压作用的特殊二极管，简称稳压管。它的外形和普通二极管基本相同，文字符号用 VS 表示，图形符号为 ⊣▷⊢。稳压二极管的正向特性与普通二极管相同，呈导通状态；在反向电压较小时，管子中只有很小的反向电流而呈截至状态，但当反向电压达到 U_Z（击穿电压）时，管子突然导通，在反向击穿区，稳压管的电流在很大范围内变化，而管子两端的电压近似为恒定值，所以常将稳压管反向并接在负载两端来稳定负载电压，如图 2-2-9 所示，它主要是工作在反向工作区的。

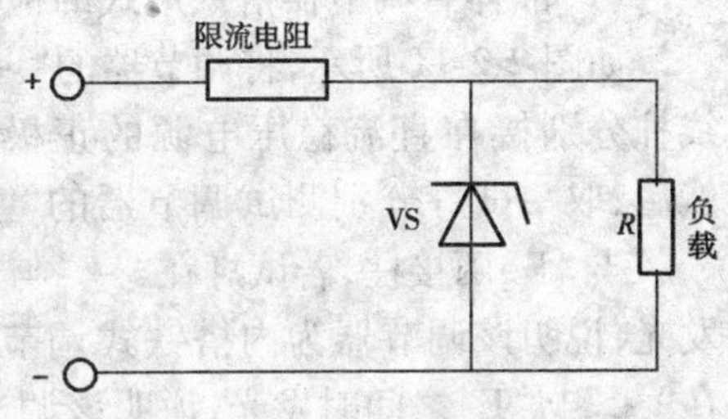

图 2-2-9　稳定二极管工作原理示意

【任务实施】

1. 触点振动式调节器的检查与调整

充电系统如确认调节器有故障时，应将调节器从车上拆下，进行检查。

1）检查

首先检查调节器底部电阻的绝缘材料是否烧坏，有无断路、搭铁故障；再打开调节器盖子，检查触点是否氧化、烧蚀，电阻是否烧断以及线圈有无断路、短路等故障。若触点轻微烧蚀，应用“00”号砂纸打磨，再用干净的纸片拭净；若触点严重烧蚀或电阻、线圈有烧焦、短路、断路等故障，应更换调节器。

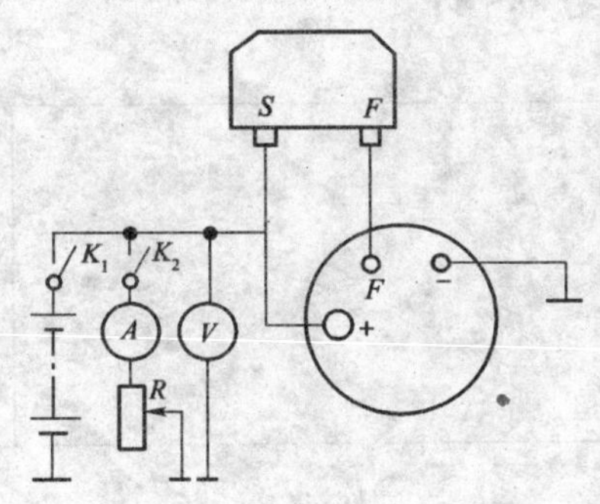

图 2-2-10　交流发电机触点振动式调节器的试验

2）测试与调整

以 FT61 型调节器为例，在万能试验台上进行，如图 2-2-10所示电路接线。起动调整电动机，先闭合开关 K_1，让蓄电池给发电机励磁。待发电机电压高于蓄电池电动势而自励时，将 K_1 断开，接通 K_2，调节发电机转速至 3 000r/min，改变可变电阻，让发电机处于低载状态（即 12V 交流发电机的输出电流为 4A，24V 交流发电机的输出电流为 2A），观察电压表的读数应在 13.8 ~ 14.5V 范围内。若不符合要求应调整弹簧的张力。然后提高转速至 3 500r/min，调节可变电阻，让发电机处于半载状态（即输出电流为额定电流的一半），观察调节器维持的电压值（电压表读数）。低载与半载时调节电压的差值应不大于 0.5V。若超过 0.5V 时，可适当减小衔铁与铁芯的间隙；若差值为负值时，则适当加大衔铁与铁芯的间隙。如果上述调整措施无效，应同时调整高速触点间隙和衔铁与铁芯的间隙。

其他交流发电机调节器的调整数据见表 2-2-1。

交流发电机调节器的调整数据 表 2-2-1

型号	规格(V)	配合工作的发电机型号	高速触点间隙(mm)	衔铁与铁芯的间隙(mm)	低载时的调节电压值(V)	低载调节电压与半载调节电压差(V)
FT111	12	JF152D JF1522A	0.3~0.4	1.4~1.5	13.5~14.5	不大于0.5
FT61-F	12	JF13 JF13E JF11	0.3~0.3	1.05~1.15	13.2~14.2	
FT62	24	JF23 JF25		1.4~1.5	27.6~29.6	

2. 晶体管调节器的检查

(1)晶体管调节器搭铁形式的检查

如图 2-2-11 所示,将调节器的"+"、"-"接线柱分别接在直流稳压电源的正极与负极上。然后,取一试灯分别测试调节器的"-"与"F"、"+"与"F"两接柱,若试灯在"-"与"F"之间时发光,说明该调节器为内搭铁式调节器;若试灯在"+"与"F"之间时发光,说明该调节器为外搭铁式调节器。

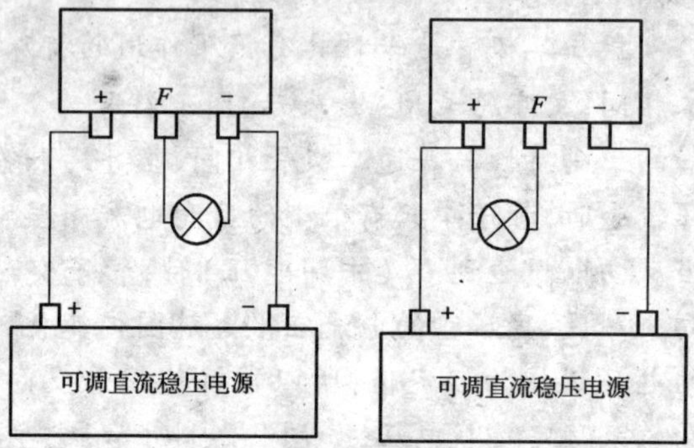

图 2-2-11 晶体管调节器搭铁形式的检查
a)内搭铁式调节器;b)外搭铁式调节器

(2)就车质量检查

用起动机起动发动机,然后逐渐提高转速,与此同时观察电流表,开始电流表指示充电电流较大,然后充电电流缓慢减小,当发动机运转 5~10min 后,充电电流逐渐减小直至趋近于零。这种情况说明调节器工作正常。

课题三 充电系线路连接与分析

知识点:

充电系电路分析。

技能目标:

1. 会充电系故障诊断与排除;
2. 会充电系电路连接。

【任务描述】

筑路机械充电系一般由蓄电池、交流发电机、电压调节器、电流表、开关和导线等组成。对充电系统的工作情况,现代机械上有用电流表指示充电、放电的,有用充电指示灯来指示充电、放电的,也有的除装有电流表外,另加装了充电指示灯。

【任务分析】

充电系是筑路机械的重要组成,必须了解整个充电系的组成与工作情况,并结合前面的知识进行简单故障诊断,学会对充电系进行线路连接与分析。

【相关知识】

典型充电系电路分析,如图 2-3-1 所示。

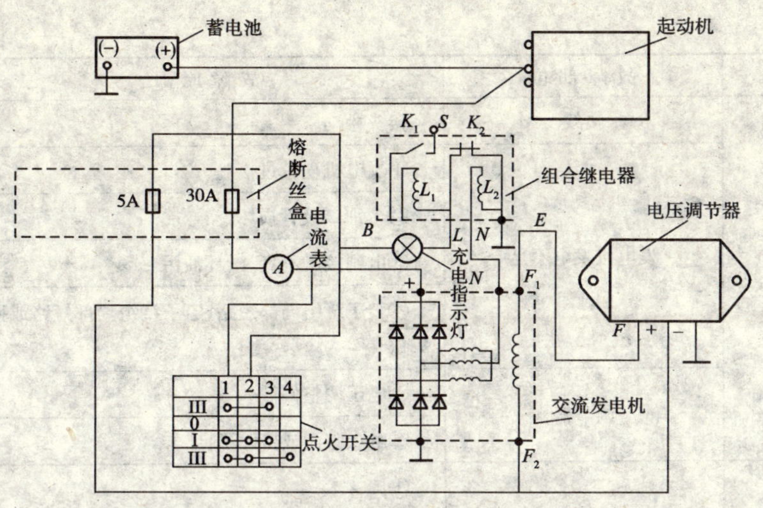

图 2-3-1 解放 CA1091 车充电系统电路

其工作原理为：发动机起动时，充电指示灯亮。电路为：蓄电池正极→起动机电源接线柱→30A 熔断丝→电流表→点火开关→充电指示灯→组合继电器常闭触点 K_2→搭铁→蓄电池负极。此时发电机处于他励阶段。

硅整流发电机随转速的升高由他励变为自励正常发电时，发电机中性点电压加在组合继电器线圈 L_2 两端，使线圈 L_2 中有电流通过而产生电磁力，将常闭触点 K_2 打开，充电指示灯断电熄灭。

如果在正常工作时一旦出现硅整流发电机电压过低或发生故障不发电时，中性点电压不能使线圈 L_2 产生的电磁力吸开触点，K_2 始终闭合，充电指示灯亮，警告驾驶员注意检查和排故。

【任务实施】

一、充电系故障诊断与排除（表 2-3-1）

充电系的故障部位、故障原因及处理方法　　表 2-3-1

<table>
<tr><th>故障现象</th><th colspan="2">故 障 部 位</th><th colspan="2">故 障 原 因</th><th>处理方法</th></tr>
<tr><td rowspan="14">完全不充电（电流表指示放电或充电指示灯亮）</td><td colspan="2">接线</td><td colspan="2">接线断开或脱落</td><td>修理</td></tr>
<tr><td colspan="2">电流表</td><td colspan="2">损坏或接线错误</td><td>更换、改接</td></tr>
<tr><td colspan="2" rowspan="3">发电机不发电</td><td colspan="2">①二极管烧坏</td><td>更换</td></tr>
<tr><td colspan="2">②电刷卡死与滑环不接触</td><td>更换、修理</td></tr>
<tr><td colspan="2">③定子、转子绕组断路、短路绝缘不良</td><td>更换、修理</td></tr>
<tr><td rowspan="9">调节器</td><td rowspan="3">调节电压过低</td><td rowspan="2">触点式</td><td>①调整不当</td><td>调整</td></tr>
<tr><td>②触点接触不良</td><td>修理</td></tr>
<tr><td>电子式</td><td>调整不当</td><td>调整</td></tr>
<tr><td rowspan="4">调节器不工作</td><td rowspan="2">电子式</td><td>①大功率管断路</td><td>更换</td></tr>
<tr><td>②其他元件短路、断路</td><td>更换</td></tr>
<tr><td rowspan="2">触点式</td><td>①高速触点烧结在一起</td><td>更换</td></tr>
<tr><td>②内部短路或断路</td><td>更换、修理</td></tr>
<tr><td rowspan="2">磁场继电器工作不良</td><td colspan="2">①继电器线圈或电阻短路、断路</td><td>更换</td></tr>
<tr><td colspan="2">②触点接触不良</td><td>修理</td></tr>
</table>

续上表

<table>
<tr><th>故障现象</th><th colspan="2">故障部位</th><th colspan="2">故障原因</th><th>处理方法</th></tr>
<tr><td rowspan="7">充电电流过小（起动性能变差，灯光变暗）</td><td colspan="2">接线</td><td colspan="2">接头松动</td><td>修理</td></tr>
<tr><td colspan="2" rowspan="4">发电机发电不足</td><td colspan="2">①发电机皮带过松</td><td>调整</td></tr>
<tr><td colspan="2">②个别二极管损坏</td><td>更换</td></tr>
<tr><td colspan="2">③电刷接触不良，滑环油污</td><td>修理</td></tr>
<tr><td colspan="2">④转子绕组局部短路，定子绕组局部短路或接头松开</td><td>更换、修理</td></tr>
<tr><td colspan="2" rowspan="2">调节器</td><td colspan="2">①电压调整偏低</td><td>调整</td></tr>
<tr><td colspan="2">②触点脏污或接触不良</td><td>修理</td></tr>
<tr><td rowspan="6">充电电流过大（灯丝易烧坏、电解液消耗过快）</td><td colspan="2" rowspan="6">调节器</td><td colspan="2">①调整不当</td><td>调整</td></tr>
<tr><td colspan="2">②触点脏，高速触点接触不良</td><td>修理、更换</td></tr>
<tr><td colspan="2">③线圈短路、断路</td><td>修理、更换</td></tr>
<tr><td colspan="2">④加速电阻烧断</td><td>更换</td></tr>
<tr><td colspan="2">⑤低速电阻烧结</td><td>修理、更换</td></tr>
<tr><td colspan="2">⑥功率晶体管击穿</td><td>更换</td></tr>
<tr><td rowspan="12">充电电流不稳定（电流表指针摆动）</td><td colspan="2">接线</td><td colspan="2">各连接处松动，接触不良</td><td>修理</td></tr>
<tr><td colspan="2" rowspan="4">发电机</td><td colspan="2">①皮带过松</td><td>调整</td></tr>
<tr><td colspan="2">②转子或定子有故障</td><td>修理、更换</td></tr>
<tr><td colspan="2">③电刷压力不足，接触不良</td><td>修理、更换</td></tr>
<tr><td colspan="2">④接线柱松动，接触不良</td><td>修理</td></tr>
<tr><td rowspan="7">调节器</td><td rowspan="5">调整作用不稳定</td><td rowspan="3">触点式</td><td>①触点脏污，接触不良</td><td>修理</td></tr>
<tr><td>②线圈、电阻有故障</td><td>修理、更换</td></tr>
<tr><td>③附加电阻断路</td><td>更换</td></tr>
<tr><td rowspan="2">电子式</td><td>①连接部分松动</td><td>修理</td></tr>
<tr><td>②电子元件性能变坏</td><td>更换</td></tr>
<tr><td rowspan="2">继电器工作不良</td><td colspan="2">①继电器线圈或电阻短路、断路</td><td>更换</td></tr>
<tr><td colspan="2">②触点接触不良</td><td>修理、更换</td></tr>
<tr><td rowspan="4">发电机有异响（机械故障）</td><td colspan="2" rowspan="4">发电机</td><td colspan="2">①发电机安装不当，连接松动</td><td>修理</td></tr>
<tr><td colspan="2">②发电机轴承损坏</td><td>修理、更换</td></tr>
<tr><td colspan="2">③转子与定子相碰撞</td><td>修理</td></tr>
<tr><td colspan="2">④二极管短路、断路、定子绕组断路</td><td>更换</td></tr>
</table>

二、充电系电路连接

下面是 CA1091 车的充电系元件，将它们按照车上的连线进行连接（图 2-3-2）。

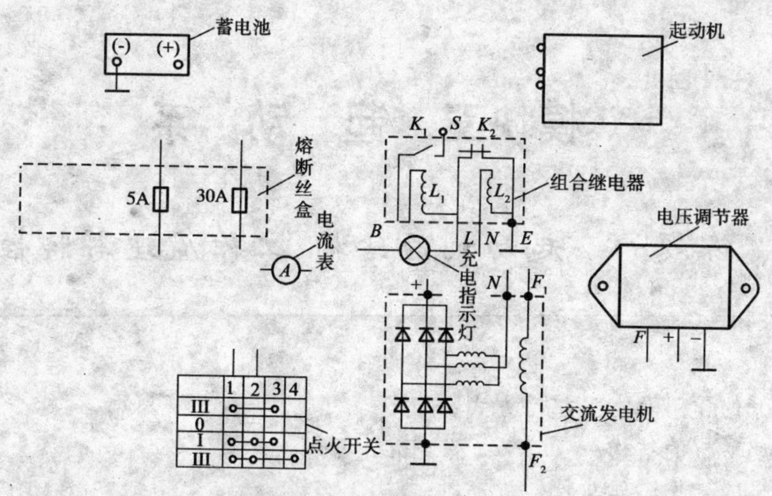

图 2-3-2　解放 CA1091 车充电系电路连接

思考题

1. 简述交流发电机的主要部件并说出它们的作用。
2. 交流发电机的使用与维护应注意事项有哪些?
3. 如何进行交流发电机不解体检查?
4. 简述交流发电机常规检测的项目与方法。
5. 试分析 JFT106、JFT126A 型晶体管调节器的工作过程。
6. 试分析解放 CA1091 充电系统电路。
7. 如何进行充电系统常见故障的判断与排除?

模块三　起　动　系

课题一　起动机的结构、工作原理与特性

知识点：

1. 起动系的作用及常见起动方式；
2. 普通起动机的结构；
3. 起动机的工作原理与特性。

技能目标：

掌握起动机的正确拆装方法。

【任务引入】

发动机起时，必须依靠外力带动曲轴旋转后，才能进入自行的运转状态。因此，筑路机械上都设置有起动系。作为起动系的主要设备，起动机是如何起动发动机的，其结构上有哪些特点，如何正确拆装等相关问题需要我们解决。

【任务分析】

要想清楚起动机是如何起动发动机的，必须在熟悉起动机结构的基础上，了解其工作原理与工作特性。同时，为了加深对起动机的认识，还必须学会熟练地拆装起动机。

【相关知识】

一、起动系的作用与组成

起动系的作用是产生起动转矩，带动发动机曲轴由静止转变为自行运转状态；当发动机进入自行运转状态后，便立即停止工作。发动机常见的起动方式有人力起动、辅助汽油机起动和电力起动三种。其中人力起动常用在小功率发动机上；辅助汽油机起动主要用在一些大功率的柴油机上，如推土机，其辅助汽油机功率为主发动机功率的5%～20%；电力起动具有操纵轻便、起动迅速可靠、重复起动能力强，并且可以远距离控制等优点，被筑路机械广泛采用。

电力起动系主要由蓄电池、起动机、起动开关、起动继电器等组成，如图3-1-1所示。

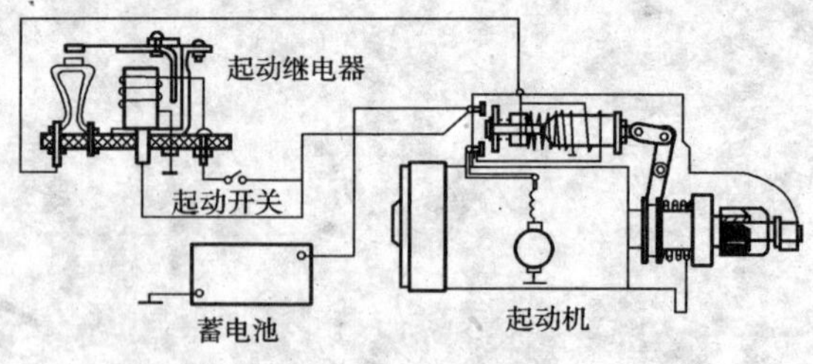

图3-1-1　电力起动系的组成

起动机在点火开关或起动按钮的控制下，将蓄电池的电能转化为机械能，通过飞轮齿圈带动发动机曲轴转动。为增大转矩、便于起动，起动机与发动机曲轴的传动比：汽油机一般为13～17，柴油机一般为8～10。起动机驱动齿轮的齿数一般为5～13齿。

二、起动机的组成

起动机一般由直流串励式电动机、传动机构和操纵机构三大部分组成，如图 3-1-2 所示。直流串励式电动机的作用是将蓄电池提供的直流电能转换为机械能，产生电磁转矩。传动机构的作用是在发动机起动时使起动机的驱动齿轮与飞轮齿圈啮合，将起动机产生的电磁转矩传递给曲轴；在发动机起动后使起动机驱动齿轮与飞轮齿圈自动脱开。

操纵机构的作用是接通或切断起动机与蓄电池之间的主电路，并产生驱动拨叉的电磁力。有些起动机操纵机构还有辅助开关，能在起动时将与点火线圈相连的附加电阻短路，以增大起动时的点火能量。

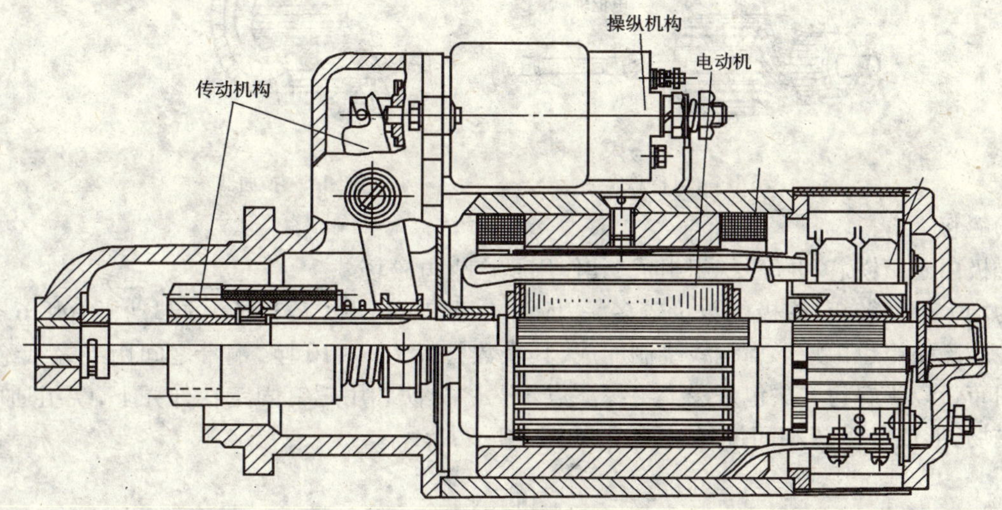

图 3-1-2　起动机的组成

三、直流电动机的结构、工作原理与特性

1. 普通直流串励式电动机的结构

直流串励式电动机的励磁绕组与电枢绕组呈串联连接，它主要由磁极、电枢、电刷及电刷架、壳体和端盖等组成，如图 3-1-3 所示。

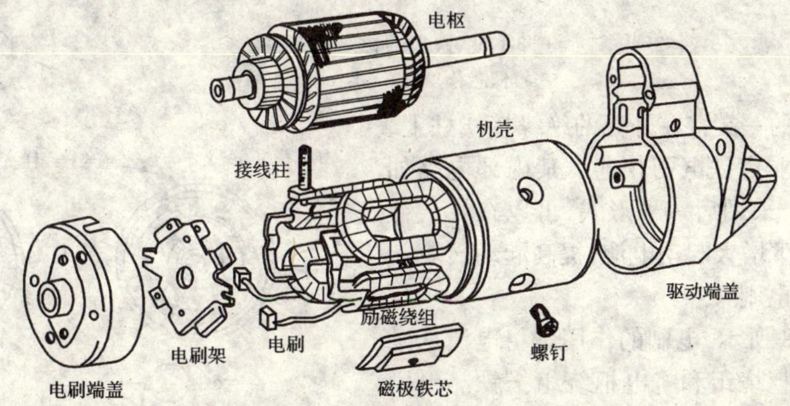

图 3-1-3　直流串励式电动机的组成

1）电枢

电枢又称转子，其结构如图 3-1-4 所示，其作用是产生电磁转矩。

电枢铁芯由硅钢片叠成后固定在电枢轴上，电枢绕组由较大截面的矩形裸铜线绕制而成，在铁芯片线槽口两侧，用轧纹将电枢绕组挤紧，以免转子高速运转时将绕组甩出。电枢绕组的端头均匀地焊在换向器铜片上。为防止电枢绕组间短路，在铜线之间及铜线与铁芯之间，均用绝缘纸隔开。

换向器的作用是向旋转的电枢绕组注入电流，它由许多截面呈燕尾形的铜片合围而成，如图 3-1-5 所示，铜片之间由云母绝缘。

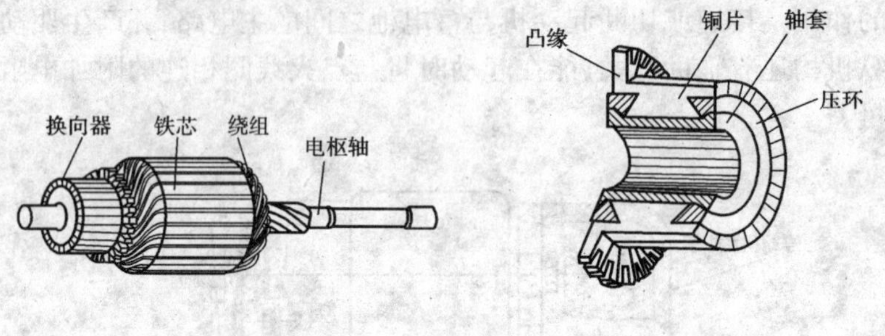

图 3-1-4　电枢总成

图 3-1-5　换向器

2）磁极

磁极由磁极铁芯和励磁绕组组成，其作用是产生电磁场。

为增大起动转矩，磁极的数量较多，一般为 4 极，功率超过 7.35kW 的起动机有用 6 个磁极的。励磁绕组也由矩形扁铜线绕制而成，其匝数一般为 6 ~ 10 匝，铜带之间用绝缘纸绝缘，并用白布带以半叠包扎法包好浸上绝缘漆烘干。磁极铁芯用螺钉固定在外壳上，绕组通电后产生磁场，形成 N、S 极相间排列的形式，如图 3-1-6 所示。

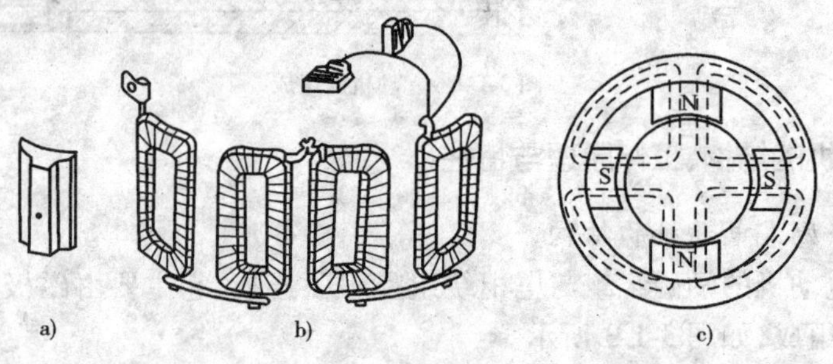

图 3-1-6　铁芯、励磁绕组及磁极

a）铁芯；b）励磁绕组；c）磁极

励磁绕组的一端接在外壳的绝缘接线柱上，另一端与两个非搭铁电刷相连。其内部电路如图 3-1-7 所示。采用后一种形式，可以在导线截面不变的情况下增大起动电流，提高起动转矩。

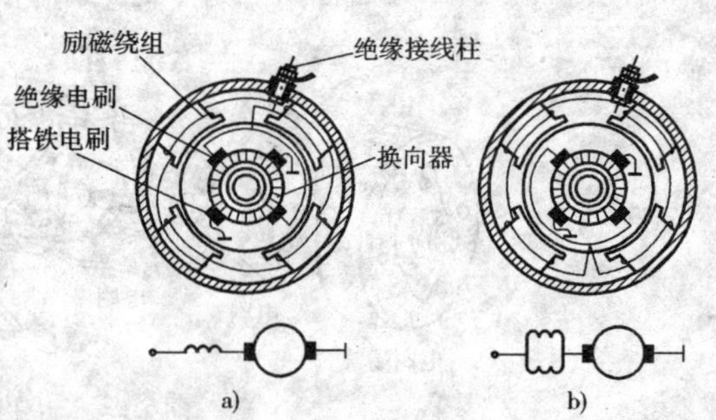

图 3-1-7　串励式电动机内部电路

a）四个绕组依次串联；b）两个绕组串联后再并联

3）电刷及电刷架

如图 3-1-8 所示，电刷的作用是将电流从励磁绕组引入电枢绕组和将电枢绕组搭铁。电刷由铜粉（80% ~ 90%）和石墨粉压制而成，其上连有软铜线，接在搭铁电刷架（搭铁电刷）或励磁绕组（绝缘电刷）的一端。电刷架上有盘形弹簧，用以压紧电刷。

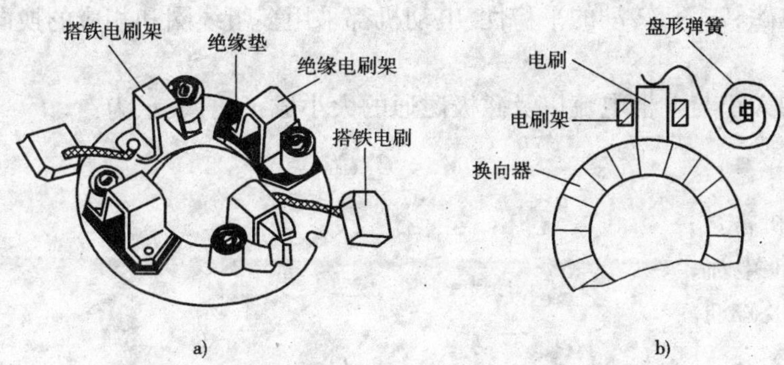

图 3-1-8　电刷及电刷架

a) 电刷及电刷架；b) 电刷安装示意图

4）外壳与端盖

外壳用钢板焊接或用无缝钢管制成，内部固定有磁极。外壳上有一绝缘接线柱与励磁绕组相连，其两端还留有组装用的定位槽或缺口。

驱动端盖（前端盖）用铸铁铸造，其上有拨叉座和驱动齿轮行程的调整螺钉，还有支撑拨叉的轴销孔，因电枢轴较长，故前端盖上还装有中间支撑板。后端盖用钢板冲压（无检查窗口）或用铝合金铸造（带有检查窗口），前后端盖上都压装着青铜石墨或铁基含油滑动轴承。两端盖与壳体间靠两个穿心连接螺栓组装成一个整体。

2. 直流串励式电动机的工作原理及特性

1）工作原理

直流串励式电动机是将电能转变为机械能的装置。它是根据带通电导体在磁场中受到电磁力作用这一原理为基础而制成的，其工作原理如图 3-1-9 所示。

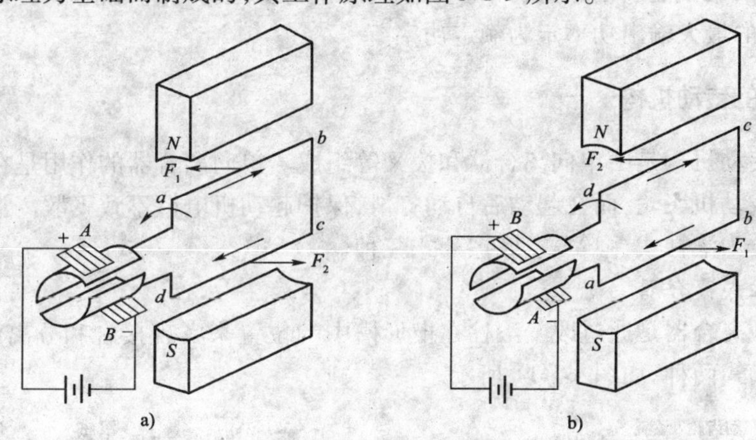

图 3-1-9　串励式电动机的工作原理示意图

a) 电流方向 $a \to d$；b) 电流方向 $d \to a$

当接通直流电源时，电流由正电刷和换向片 A 流入，由负电刷 B 流出，此时线圈中的电流方向是由 $a \to d$（图 3-1-9a）。由左手定则可知线圈 ab 边和 cd 边分别受到向左和向右电磁力的作用，于是整个线圈在逆时针方向转矩的作用下而转动。当电枢转过半圈后，电刷改为与另一换向片相接触，线圈中电流的方向为 $d \to a$（图 3-1-9b），但由于在 N 极和 S 极下线圈相应边中的电流方向保持不变，因此，其所受到的电磁转矩的方向也不变，电枢继续朝逆时针方向转动。

为了增大电磁转矩和转动的平稳性，电动机都采用多组线圈和相应的换向片，同时用多对磁极产生磁场。

电磁转矩的大小与电枢电流以及磁极磁通的大小成正比，表示为：

$$M = C_m I_s \Phi \tag{3-1-1}$$

式中：C_m——电机常数；

I_s——电枢电流；

Φ——磁极磁通。

2）工作特性

直流串励式电动机特性如图 3-1-10 所示。

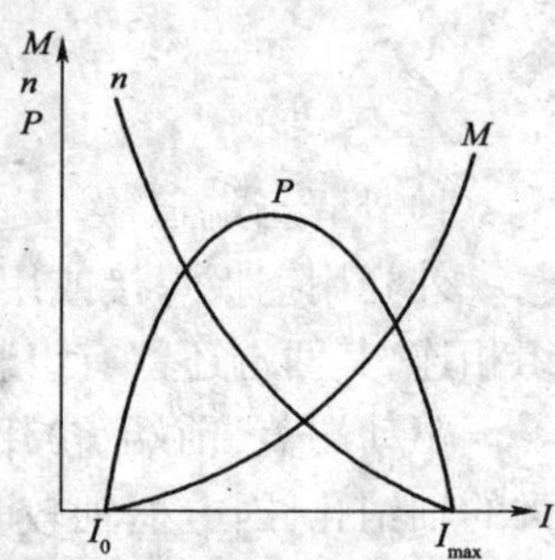

图 3-1-10 直流串励式电动机特性曲线

（1）转矩特性——起动转矩大

刚接通起动机电路时，电动机处于完全制动的状态（转速 $n = 0$），电枢电流达到最大值（称为制动电流），电动机产生最大转矩（称为制动转矩），正好满足发动机起动瞬间需要大转矩的要求。

（2）转速特性——轻载转速高、重载转速低

直流串励式电动机的电枢转速与电磁转矩成反比，具有轻载转速高、重载转速低的特点。重载转速低可使起动安全可靠，但轻载以及空载时转速会很高，容易造成"飞散"事故。因此对较大功率的起动机，不允许在轻载或空载下长时间运行。

（3）功率特性——具有短时间内输出最大功率的能力

直流串励式电动机的输出功率与电枢转速和电磁转矩的乘积成正比，当电流约为制动电流的一半时，电动机就能发出最大功率。由于起动机每次运行时间都很短，允许它以最大功率运行，一般把它的最大输出功率定为额定功率。

四、起动机的传动机构

起动机的传动机构是由单向离合器和拨叉等组成。单向离合器的作用是在起动时将电动机的转矩传给发动机飞轮，而在起动后自动打滑，保护起动机电枢不致飞散。常用的单向离合器按结构不同分为滚柱式、弹簧式、摩擦片式三种。

1. 单向滚柱式离合器

单向滚柱式离合器是通过改变滚柱在楔形槽中的位置来实现接合和分离的，其结构分十字块式和十字槽式两种，如图 3-1-11 所示。

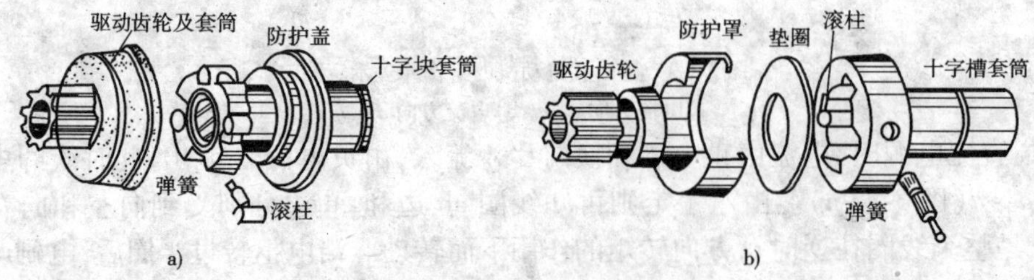

图 3-1-11 滚柱式离合器

a）十字块式；b）十字槽式

在发动机起动时，滚柱式单向离合器的滚柱处于楔形槽的窄处被卡死，将起动机转矩传递给驱动齿轮（图 3-1-12a），带动飞轮齿圈旋转起来。发动机起动以后，转速升高，飞轮齿圈则带动驱动齿轮旋转，滚柱滚入楔形槽的宽处而打滑（图 3-1-12b），使发动机的转矩不会传给电枢，避免了电枢绕组出现超速飞散的危险。

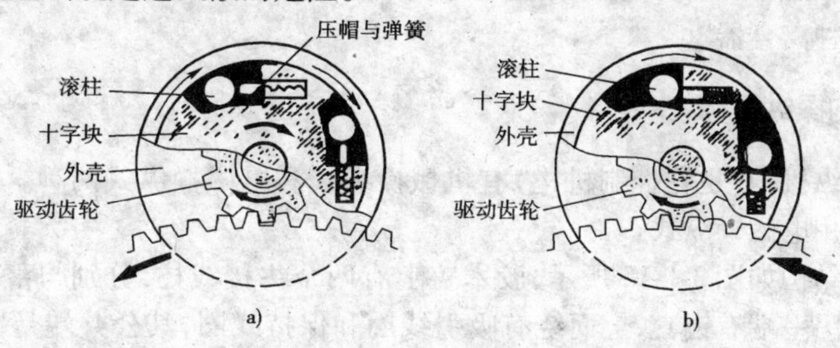

图 3-1-12　滚柱式离合器的工作原理

a）起动时；b）起动后

滚柱式单向离合器工作时滚柱属线接触传力，具有结构简单、坚固耐用、工作可靠的优点，但在传递大转矩时滚柱易发卡，故常用于中、小功率的起动机上。

2. 弹簧式单向离合器

弹簧式单向离合器是通过扭力弹簧的径向收缩和放松来实现离合的，其结构如图 3-1-13 所示。离合器的齿轮与花键套间采用浮动的月形定位键连接，齿轮后端传力圆柱表面和花键套筒外圆柱面上包有扭力弹簧，扭力弹簧两端各有 1/4 圈内径较小，分别箍紧在齿轮柄和套筒上，扭力弹簧外装有护套。

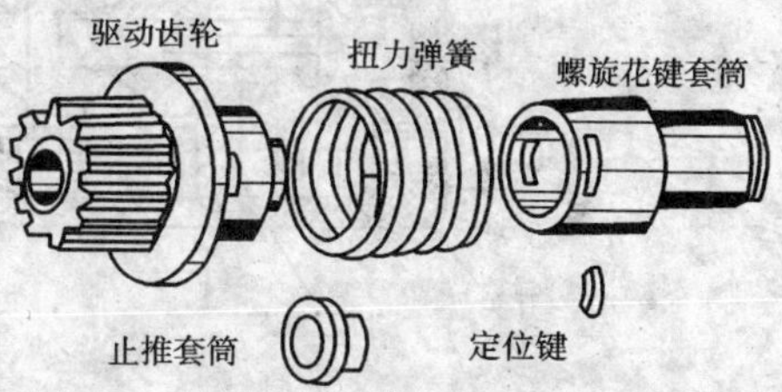

图 3-1-13　弹簧式离合器

起动机工作时，电枢轴带动花键套筒旋转，在弹簧与齿轮柄和花键套筒间摩擦力的作用下，扭力弹簧被扭紧，抱紧齿轮柄和花键套筒而传递扭矩。发动机起动后，飞轮带动驱动齿轮旋转，此时驱动齿轮成为主动件，花键套筒变为被动件，使扭力弹簧松开而打滑，防止了扭矩的反向传递，从而保护了起动机。

弹簧式单向离合器具有结构简单、寿命长、成本低的特点。因扭力弹簧圈数较多、轴向尺寸较大，故多用于大、中型起动机上。

3. 摩擦片式单向离合器

摩擦片式单向离合器是通过主、从动摩擦片的压紧和放松来实现离合的。其结构如图 3-1-14所示，花键套筒套的外表面上有三线螺旋花键，套着内接合鼓（主动鼓），内接合鼓上有 4 道轴向槽，主动摩擦片的内凸齿插在其中，从动摩擦片的外凸齿插在与驱动齿轮成一体的外接合鼓（从动鼓）的槽中，主、从动摩擦片相间排列。在花键套筒的左端拧有螺母，螺母与摩擦

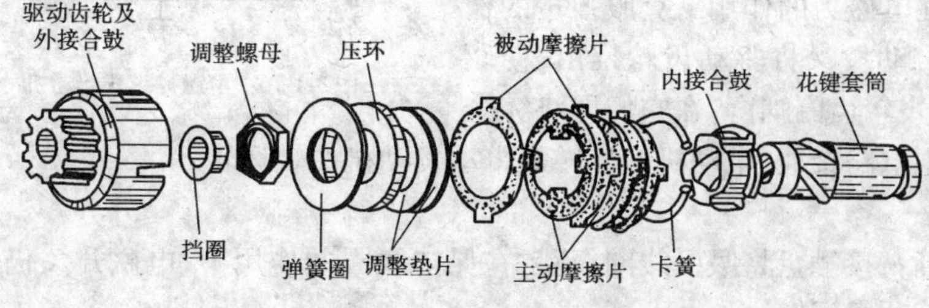

图 3-1-14　摩擦片式离合器

片之间装有弹性圈、压环及调整垫片，通过加减垫片即可调整其最大转矩。

摩擦片式单向离合器可以传递较大转矩，并能在超载时自动打滑，可以防止因超载而损坏起动机。但由于该离合器结构复杂，传动比不能太大，摩擦片容易磨损，磨损后摩擦系数会逐渐降低，所以需要经常检查和调整。额定功率为 2.2 ~ 8.1kW 的中型起动机和 11kW 的大型起动机常采用该种离合器。

五、起动机的操纵机构

起动机的操纵机构（也称控制机构）有机械操纵式和电磁操纵式两种。筑路机械起动系的操纵机构多采用电磁操纵式。

电磁开关的结构如图 3-1-15 所示，胶木盖上有两个主接线柱，分别与蓄电池和电动机相连。电磁开关的另一端有铜套，上面绕有吸引线圈和保持线圈，其公共端是“起动开关”或起动机继电器的“起动机”接线柱。有的电磁开关上还有一个点火线圈“开关”接线柱，起动时把附加电阻短接，以增大起动时的点火能量。

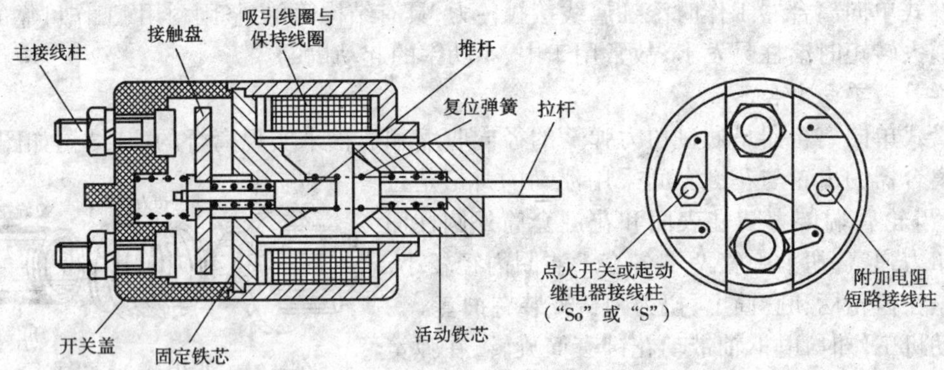

图 3-1-15 电磁开关

起动机的工作过程分三个阶段（图 3-1-16）：

1）起动瞬间

刚接通起动开关时，吸引线圈和保持线圈的电流回路为：

蓄电池“+”→起动开关→吸引线圈→电动机→蓄电池“-”。

蓄电池“+”→起动开关→保持线圈→蓄电池“-”。

此时，吸引线圈和保持线圈产生的磁场方向相同，活动铁芯在电磁力的作用下克服弹簧的作用被吸入，同时带动拨叉将驱动齿轮推出，使驱动齿轮与起动机飞轮齿圈啮合，在它们即将完全啮合时，电动机主电路接通，电动机产生转矩带动发动机曲轴运转。

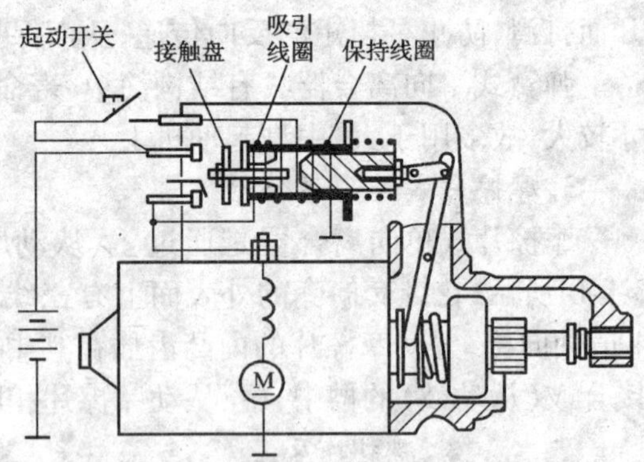

图 3-1-16 电磁操纵式起动机的原理电路

2）起动过程

主电路接通后，接触盘将吸引线圈短路，在保持线圈的作用下，电磁开关仍保持在吸合位置上，起动机继续通电运转。

3）起动后

刚断开起动开关时，两线圈中的电流方向相反，产生的磁场相互抵消，活动铁芯在复位弹簧的作用下退回原位。接触盘退回时切断了起动机主电路，拨叉将处于打滑状态的离合器拨回原位，齿轮脱开啮合，起动机停止工作。

【相关知识链接】

电枢移动式起动机简介

电枢移动式起动机广泛应用在大功率柴油车上。图3-1-17为电枢移动式起动机的结构与工作原理图。其主要结构特点如下：

（1）起动机不工作时，电枢在弹簧的作用下，停在与磁极中心螺钉靠前错开的位置上，且换向器较长，以便移动后仍能和电刷接触。

（2）电磁开关的电磁铁只有一个线圈，用以接通起动机主电路的接触桥的上、下端。

（3）励磁绕组有三个，其中串联的主励磁绕组用扁铜线绕制，匝数较少；而串联辅助励磁绕组和并联辅助绕组（又称保持线圈）用细导线绕成，匝数较多。由于扣爪和挡片的作用，辅助绕组首先接通。

（4）啮合过程是靠电枢在磁场的作用下进行轴向移动来实现的。起动后，靠复位弹簧的弹力，使齿轮脱离啮合，退回原位。

（5）采用摩擦片式单向离合器。

电枢移动式起动机工作过程可分为三个阶段。起动机不工作时，如图3-1-17a）所示。

啮入阶段：起动时，按下起动按钮，电磁铁产生吸力吸引接触盘，但由于扣爪顶住了挡片，接触盘仅能上端闭合，如图3-1-17b）所示。此时辅助励磁绕组接通，并联辅助绕组和串联励磁绕组产生的电磁力，克服复位弹簧的拉力，吸引电枢向左移动，使起动机齿轮啮入飞轮齿圈。由于辅助励磁绕组用细铜线绕制，电阻大，流过的电流较小，起动机仅以较低的速度旋转，使齿轮啮入柔和。

起动阶段：当电枢移动使驱动齿轮与飞轮基本啮合后，固定在换向器端面的圆盘，顶起扣爪，使挡片脱扣，于是，接触盘的下端也闭合，接通主励磁绕组的电路，起动机便以正常的转矩工作，起动发动机。在起动过程中，摩擦片离合器压紧并传递扭矩，如图3-1-17c）所示。

脱开阶段：发动机起动后，驱动齿轮转速增大，摩擦片离合器被旋松，曲轴转矩便不能传到电枢上，起动机处于空载状态。直到松开起动按钮，电枢又移回原位，驱动齿轮与飞轮齿圈脱开，扣爪也回到锁止位置，起动机才停止运转。

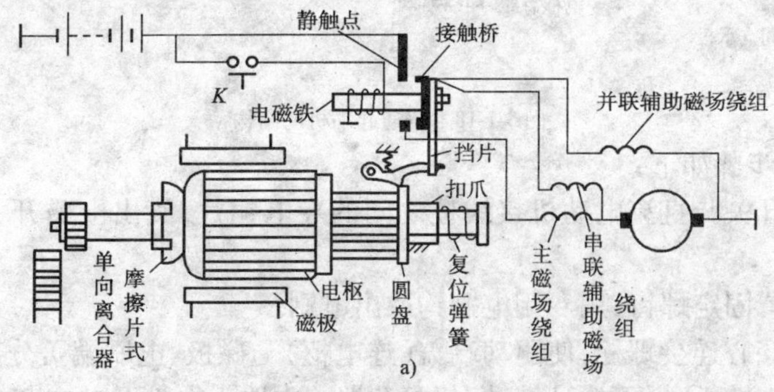

图 3-1-17

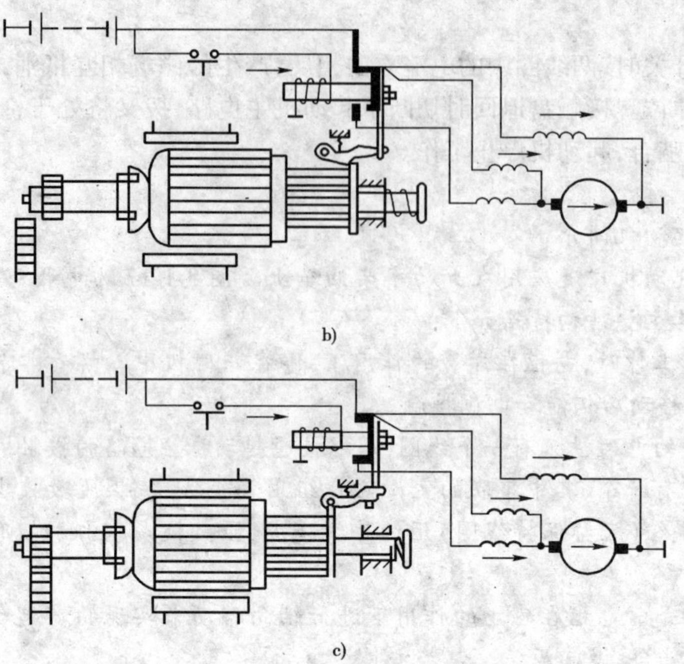
b)

c)

图 3-1-17 电枢移动式起动机的结构与工作原理

【任务实施】

一、起动机的解体

普通起动机的组件如图 3-1-18 所示。

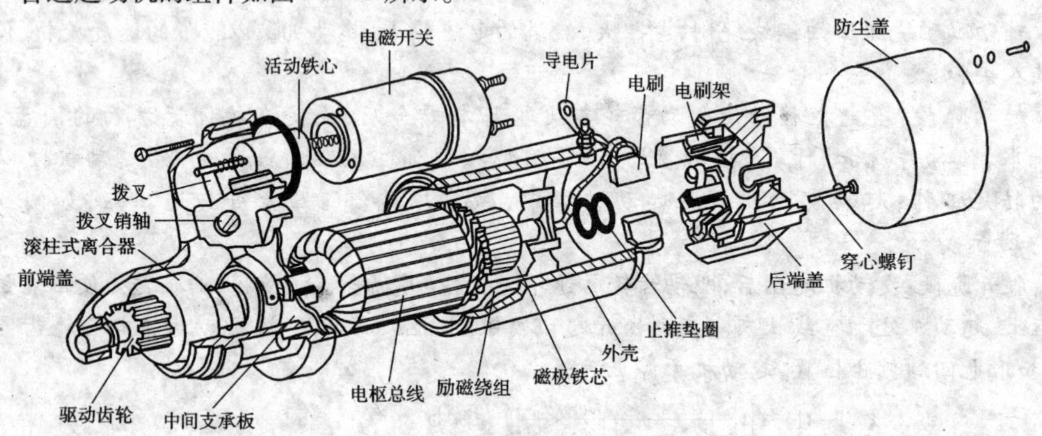

图 3-1-18 普通起动机的结构

起动机的解体步骤如下：

(1)拆下电磁开关与直流电动机接线柱之间的导电铜片，旋出电磁开关与壳体的紧固螺钉，取下电磁开关。

(2)旋出防尘罩固定螺钉，用专用电刷钩取出电刷。

(3)旋出两支穿心连接螺栓，使驱动端盖(连电枢)与磁极、电刷端盖分离。

(4)拆下中间支撑板，拆下拨叉销轴，从驱动端盖中取出电枢及单向离合器总成。

(5)拆下电枢轴上的卡簧，先取下挡圈，再取下单向离合器及中间支撑板。

【重点提示】

1. 注意垫片、垫圈等小零件的数量及安装位置标记。

2. 部分组合件(如电磁开关、定子铁芯和绕组、传动机构等)无故障时不必彻底解体。

3. 不同型号的起动机解体步骤有所不同,应按厂家规定的操作顺序进行。

二、起动机的装复

起动机的装复步骤:

(1)将中间支撑板、单向离合器、挡圈套回电枢轴上,装上轴端卡簧。

(2)先将拨叉套入单向离合器的拨叉套中,然后将带中间支撑板、单向离合器的电枢装入驱动端盖中,找准中间支撑板定位位置。

(3)在电枢换向器端的轴上安装止推垫圈,将电枢轴按对应记号装入磁极及电刷端盖中,旋紧两支穿心连接螺栓。

(4)安装起动机电刷和防护盖。

(5)先将电磁开关活动铁芯拉杆与拨叉上端相连接,再旋紧电磁开关安装螺钉。

(6)装上导电片及紧固螺母。

【重点提示】

1. 不同型号的起动机组装顺序有所不同,应按厂家规定的操作顺序进行。

2. 装复时,不能漏装有关小零件,如垫片、小螺钉等。若起动机与发动机之间装有薄金属片,在装配时应按原样装回。

3. 组装时各螺栓应按规定转矩旋紧,并检查、调整各部分间隙。

4. 部分起动机组装时接合面应涂密封剂,各润滑部位应使用厂家规定的润滑剂润滑。

课题二　起动系的检修与试验

知识点:

1. 起动系的使用注意事项;

2. 起动系的各部件的检修方法;

3. 起动机的调整与试验。

技能目标:

1. 能够对起动系各部件进行正确检修;

2. 能对起动机进行调整。

【任务引入】

起动系控制着发动机的正常起动,当连续三次不能起动时,应对发动机、起动机、蓄电池和连接导线等进行检查,待排除故障后再起动。因此,起动系各部件的正确检修方法是我们必须解决的问题。

【任务分析】

为提高起动系的工作可靠性,延长起动机的使用寿命,必须在正确使用和合理维护的基础上,学会其正确的检修方法。

【任务实施】

一、起动系的正确使用

(1)检查蓄电池存电是否充足、电气线路是否正确和导线接触是否牢固。

(2)起动时应踩下离合器踏板，将档位操纵杆置于空挡位置。

(3)发动机起动后，立即放松起动按钮，使起动机停止工作。

(4)每次起动时间不得超过5s，两次起动的间隔应大于15s以上。

二、起动机与起动继电器的检修

1. 起动机的检修

1)电枢总成的检修

(1)电枢绕组的检修

电枢绕组的断路故障通常发生在绕组与换向器片上的焊接处，一般可由目测观察到，也可用万用表 R×1Ω 档按图3-2-1a)所示方法检查出来。

电枢绕组短路故障一般用电枢检验仪检查。如图3-2-1b)所示，将电枢放在检验仪上，将一钢片放在电枢顶面的槽上，检验仪通电后，钢片的空间位置不动，慢慢转动电枢。若发现钢片在某些槽上振动，并发出蜂鸣声，说明该槽内的线圈发生了短路。当电枢铁芯槽上、下两层导线发生短路时，蜂鸣现象将会在所有槽上出现。

电枢绕组搭铁故障用万用表 R×10kΩ 档检查，如图3-2-1c)所示，阻值无穷大为良好。

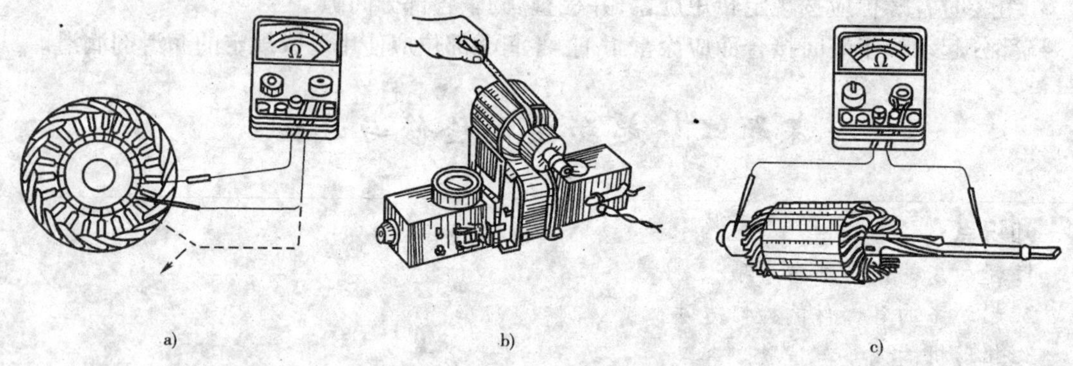

图3-2-1 电枢绕组的检测

a)断路检测；b)短路检测；c)搭铁检测

(2)换向器的检修

换向器的故障多为表面烧蚀、云母层突出等。轻微烧蚀的用"00"号砂纸打磨即可；严重烧蚀或失圆(圆柱度超过0.25mm)时应精车加工(注意：小功率起动机精车后要将云母片割低0.4~0.8mm)；换向器外径一般不得比标准值小1mm以上，否则应更换转子。

(3)电枢轴的检修

用百分表检验电枢轴中间轴颈处的径向跳动应不大于0.05mm，铁芯表面最大圆跳动不得大于0.15mm，否则应校正。

2)励磁绕组的检测

(1)断路检测

按图3-2-2所示方法进行检查，若阻值为∞，说明励磁绕组出现断路，这一般是由脱焊造成，重新焊牢即可。

(2)短路检测

对励磁绕组通以2V的直流电，用钢片触试各磁极，如果某磁极的吸力明显小于其他磁极，则该磁极上的绕组有短路故障。

(3)搭铁检测

按图3-2-3a)或图3-2-3b)所示的方法进行检查，若试灯亮或电阻值不为∞，都说明励磁绕组有搭铁故障。

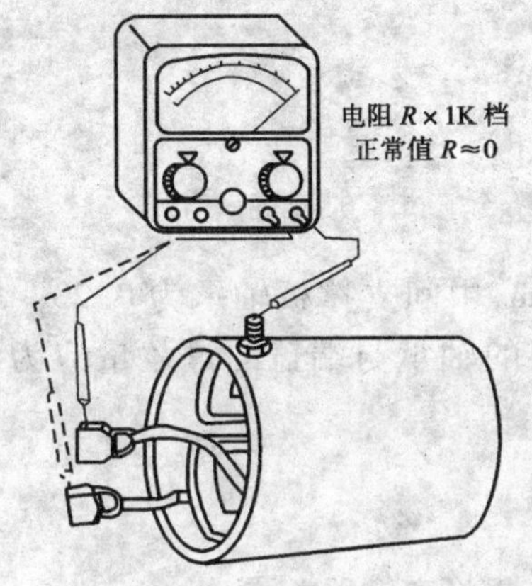

图3-2-2　励磁绕组断路检测

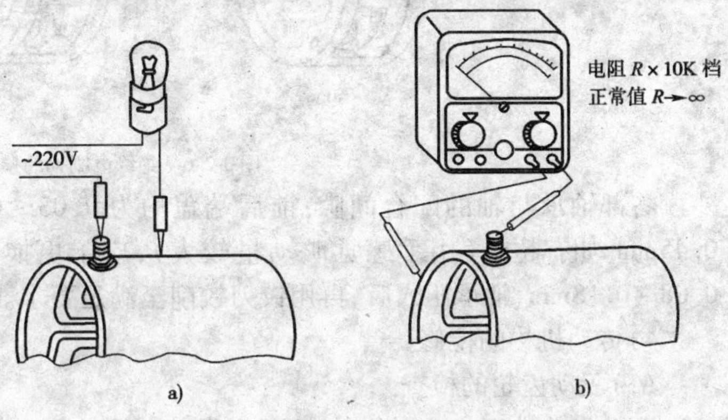

图3-2-3　励磁绕组搭铁检测

a)试灯法；b)万用表检测法

3)电刷、电刷架及端盖的检测

(1)电刷的检测

国产起动机新电刷的长度一般为14mm，磨损后电刷的长度不得低于新电刷长度的2/3。更换的电刷应研磨其接触面积，其方法见图3-2-4b)，研磨后的接触面积应大于75%。

(2)电刷弹簧压力的检查

用弹簧秤测量电刷弹簧压力的方法见图3-2-5。若压力低于11.7～14.7N，应予以更换。

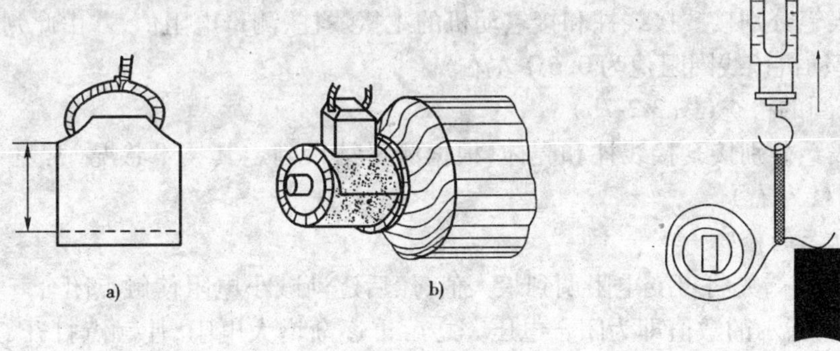

图3-2-4　电刷高度及接触面的研磨

a)高度；b)研磨

图3-2-5　盘形弹簧的检查

(3)绝缘电刷架的检验

用图3-2-6所示的方法，用220V的试灯或万用表进行测试。当试灯亮或万用表的示值不为∞时，表明绝缘电刷架的绝缘已损坏，应更换绝缘片。

(4)滑动轴承的检修

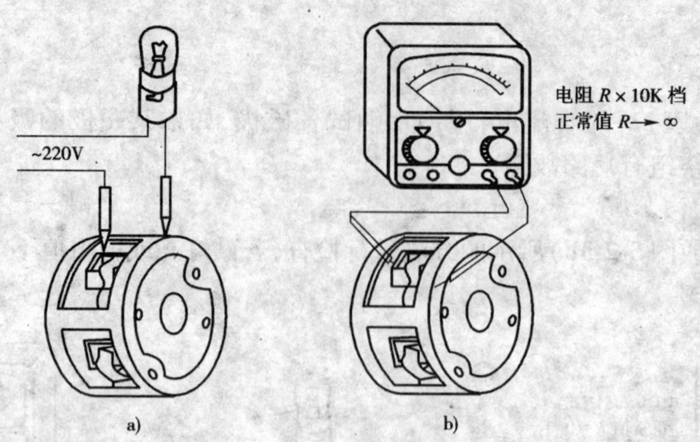

图 3-2-6　绝缘电刷架的检测

各部轴承与轴的配合间隙：前后端盖均为 0.03 ~ 0.09mm，中间支撑板轴承为 0.23 ~ 0.45mm。如有超差（用手感觉旷动量较大），应予更换。更换的轴承与端盖的过盈量应为 0.08 ~ 0.18mm，轴承压入后，再用铰刀铰削至满足要求。

4）传动机构的检修

（1）驱动齿轮的检查

驱动齿轮端面应无崩角和碎裂，磨损不应超过 3mm，否则应更换离合器总成。

（2）单向离合器的检查

旋转驱动齿轮，应在一个方向上锁止，另一个方向上转动自如，否则应更换离合器。

（3）花键齿的检查

驱动齿轮在轴上是否自如，花键齿是否磨损或损坏，必要时予以更换。

5）电磁开关的检查

检查电磁开关触点与接触盘的接触是否良好，同时检查吸引线圈和保持线圈工作是否正常。

（1）吸引线圈的检查（图 3-2-7a）

将万用表表笔分别接 S 接线柱和接电动机的主接线柱，测量电阻值，并由此判定其技术状况（常见 12V 起动机该线圈阻值为 0.6Ω 左右）。

（2）保持线圈的检查（图 3-2-7b）

将万用表表笔分别接 S 接线柱和壳体，根据测量结果判定其技术状况（常见 12V 起动机该线圈阻值为 1Ω 左右）。

2. 起动继电器的检验

如图 3-2-8 所示，先将可变电阻调到最大值，然后逐渐减小电阻使触点闭合。当触点刚闭合瞬间，电压表所指示的数值即为闭合电压。之后再逐渐增大电阻，使触点打开，当触点刚刚打开瞬间，电压表指示的数值即为断开电压。闭合和断开电压应符合表 3-2-1 的规定，否则应扳动限制钩或改变活动触点臂与铁芯之间的间隙进行调整。

起动继电器的闭合电压和断开电压　　表 3-2-1

名　　称	12V 系统	24V 系统
闭合电压（V）	6 ~ 7.6	14 ~ 16
断开电压（V）	3 ~ 5.5	4.5 ~ 8

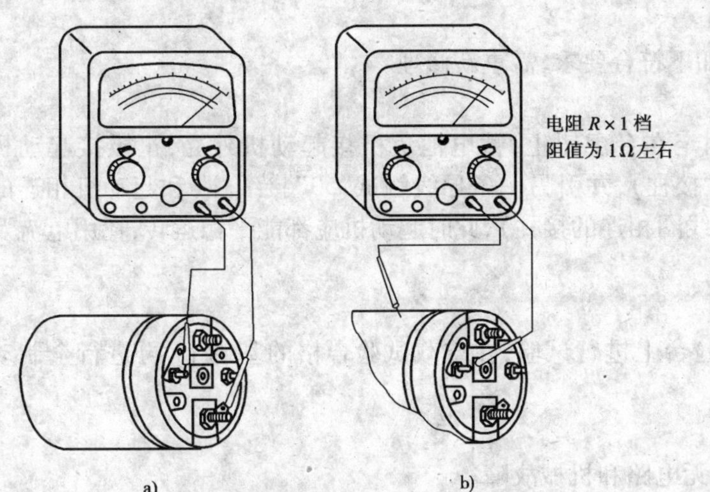

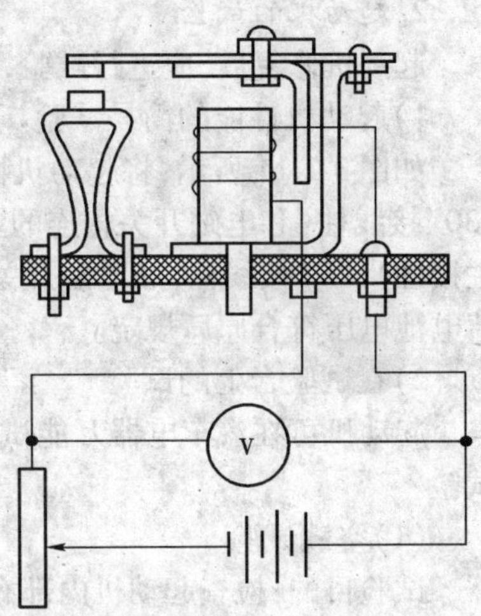

图 3-2-7　电磁开关的检查

a) 吸引线圈的检查；b) 保持线圈的检查

图 3-2-8　起动继电器的检验

三、起动机的调整与试验

起动机经检修装复后，应进行一系列的调整与试验，以确保其性能符合要求。调整项目包括电枢轴向间隙的调整、驱动齿轮与止推挡圈的间隙调整。试验项目包括简易性能试验、空载试验和全制动试验。

1. 起动机的调整

1) 电枢轴向间隙的调整

如图 3-2-9 所示，电枢轴向间隙 C 应为 0.1～1.0mm，否则应通过增减换向器与端盖之间的调整垫片予以调整。

2) 驱动齿轮与止推挡圈的间隙调整

如图 3-2-9 所示，在电磁开关未接通时，驱动齿轮与止推挡圈的间隙 A 应比飞轮齿圈宽 5～10mm；当电磁开关通电，活动铁芯完全吸进时，驱动齿轮被推出，此时间隙为 B，一般 B 为 1.5～2.5mm，如果该间隙不合适，可根据起动机的具体结构按如图 3-2-10 所示的方法调整。

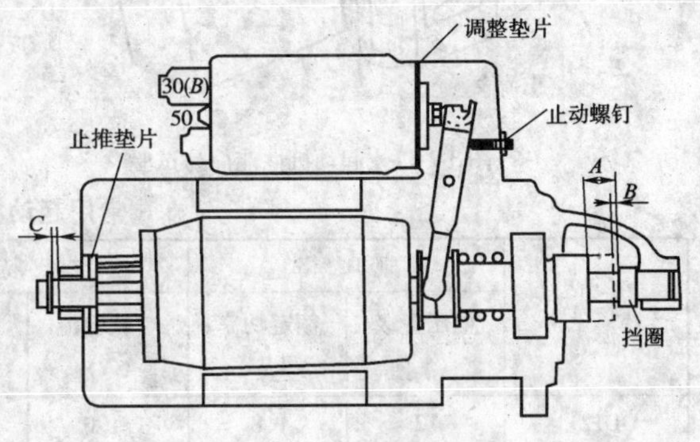

图 3-2-9　起动机的调整

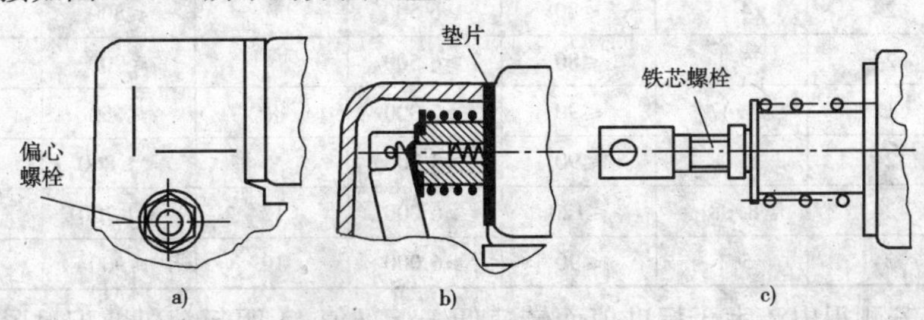

图 3-2-10　起动机的调整方法

a) 偏心螺栓法；b) 增减垫片法；c) 铁芯螺栓法

2. 起动机的试验

起动机修复后,应进行试验,如不符合要求,需重新修理。

1)起动机性能的简易试验

如图 3-2-11 所示,将起动机固定在台虎钳上,蓄电池负极接起动机外壳,正极接起动机“30”接线柱(和电磁开关相连的主接柱),并引另一条导线触试“50”接线柱(和起动机相连的主接柱)、“S”接线柱(和电磁开关线圈相连的接柱),此时起动机应都能平稳运转,耗用电流及蓄电池电压符合原厂规定。

2)在试验台上的试验

起动机可在汽车电器万能试验台上进行试验,在空载试验合格的基础上,再进行全制动试验。

(1)空载试验

试验目的:检查起动机内部有无电路和机械故障。

空载试验线路如图 3-2-12 所示,将起动机夹紧在夹具上,接通电路,起动机开始转动。要求:起动机应运转均匀、电刷处无火花;记下电流表、电压表的读数,并用转速表测量起动机转速,其值应符合表 3-2-2 的规定。整个试验时间不得超过 1min,以免起动机过热。

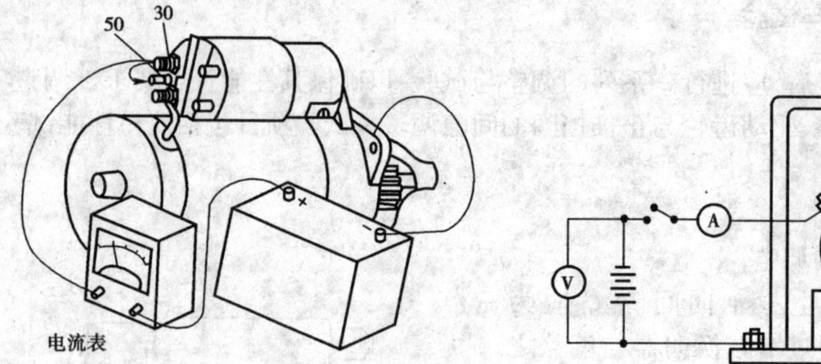

图 3-2-11 起动机性能简易试验

图 3-2-12 起动机空载试验

常用起动机试验数据

表 3-2-2

型号	规格		空载特性		全制动特性			备注
	电压等级(V)	额定功率(kW)	空载电流(A)	空载转速(r/min)	电压(V)	制动电流(A)	制动转矩(N·m)	
QD1211	12	1.8	≤90	≥5 000	7.5	≤850	≥34	
QD124A	12	1.5	≤80	≥5 000	6	≤700	≥24	
QD251	24	4.5	≤80	≥6 500	8	≤800	≥59	
ST614	24	5.1	≤80	≥6 500		≤900	≥58.8	
QD124	12	1.47	≤90	≥5 000	8	≤650	≥30	
QD26	24	8.08	≤90	≥3 200	9	≤1 800	≥142	
QD27E	24	8.08	≤120	≥6 000	12	≤1 700	≥142	
QD50C	24	5.1	≤90	≥6 000	10	≤900	≥58.8	

结果分析:若测得电流大于标准值而转速低于标准值,表明起动机装配过紧或电枢绕组和励磁绕组内有短路或搭铁故障;若测得电流和转速都小于标准值,则表示起动机线路中有接触不良的地方(如电刷弹簧压力不足,换向器与电刷接触不良等)。

(2)全制动试验

试验目的:测量全制动时所产生的转矩与消耗的电流,以进一步判断起动机内外部电路是否正常,并检查单向离合器是否打滑。

空载试验正常的情况下,将扭力杠杆固定在驱动齿轮上(图3-2-13),按下启动按钮,记录下弹簧秤及电流表、电压表的读数,并与该型号起动机的标准数据(表3-2-2)比较。每次通电试验时间不允许超过5s,试验过程中人身应避开弹簧秤夹具,防止发生人身伤害事故。

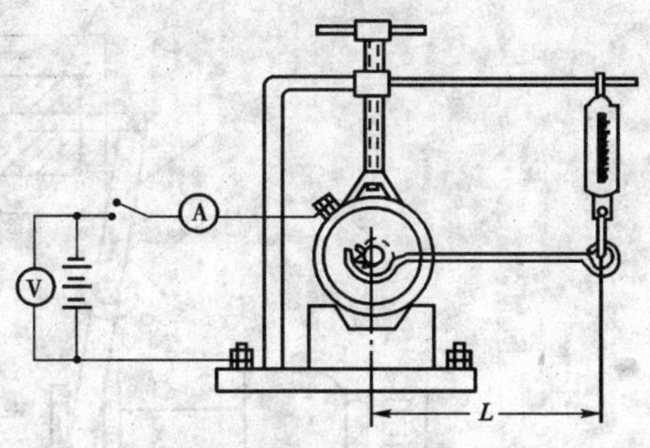

图3-2-13　起动机全制动试验

结果分析:若扭矩小于标准值而电流大于标准值,则表明电枢绕组或励磁绕组中有短路或搭铁故障;若扭矩和电流都小于标准值,表明外电路接线接触不良;若在全制动试验中起动机电枢轴仍能转动,说明单向离合器有打滑现象。

课题三　起动电路分析及常见故障排除

知识点:

1. 各种起动电路的工作原理;
2. 起动系常见故障排除。

技能目标:

1. 会分析各种起动电路;
2. 能排除起动系常见故障。

【任务引入】

起动机的运转是由起动电路控制的,不同的筑路机械其起动电路的控制方式是不同的。要进行起动系的故障排除,必须熟悉其控制电路。

【任务分析】

现代筑路机械的起动电路是由起动按钮或点火开关起动挡直接控制的,也有用继电器控制的,我们应该在熟悉其控制电路的基础上,掌握不同电路的分析方法,并熟练地进行起动系常见故障的诊断与排除。

【相关知识】

一、起动按钮直接控制的起动电路

如图3-3-1是YZ14B型压路机的起动电路,其组成特点是:起动电路直接由起动按钮控制,拨叉和主电路由电磁开关控制工作。

当接通电源总开关并按下起动按钮时,则吸拉线圈和保持线圈的电路被接通,其电流流径为:

蓄电池"+"→主接线柱→电流表→熔断丝→启动按钮→吸拉线圈→启动机→搭铁。
└→保持线圈→搭铁。

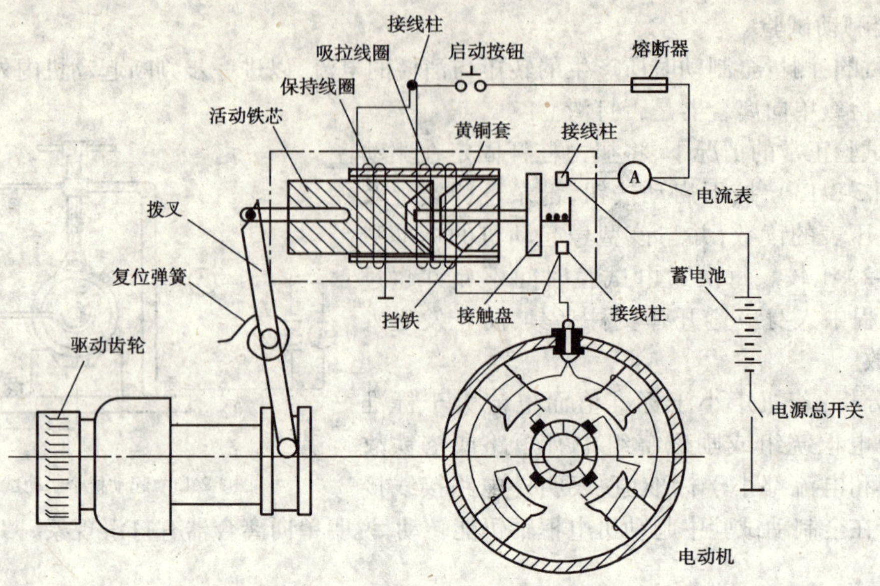

图 3-3-1　YZ14B 型压路机起动电路

这时活动铁芯被两个线圈的相同方向电磁力吸入，克服复位弹簧的弹力向右移动，带动拨叉，使驱动齿轮与飞轮齿圈啮合（这时由于吸拉线圈的电流流经励磁绕组和电枢绕组，产生一定电磁转矩，驱动齿轮是在缓慢旋转的过程中啮合的）。当齿轮啮合好以后，接触盘将主电路接通，蓄电池的大电流流经起动机的电枢绕组和励磁绕组，产生正常的转矩，带动发动机曲轴旋转，与此同时，吸拉线圈被短路，接触盘的接合位置由保持线圈的吸力来保持。

发动机起动以后，在松开起动按钮的瞬间，保持线圈中的电流只能经吸拉线圈获得，这时流经两线圈中的电流所产生的磁通方向相反，电磁力互相抵消，活动铁芯在复位弹簧的弹力作用下迅速复原，驱使驱动齿轮退出啮合，接触盘脱离接触而切断起动主电路，起动机则停止运转。

二、起动继电器控制的起动电路

由于起动电流较大，起动按钮容易烧蚀，因此在一些起动机的控制电路中采用了起动继电器，以小电流控制大电流，保护起动开关。

如图 3-3-2 所示是大宇挖掘机起动电路，其特点是：起动继电器外装，受起动控制器控制，而起动控制器则是靠发电机输出的单相电压控制。起动时，P 端子无电压，只要起动控制器的 B 端子有正常电压，则控制器中的三极管就会导通，使起动继电器的线圈接通，电源经蓄电池“+”、熔断丝、起动开关、起动继电器、起动控制器搭铁构成回路，起动继电器触点闭合。电源经电源继电器、断电器、起动继电器闭合触点接通起动机的电磁开关电路，进而使起动机的主电路接通，起动机产生强大转矩带动发动机运转。当发动机正常运转时，发电机的 R（W）端子向起动控制器的 P 端子输出脉冲电压，此时，起动控制器中的三极管截止，起动继电器的线圈断路，故防止工作过程中驾驶员误操作而使起动机驱动齿轮被打坏。

三、电压转换开关

一些筑路机械的柴油机为了减少起动电流、减轻起动机的重量，起动系采用了较大功率的 24V 起动机，而发电机和其他用电设备仍按 12V 电系设计。为此，就需要一种在起动时将两

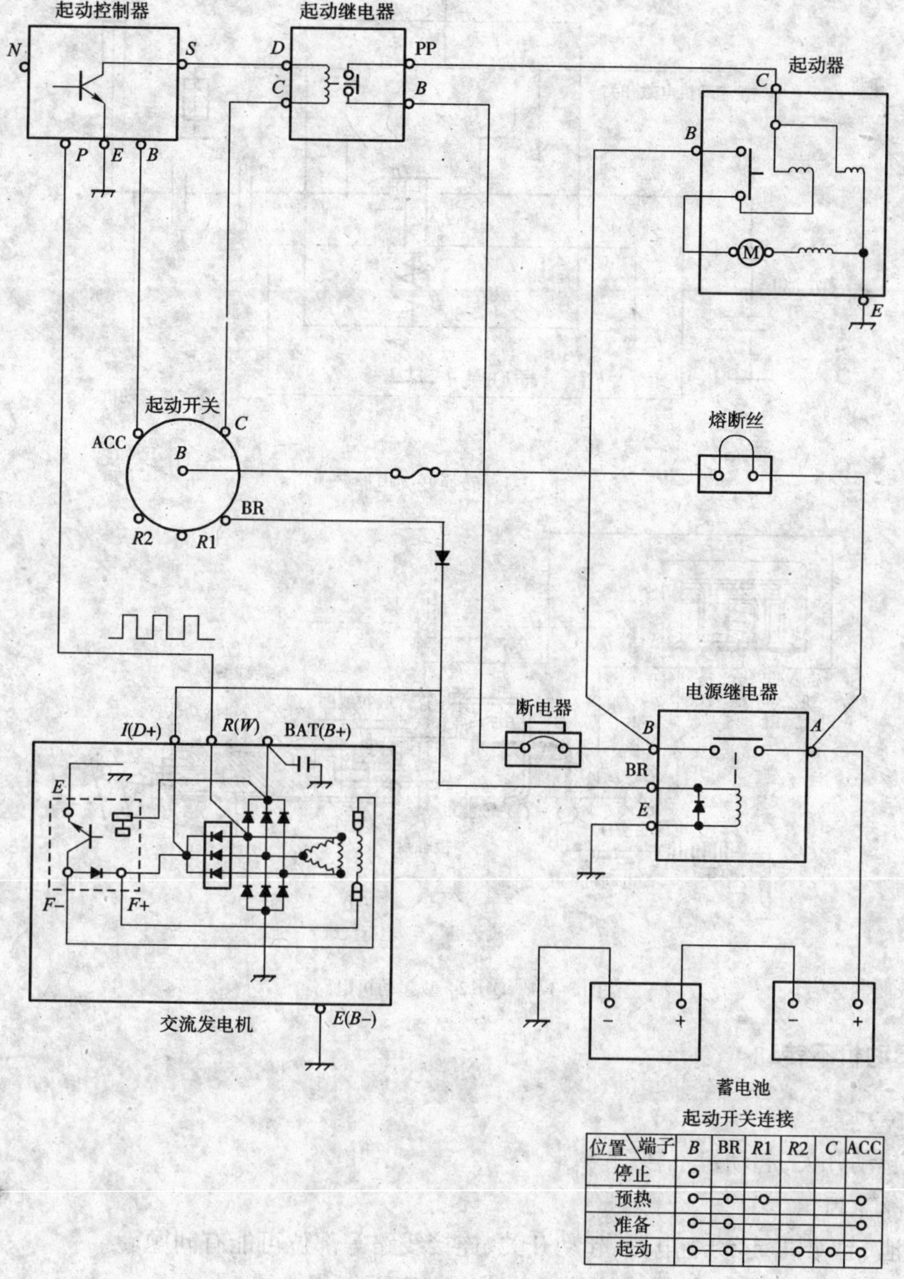

位置＼端子	B	BR	R1	R2	C	ACC
停止	○					
预热	○	○	○			○
准备	○	○				○
起动	○	○		○	○	○

图 3-3-2　大宇挖掘机起动控制电路

只并联的 12V 电池串接为 24V 电源的电压转换开关。

转换开关的工作原理图见图 3-3-3，转换开关正常状态时整车电气系统为 12V；当起动开关 K 接通时，转换开关工作，使蓄电池 Ⅰ 和 Ⅱ 串联成 24V 电源。

【任务实施】

起动系常见故障的诊断与排除。起动系常见故障有：起动机不转、起动机运转无力、起动机空转和起动机异响等。

以 QD124 型起动机为例，参照图 3-3-4 所示电路进行分析如下：

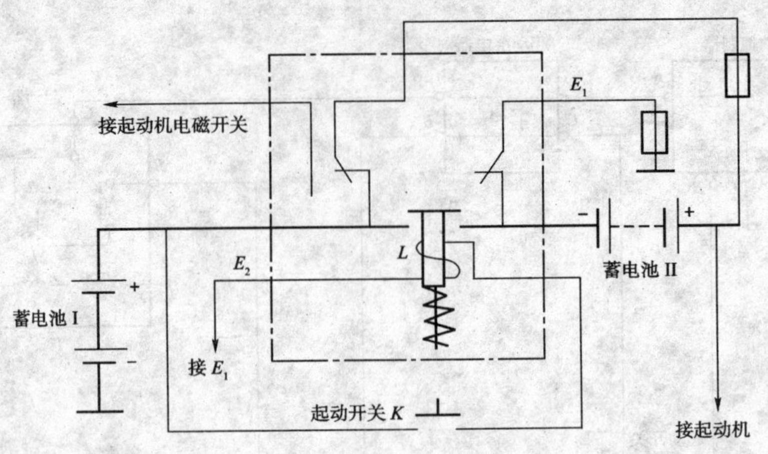

图 3-3-3　转换开关电路

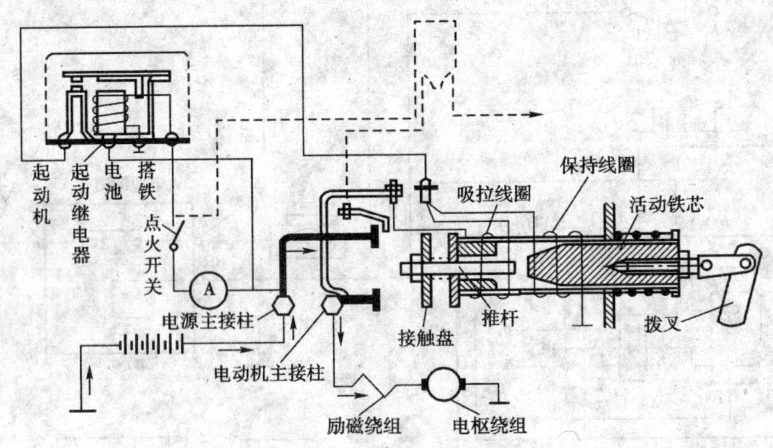

图 3-3-4　QD124 型起动机电路

一、起动机不转动

1. 故障现象

接通起动开关，起动机不转动。

2. 故障原因

蓄电池、起动机、起动继电器、起动开关、连接线路等部位可能有问题。

(1)蓄电池亏电过多、导线连接处松动或电桩表面氧化严重。

(2)电磁开关吸引线圈和保持线圈有搭铁、断路、短路现象，主触点或接触盘严重烧蚀。

(3)磁场绕组或电枢绕组有搭铁、断路、短路现象。

(4)电刷在电刷架内卡死、弹簧折断，或绝缘电刷搭铁。

(5)起动继电器的触点不能闭合或触点烧蚀、油污。

3. 故障诊断方法

首先通过大灯的灯光强弱及喇叭的音量大小，初步判断蓄电池是否放电过多以及导线连接处是否因松动或太脏而接触不良。

若蓄电池不亏电，连接导线也正常，用起子将电磁开关的两主接线柱短接，若起动机仍不运转，说明起动机的电动机有问题，应拆检电动机；若起动机运转正常，说明电磁开关、起动继电器或有关连接导线有故障。

再用导线短接继电器的火线和起动机接线柱，起动机若不运转，说明电磁开关有故障，应进行检修；起动机若运转正常，则说明起动继电器有故障或起动继电器与电磁开关之间连接导线有搭铁、断路或连接处松动现象，也有可能是起动开关失灵。

在确认导线连接无松动的情况下，用万用表或试灯可判断各段连接导线是否有搭铁或断路，同时也可判断出起动继电器的触点是否闭合导通及起动开关是否正常。

二、起动系其他故障的原因和排除方法

起动系其他故障的原因和排除方法见表3-3-1。

其他起动系故障排除方法　　表3-3-1

故障现象	故障原因	排除方法
起动机运转无力	蓄电池亏电、导线接触不良、起动机内部绕组短路、搭铁以及轴承配合过紧。	先检查蓄电池是否亏电，再通过检查起动机能否正常运转来判定是起动机内部故障还是电磁开关故障，若都正常，则是连线松动或发动机运动阻力过大
起动机空转	单向离合器打滑或拨叉连接处脱开	可采取相应的修理或更换新件
起动机驱动小齿轮与飞轮不能啮合且有撞击声	主电路接通过早或齿轮磨损过甚及损坏	首先检查和调整起动机电磁开关的接通时间，若仍然存在打齿声，再检查驱动齿轮和飞轮齿圈齿的磨损情况
起动机失去驱动保护功能	充电系有故障，发电机中性点无电压；发电机与复合继电器间连线断路；保护继电器有故障或搭铁不良	先查连线是否良好、继电器是否正常，再测量发电机中性点电压及排查充电系故障

思考题

1. 起动系的作用与组成各是什么？
2. 起动机主要组成部件的作用各是什么？
3. 单向离合器的作用和种类各是什么？
4. 如何进行电磁开关吸放电压的测试？
5. 起动机空载试验的目的是什么？
6. 如何排除起动机不转动故障？

模块四 点火系统

发动机工作时，汽缸内混合气的着火方式主要有压缩着火和电火花点火两种。柴油机用压缩着火，汽油机均采用电火花点火。

1. 点火系的作用

发动机点火系统的作用是适时地为汽油发动机气缸内已压缩的可燃混合气提供足够能量的电火花，使发动机能及时、迅速地做功。因此，点火系统性能好坏对发动机的工作有十分重要的影响。

2. 对点火系的基本要求

点火系统应在发动机各种工况和使用条件下保证可靠而准确地点火，为此，对点火系统有下列要求：

(1)点火系应能够产生足以击穿火花塞间隙的高压电

目前，车上采用的点火系统都是利用高压电击穿安装在气缸盖上的火花塞电极间隙而产生电火花，为了确保发动机在工作时火花塞的电极间隙处能可靠地产生电火花，要求点火系统必须能提供10 000～30 000V 的高压电。但电压也不必太高，防止因绝缘不良而产生漏电。

(2)火花塞产生的电火花应具有足够的能量

只有足够高的电压而没有足够的点火能量也不能可靠地点火，这就意味着在点火系产生足够高的点火电压击穿火花塞间隙的同时，还必须具备一定放电的电流，使火花塞处的电火花强劲有力，可靠地点燃混合气。一般要求火花的能量为15～50mJ。

(3)点火的时间应能适应发动机的工作情况

对于多缸发动机来说，点火系要按发动机的工作顺序依次为各个汽缸点火。如某发动机的工作顺序是1-3-4-2，那么点火系就要在发动机的一个工作循环中，配合发动机的工作顺序，首先为1缸点火，然后是3缸，再后是4缸，最后是2缸。

对于每一个汽缸来说，电火花产生的时刻，应使发动机发出的功率最大、油耗最低、排放污染最小。从理论上说，点火的时刻应该在发动机工作循环中压缩行程的上止点，但发动机在实际的运转中，点火时刻应在压缩上止点之前的某一位置，也就是点火相对于压缩上止点应有一定的提前，提前的多少要取决于发动机的工作情况，使发动机发出的功率最大、油耗最低、排放污最小的点火时刻为最佳点火时刻。点火系应使点火的时刻达到或接近最佳的点火时刻。

3. 点火系的分类

目前，在国内外汽油发动机上使用的点火系统种类较多，主要有：

1)传统点火系

传统点火系又称为蓄电池点火系，它是利用机械动作来控制点火的。

2)电子点火系

它是利用半导体器件(如晶体三极管、晶闸管)的通断来控制点火的。

传统点火系结构简单，工作可靠，长期以来在汽油发动机上得到广泛应用。但随着对发动机燃油经济性和排放污染物指标的要求越来越高，传统点火系已无法适应现代发动机的点火要求，在国外，它已基本被电子点火系所取代。近年来，随着电子技术和微机技术的发展，集成电路点火装置和微机控制点火装置也得到了迅速发展。

课题一　蓄电池点火系的组成与工作原理

知识点：

1. 蓄电池点火系的组成与工作原理；
2. 影响点火特性的因素；
3. 蓄电池点火系的维护内容。

技能目标：

能对蓄电池点火系进行正确的维护。

【任务描述】

蓄电池点火系是汽油机的一个重要系统，为保证其正常工作，我们必须了解蓄电池点火系的组成、工作原理并能够对点火系统进行正确的检查和保养。

【任务分析】

要想完成好蓄电池点火系的保养任务，我们必须清楚蓄电池点火系的组成、工作过程、电路连接，在此基础上还要学会分析影响点火的因素。

【相关知识】

一、蓄电池点火系的组成

蓄电池点火系的组成如图4-1-1所示。主要包括：

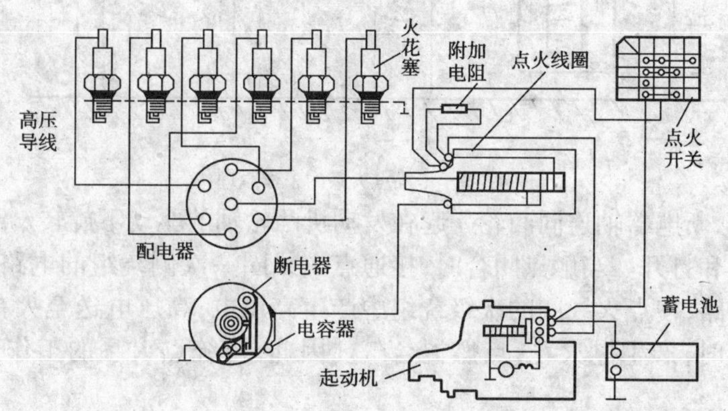

图4-1-1　传统点火系的组成

1. 电源

供给点火系统所需的电能，由蓄电池提供。

2. 点火线圈

将电源12V的低压电变成15～20kV的高压电。

3. 分电器

它包括断电器、配电器、电容器和点火提前机构等部分。

1）断电器

接通与切断点火线圈一次侧电路。

2)配电器

将点火线圈产生的高压电按汽缸的工作顺序送至各缸火花塞。

3)电容器

减小断电器触点火花,延长触点使用寿命并提高二次侧电压。

4)点火提前机构

随发动机转速、负荷的变化改变点火提前角。

4. 火花塞

将高压电引入汽缸燃烧室产生电火花点燃混合气。

5. 点火开关

接通或切断电源。

6. 附加电阻

改善点火性能和起动性能。

二、蓄电池点火系的工作原理

在蓄电池点火系中,蓄电池供给的12V低压电,经点火线圈和断电器转变为高压电,再经配电器分送到各缸火花塞,使其电极间产生电火花。点火系的工作原理如图4-1-2所示。

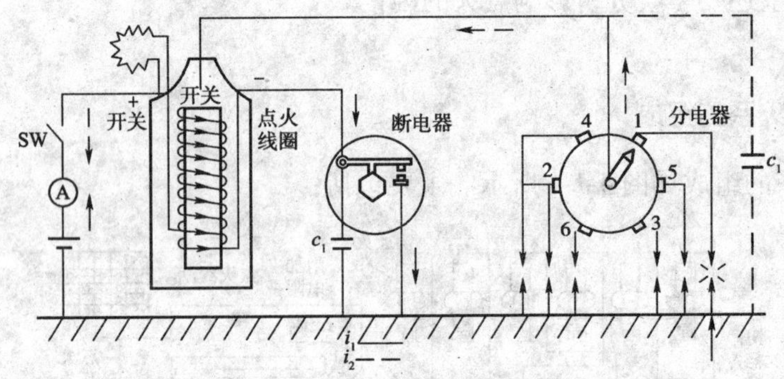

图4-1-2 传统点火系的工作原理

发动机工作时,断电器轴连同凸轮一起在发动机凸轮轴的驱动下旋转。凸轮转动时,断电器触点交替地闭合和打开。当触点闭合时,接通点火线圈一次侧绕组的电路;当触点分开时,切断初级绕组的电路,使点火线圈的次级绕组中产生高压电;高压电送至火花塞后,当火花塞的电极间隙被击穿时,产生电火花,点燃混合气。因此,传统点火系的工作过程可分为三个阶段。

1. 触点闭合,初级电流增长

在点火开关接通的情况下,当触点闭合时,点火线圈触及绕组中有电流通过,流过初级绕组的电流称为初级电流 i_1,其电路是:蓄电池正极→电流表→点火开关→点火线圈"+开关"接线柱→附加电阻→"开关"接线柱→点火线圈初级绕组→"-"接线柱→断电器触点→搭铁→蓄电池负极。

此时初级电流 i_1 增长,但由于初级绕组中产生了一个与初级电流 i_1 方向相反的自感电动势,它阻碍初级电流的迅速增长,使初级电流 i_1 按指数规律增长,如图4-1-3a)所示。如果触点不分开,经过一段时间(约20ms)后,初级电流 i_1 将达到最大稳定值。

2. 触点分开,次级绕组中产生高压电

当断电器凸轮转过一定角度后,便将触点顶开,初级电路被切断,初级电流 i_1 迅速下降到零，它所形成的磁场也迅速消失，在初级绕组和次级绕组中都产生感应电动势。初级绕组匝数少，产生200～300V的自感电动势，次级绕组由于匝数多，产生的互感电动势高达15～20kV。

3. 火花塞电极间隙被击穿，产生电火花，点燃混合气

通常火花塞的击穿电压 U_j 总是低于 U_{2max}，这样，当增长的次级电压 U_2 达到 U_j 时，就使火花塞电极间隙击穿而形成电火花，使次级电流 i_2 迅速增加，次级电压 U_2 急剧下降，如图4-1-3b)、c)所示。

发动机工作期间，断电器凸轮每转一周各缸按点火顺序轮流点火一次。若要停止发动机的工作，只要断开点火开关，切断初级电路即可。

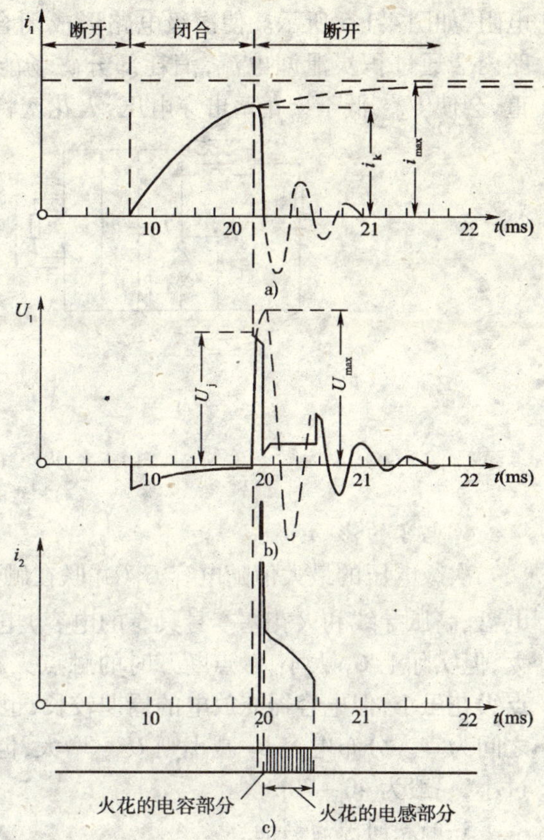

图4-1-3　传统点火系统工作过程波形图

三、影响蓄电池点火系工作特性的因素

蓄电池点火系工作特性是指点火线圈次级电压的最大值随发动机转速或分电器转速变化而变化的关系。影响次级电压的因素如下：

1. 转速的影响

次级电压的最大值将随发动机转速的升高而降低。理论上讲，发动机转速越低，触点闭合时间越长，次级电压的最大值就越高。但实际上，在转速很低时，由于触点打开缓慢，触点间会形成火花，损失部分磁场能，使次级电压的最大值减小，如图4-1-4所示。

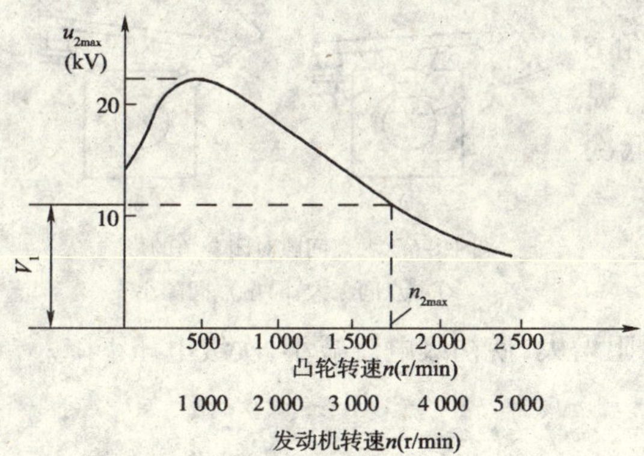

图4-1-4　次级电压随转速的变化规律

次级电压随转速升高而降低的现象，是发动机高速时容易断火的原因。如果在图4-1-4中作一条相当于发动机最不利情况下所需击穿电压的水平虚线，则此水平虚线与特性曲线的交点即为发动机的极限转速 n_{max}，超过此转速将不能保证可靠点火。

2. 发动机汽缸数

次级电压的最大值将随发动机汽缸数的增加而降低。这是因为凸轮的凸角数与汽缸数相同，发动机的汽缸数越多，凸轮每转一周触点闭合与打开的次数就越多，于是触点的闭合时间缩短，次级电压的最大值降低。

3. 火花塞积炭

未燃烧的汽油或机油黏附在火花塞绝缘体上，在混合气燃烧时高温的影响下，起裂化反应而形成炭粒，这些炭粒的存积就形成积炭。

由于积炭具有导电性，它覆盖在火花塞绝缘体的表面，相当于在火花塞电极间并联了一个

电阻，如图 4-1-5 所示。使次级电路形成闭合回路。当触点打开，次级电压增长时，在次级电路内会通过积炭泄漏电流，消耗部分磁场能，从而使 U_{2max} 降低。当积炭严重时，由于漏电严重，会使 U_{2max} 低于火花塞击穿电压，火花塞将不能跳火，发动机就不能工作。

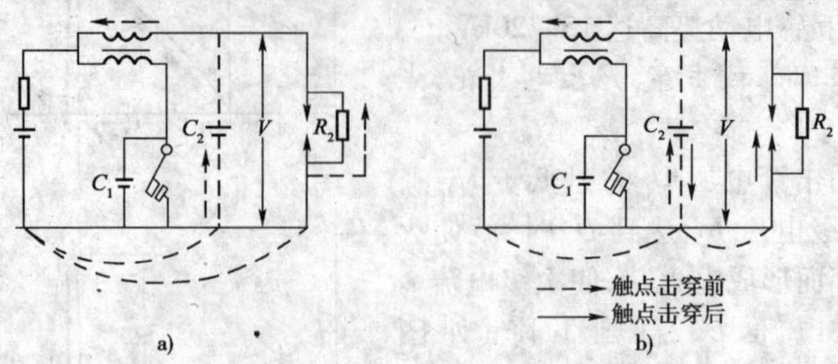

图 4-1-5　火花塞积炭对次级电压的影响

a）积炭的影响；b）吊火

4. 电容的影响

次级电压的最大值随电容 C_1（并联在触点间的初级电容）和 C_2（分布电容指次级绕组、配电盘、高压导线和火花塞本身具有的电容）电容量的减小而增大。理论上当 $C_1=0$ 时，U_{2max} 最大，但实际上 C_1 太小，触点断开时的触点火花就会加大，从而使次级电压降低；C_1 过大时，触点火花虽小，但电容器充放电的周期较长，也会使次级电压降低。一般 C_1 值在 0.15 ~ 0.35μF 之间为宜。分布电容 C_2 减小则 U_{2max} 增大，但 C_2 不可能减小到零，因为，所受结构限制不可能过小，一般为 40 ~ 70pF。

5. 触点间隙的影响

触点间隙是指断电器凸轮将动触点顶开至最大位置时触点间的距离，如图 4-1-6 所示。

触点间隙增大，触点闭合角 β（触点闭合时凸轮转过的角度）减小，相对闭合时间缩短，次级电压的最大值 U_{2max} 降低。反之，若触点间隙减小，触点闭合角 β 增大，相对闭合时间增加，次级电压的最大值 U_{2max} 提高。但如触点间隙过小，会因触点火花严重而降低次级电压。因此触点间隙应按制造厂规定进行调整，一般为 0.35 ~ 0.45mm。

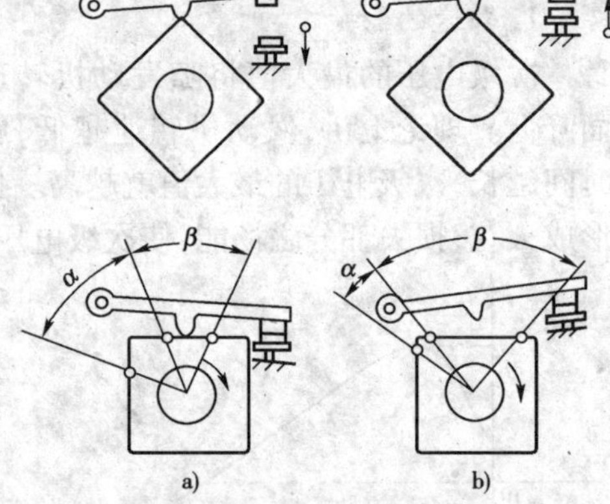

图 4-1-6　触点间隙对闭合角的影响

a）触点间隙大；b）触点间隙小

6. 点火线圈温度

使用中当点火线圈过热时，由于初级绕组的电阻增大，使初级电流减小，次级电压下降。

【任务实施】

蓄电池点火系使用与维护主要包括以下内容：

一、车辆行驶 1 000km 后的维护作业

车辆行驶 1 000km 后的维护作业主要进行清洁、检查作业：

(1) 清除分电器壳体表面的灰尘和油污。

(2) 检查初级电路的连接，并加以紧固。

(3) 用棉纱沾汽油擦净火花塞表面油污。

注意：清洗时绝对不能用棉纱蘸水；紧固作业时火线接头处不要搭铁。

二、车辆行驶 5 000km 后的维护作业

车辆行驶 5 000km 后的维护作业主要进行清洁、检查、调整和润滑作用:

(1)清洁分电器内外表面的油污。

(2)检查触点状态并加以清洁。触点表面烧蚀不平,应予磨平。用厚薄规检查触点间隙,应为 0.35 ~0.45mm,如不符合要求,应予调整。

(3)润滑分电器总成。需要润滑的部位是:

①分电器轴。每次保养时将油杯旋进 0.5 ~1 圈,润滑脂如用完应补充。

②凸轮和断电器小轴连接处。拆下配电转子,取去毡芯,滴上一、二滴机油,待油渗入后装回。

③凸轮工作面。如断电器内有特备的毡块,应用涂抹的方法加入钙基润滑脂;如没有毡块,应清除凸轮表面的陈油,抹上一薄层钙基润滑脂。

④活动触点臂销钉。每次滴润滑油一、二滴,不可过多。

(4)检查高压线的绝缘以及每根线端和分电器的座孔接触是否良好。

(5)清除点火线圈表面的污垢,检查高压线端和座孔的接触情况。

(6)清洁和检查火花塞,有积炭时予以清除,并校准间隙。

三、入冬前的维护作业

汽油发动机在进入冬季运行之前,应对点火系进行一次换季保养,除进行上述各项有关内容外,还应将火花塞电极间隙适当调小,并将点火时间适当提早一些。

课题二　蓄电池点火系主要部件的检修

知识点:

1. 蓄电池点火系各组成部件的结构特点;
2. 点火线圈、分电器等重要部件的工作原理;
3. 点火系部件容易出现故障部位、原因及检查与调整方法。

技能目标:

1. 能对出现故障的具体部件进行检测与调整;
2. 能对蓄电池点火系的点火正时进行调整。

【任务描述】

前面我们知道了蓄电池点火系的总体组成,分析了点火系的工作过程,但是对组成元件的具体结构、原理还不甚了解。下面我们主要研究主要部件的结构特点、原理,在此基础上能检测、排除相应的故障,并且能处理点火正时这种综合问题。

【任务分析】

要想解决检测、排除故障这类综合性比较强的问题,我们必须对每一个元件的结构都很熟悉,每一个元件的作用原理非常清楚,并且还要能够将多个部件联系在一起进行分析。

【相关知识】

蓄电池点火系主要部件的构造包括点火线圈、分电器和火花塞。

一、点火线圈

点火线圈由初级绕组、次级绕组和铁芯等组成。

按磁路的结构形式不同,可分为开磁路式点火线圈和闭磁路式点火线圈。

1. 开磁路式点火线圈

开磁路式点火线圈的结构如图 4-2-1 所示。点火线圈的中心是用硅钢片叠成的铁芯,在铁芯外面套上绝缘的纸板套管,套管上绕有次级绕组,它用直径为 0.06 ~ 0.10mm 的漆包线绕 11 000 ~ 23 000 匝。初级绕组用直径为 0.5 ~ 1.0mm 的高强漆包线,绕在次级绕组的外面,以利于散热,一般绕 230 ~ 370 匝。绕组和外壳之间装有导磁钢套,底部有瓷质绝缘支座,上部有绝缘盖,外壳内充满沥青或变压器油等绝缘物,加强绝缘并防止潮气侵入。

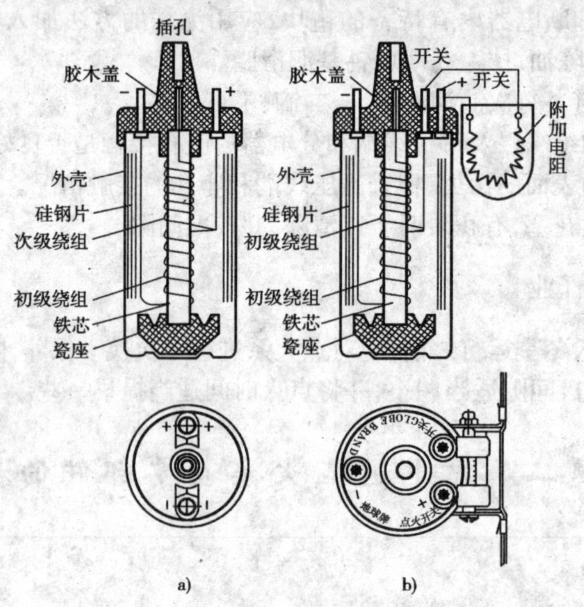

图 4-2-1 开磁路点火线圈的结构示意图

a)二柱式;b)三柱式

根据外壳上接线柱的多少,开磁路式点火线圈又分为:三接柱式和两接柱式。三接线柱式点火线圈的绝缘盖上有“ - ”、“开关”、“ + ”三个接柱,两接线柱式点火线圈的绝缘盖上只有“ - ”和“ + ”两个接柱(图 4-2-1);另外,三接柱式点火线圈在壳体上多了一个附加电阻。附加电阻就接在标有“开关”和“ + 开关”的两接线柱上,与点火线圈的初级绕组串联。附加电阻可用低碳钢丝、镍铬丝或纯镍丝制成。具有受热时电阻迅速增大,而冷却时电阻迅速降低的特性。因此,在发动机工作时,可自动调节初级电流,改善高速时的点火特性。

当初级电流流过开磁路式点火线圈的初级绕组时,使铁芯磁化,其磁路如图 4-2-2 所示。由于磁路的上、下部分都是从空气中通过的,初级绕组在铁芯中产生的磁通,需经壳体内的导磁钢套形成回路,磁路的磁阻大,漏磁较多,能量损失较大。

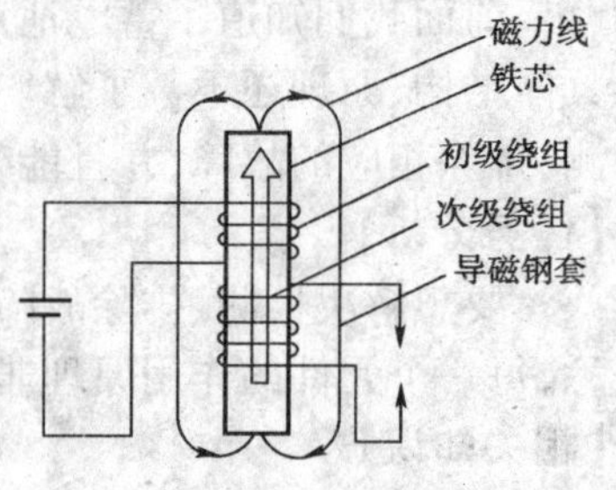

图 4-2-2 开磁路点火线圈磁路

2. 闭磁路式点火线圈

闭磁路式点火线圈的结构如图 4-2-3 所示。在“口”字形或“日”字形铁芯内绕有初级绕组,在初级绕组外面绕有次级绕组,初级绕组在铁芯中产生的磁通,通过铁芯形成闭合磁路,故称其为闭磁路式点火线圈。

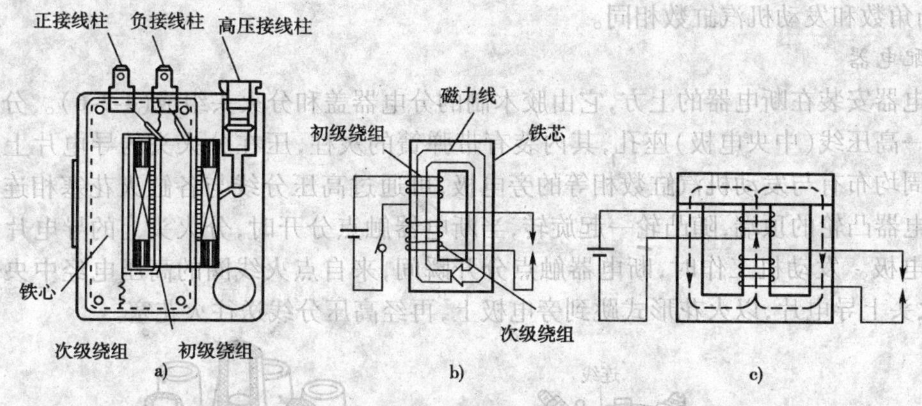

图 4-2-3　闭磁路点火线圈

与开磁路式点火线圈相比,闭磁路式点火线圈具有漏磁少、转换效率高、体积小、重量轻、铁芯裸露易于散热等优点,故在电子点火系中广泛采用。

3. 点火线圈的型号

点火线圈的型号由以下几部分组成:

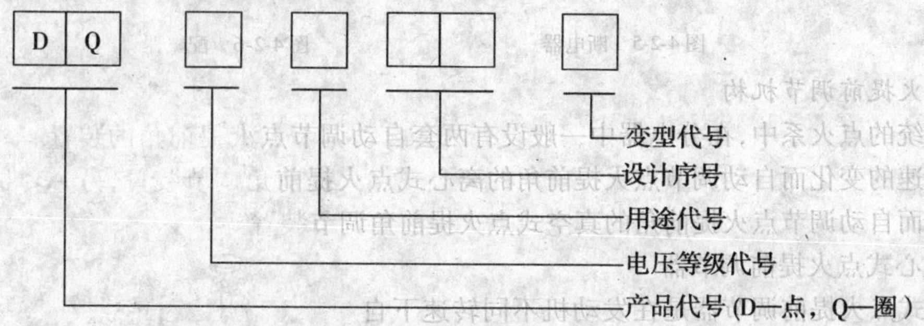

电压等级代号:1 表示 12V;2 表示 24V;6 表示 6V。

用途代号:1 表示单、双缸发动机;2 表示四、六缸发动机;3 表示四、六缸发动机(带附加电阻);4 表示六、八缸发动机(带附加电阻);5 表示六、八缸发动机;6 表示八缸以上发动机;7 表示无触点分电器;8 表示高能点火;9 表示其他。

二、分电器

分电器由断电器、配电器、电容器和点火提前机构等组成,如图 4-2-4 所示。分电器的壳体通常用铸铁制成,下部压有石墨青铜衬套,分电器轴由凸轮轴直接或间接驱动。

1. 断电器

断电器由固定在断电器底板上的断电器触点和断电器凸轮组成(图 4-2-5)。断电器的底板由固定底板和活动底板两部分组成。固定底板通过固定螺钉与分电器外壳相连,活动底板与固定底板之间通过弹簧连接,可以相对转动。断电器的触点是由钨制成,一触点固定,另一触点活动。固定触点搭铁,它固定在活动底板上,可借助转动偏心螺钉调整触点间隙。活动触点固定在活动触点臂的一端,臂的另一端套

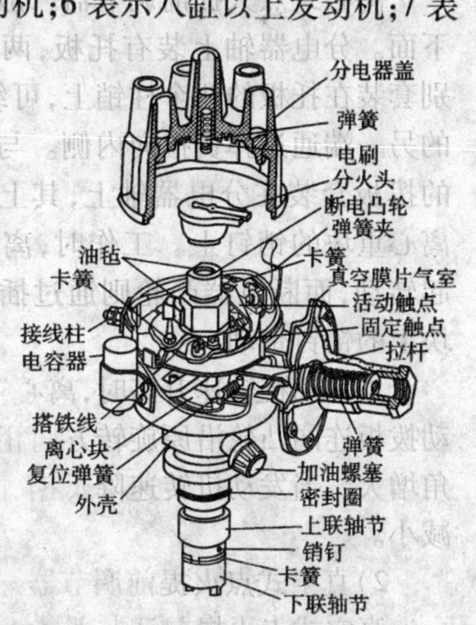

图 4-2-4　分电器的结构示意图

在销钉上。臂中部连有夹布胶木顶块，靠弹簧片压紧在凸轮上。断电器凸轮安装在分电器轴上，其凸角数和发动机汽缸数相同。

2. 配电器

配电器安装在断电器的上方，它由胶木制的分电器盖和分火头组成(4-2-6)。分电器盖的中央有一高压线(中央电极)座孔，其内装有带弹簧的炭柱，压在分火头的导电片上。分电器盖的四周均布有与发动机汽缸数相等的旁电极，可通过高压分线与各缸火花塞相连。分火头装在分电器凸轮的顶端，随凸轮一起旋转，当断电器触点分开时，分火头上的导电片总是正对某一旁电极。发动机工作时，断电器触点分开瞬间，来自点火线圈的高压电经中央电极的炭柱、分火头上导电片，以火花形式跳到旁电极上，再经高压分线送往火花塞。

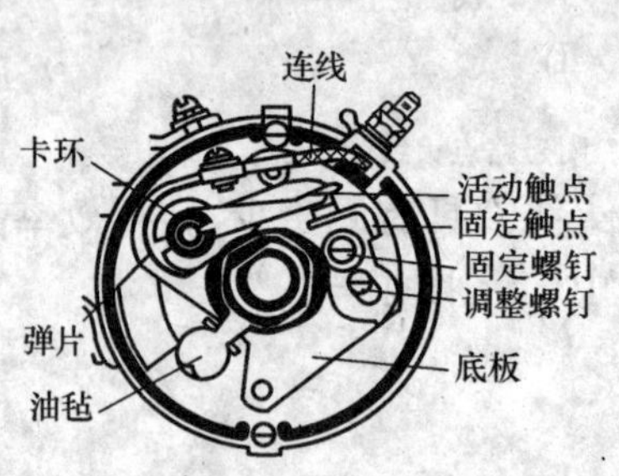

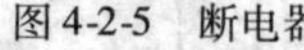
图 4-2-5　断电器

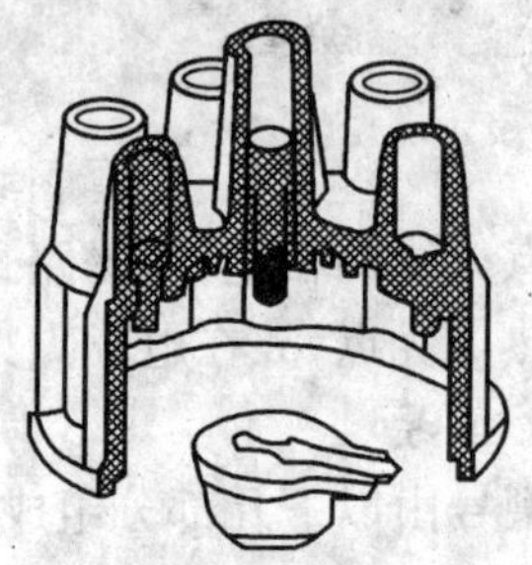
图 4-2-6　配电器

3. 点火提前调节机构

在传统的点火系中，在分电器中一般设有两套自动调节点火提前角的装置。一套是能随发动机转速的变化而自动调节点火提前角的离心式点火提前角调节装置，另一套是按发动机负荷不同而自动调节点火提前角的真空式点火提前角调节装置。

1) 离心式点火提前调节器

离心式点火提前调节器是在发动机不同转速下自动调节点火提前角的装置，它使点火提前角随发动机转速增大而适当地增大，其结构如图 4-2-7 所示。

离心式点火提前调节器一般在断电器触点底板的下面。分电器轴上装有托板，两个离心重块的一端分别套装在托板的两个柱销上，可绕柱销转动，离心重块的另一端通过弹簧拉向内侧。与断电器凸轮连为一体的拨板套装在分电器轴上，其上的长方形孔套在两个离心重块的销钉上。工作时，离心重块随分电器轴一起转动，而断电器凸轮则通过插入拨板孔内的离心重块上的销钉带动。

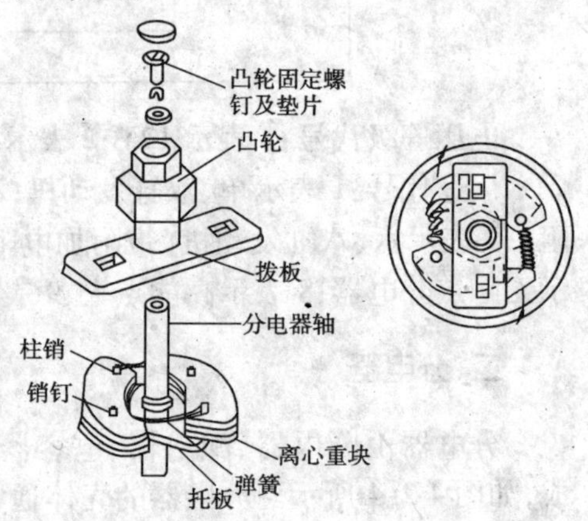

图 4-2-7　离心点火提前调节器

当发动机转速升高时，离心重块在离心力的作用下克服弹簧拉力向外甩开，其上的销钉推动拨板连同凸轮沿原旋转方向相对于分电器轴转动一个角度，使凸轮提前顶开触点，点火提前角增大。当发动机转速降低时，重块的离心力相应减小，弹簧将重块拉回一些，点火提前角减小。

2) 真空式点火提前调节器

真空式点火提前调节器能根据发动机负荷的变化自动调节点火提前角，使点火提前角随发动机的负荷增大而减小。真空式点火提前调节器装在分电器壳体的外侧，其结构原理如图

4-2-8 所示。

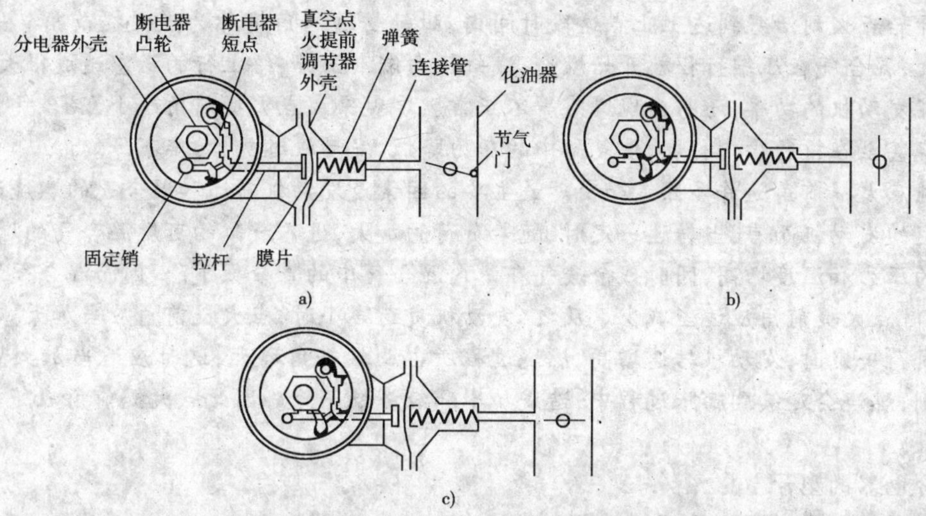

图 4-2-8 真空点火提前调节器

a)小负荷;b)大负荷;c)起动和怠速

真空式点火提前调节器内膜片的左侧通大气,右侧通过真空管与化油器空气道中位于节气门上方的吸气孔相通。

当发动机起动和怠速时,由于曲轴转速低,混合气燃烧时间只占很小的曲轴转角,故点火提前角应当很小,或为零。此时,节气门接近关闭,因吸气孔在节气门的上方,该处的真空度几乎为零。真空式点火提前调节器内的膜片在弹簧力作用下向左拱曲至最大,拉杆拉动断电器底板连同触点顺分电器轴旋转方向转动最大角度,使点火提前角最小或不提前,如图 4-2-8c)所示。

当发动机小负荷工作时,在节气门开度小于 1/4 开度[图 4-2-8a)]时,随着负荷增大,节气门开度增大,吸气孔处的真空度也增加,膜片克服弹簧力向右拱曲,拉杆拉动断电器底板连同触点逆分电器轴旋转方向转动一个角度,使凸轮顶开触点的时间提前,点火提前角增大。

当发动机大负荷工作时,随着负荷增大,节气门开度增大,吸气孔处的真空度减小,弹簧推动膜片使点火提前角减小,如图 4-2-8b)所示。

另外,为适应不同汽油的不同抗爆性能,在换用不同品质的汽油时,常需调整点火时间,为此在分电器上常装有辛烷选择器。通常可将分电器总成的固定螺丝旋松,使分电器外壳相对于轴转过一个角度后,再紧固以改变点火提前角。为了使调整时能看到调整的角度,在有些分电器壳体的下部装有指针和刻度板,即辛烷选择器。它可以指示出壳体转过的角度。

【知识链接】

发动机在各种工况下最佳点火时刻分析

点火时刻对发动机的工作影响很大,从火花出现到混合气大部分燃烧完毕而使汽缸内气压升到最高值,是需要一定时间的。虽然这段时间很短,不过几秒,但发动机转速很高,在此短时间内转过的角度却可达相当大的数值。

若恰好在活塞到达上止点时点火,则混合气一面燃烧,活塞一面下移使汽缸容积增大,这将导致燃烧压力降低,发动机功率减少。因此,应当在活塞达到上止点前点火,使气体压力在活塞位置相当于曲轴转到上止点后 10°~15°时达到最大值。这样,气体能在做功行程中得到比较完全的膨胀,而热能得到最有效的利用。

从开始点火到活塞到达上止点这段时间内,曲轴转过的角度称为点火提前角。若点火提前角过大,混合气在压缩行程就开始燃烧,汽缸压力渐渐上升,给上行的活塞造成很大的阻力,白白消耗发动机的功率,还易出现爆震等不正常燃烧现象。点火提前角过小,混合气将在做功行程燃烧甚至在排气管中补燃,使气缸中的压力降低,发动机过热,功率下降。

最佳点火提前角随许多因素而变。最主要的因素是发动机转速和混合气的燃烧速度。因此对一定的发动机而言,当转速一定时,随着负荷的加大,进入汽缸的可燃混合气的增多,压缩终了时的压力和温度增高,同时残余废气在缸内混合气中的百分数下降,因而混合气燃烧速度增大,这时点火提前角应适当减少。反之,发动机负荷减小时,点火提前角应当加大。

当负荷一定时,发动机转速增高,燃烧过程所占曲轴转角增大,这时应适当加大点火提前角。否则,燃烧会延续到膨胀过程中,造成功率和经济性下降。因此点火提前角应随转速提高适当增大。

4. 分电器的型号

分电器的型号有下面几部分组成:

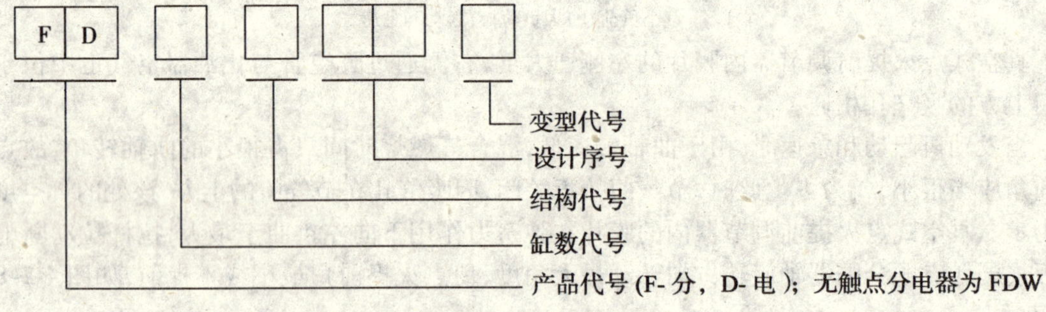

分电器的缸数代号和结构代号分别见表 4-2-1 和表 4-2-2。

分电器缸数代号　　表 4-2-1

缸数代号	1	2	3	4	5	6	7	8	9
缸数	—	2	3	4	—	6	—	8	—

分电器结构代号　　表 4-2-2

结构代号	1	2	3	4	5	6	7
结构	无离心	无真空	拉偏心	拉同心	拉外壳	无触点	特殊结构

三、火花塞

火花塞的工作条件极其恶劣,它要受到高压、高温以及燃烧产物的强烈腐蚀。因此,必须具有足够的力学强度,能够承受冲击性高压电的作用,能承受剧烈的温度变化,并具有良好的热特性,并要求火花塞的材料能抵抗燃气的腐蚀。

1. 火花塞结构

火花塞的结构如图 4-2-9 所示。在钢制壳体的内部固定有高氧化铝陶瓷绝缘体,使中心电极与侧电极之间保持足够的绝缘强度。绝缘体孔的上部装有金属杆,通过接线螺母与高压分线相连,下部装有中心电极。金属杆与中心电极之间用导电玻璃密封。中心电极用镍锰合金制成,具有良好的耐高温、耐腐蚀和导电性能。中心电极与侧电极之间的间隙一般为 0.6 ~

0.7mm。火花塞借壳体下部的螺纹旋入汽缸盖中，旋紧时密封垫圈受压变形保证壳体与缸盖之间密封良好。为了适应不同发动机的需要，火花塞因下部的形状和绝缘体裙部长度的不同有多种形式。

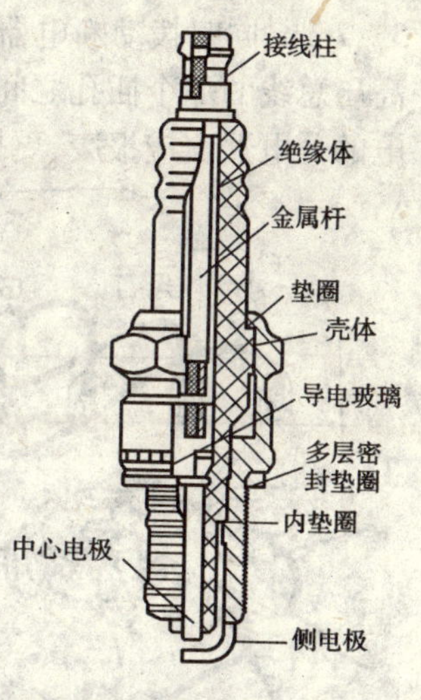

图 4-2-9 火花塞的构造

【知识链接】

火花塞工作时，周期性地受到高温燃气作用，使绝缘体裙部温度升高，这部分热量主要通过壳体、绝缘体、中心电极、金属杆等传至缸体或散发到空气中，当吸收和散发的热量达到平衡时，火花塞的各个部分将保持一定的温度。火花塞的发火部位吸热并向发动机冷却系散发的性能，称为火花塞的热特性。实践证明，当火花塞绝缘体裙部的温度保持为 500～600℃时，落在绝缘体上的油滴能立即烧去，不形成积炭，这个温度称为火花塞的自净温度。低于这个温度时，火花塞常因产生积炭而漏电，导致不点火；高于这个温度时，则当混合气与炽热的绝缘体接触时，可能早燃而引起爆燃，甚至在进气行程中燃烧，产生化油器回火。

2. 火花塞热特性

火花塞的热特性主要取决于绝缘体裙部的长度。绝缘体裙部长的火花塞，受热面积大，传热距离长，散热困难，裙部温度高，称为热型火花塞；反之，裙部短的火花塞，受热面积小，传热距离短，容易散热，裙部温度低，称为冷型火花塞。热型火花塞适用于低速、低压缩比、小功率发动机；冷型火花塞适用于高速、高压缩比、大功率发动机。

火花塞的热特性常用热值或炽热数表示。我国是以绝缘体裙部长度标定的热值表示。热值代号 1、2、3 为热型火花塞；4、5、6 为中型火花塞；7、8、9、10、11 为冷型火花塞。

【任务实施】

一、分电器总成的检修

1. 配电器的检修

检查分电器盖高压线插孔中有无烧蚀、锈蚀或脏污。若有烧蚀、锈蚀和脏污现象应及时清除干净。检查分电器盖内的炭精棒是否发卡或松脱，如有发卡及松脱现象应及时修复。

检查分火头的绝缘。用高压电检查分火头的方法如图 4-2-10 所示。拆下分电器盖，从分电器盖中央插线孔内拔出高压总线，并对准分火头上的导电铜片，距离为 5～7mm，同时拨动断电器触点，察看有无火花出现。若火花强烈，表明绝缘被击穿，漏电严重，将引起发动机断火，必须更换新件；若火花微弱，说明绝缘性能稍差。漏电轻微，可以暂用；若无火花，证明该分火头绝缘性能良好。

检验分电器盖的中央插孔与各高压分线插孔之间有无裂纹的方法如图 4-2-11a）所示。取下分电器盖，使所有的高压分线末端均对准气缸盖，距离为 5～7mm。拨动断电器触点，察看是否跳火。若有某根高压分线跳火，则说明该分线插孔与中央高压线插孔之间有裂纹或有砂眼而窜电，此分电器盖不能再用，必须更换。若所有的高压分线均不跳火，则证明分电器盖上的中央插孔与各高压分线插孔之间完好无损。

检验分电器盖上的各高压分线插孔之间有无损伤的方法如图 4-2-11b）所示。取下分电器盖，拔出全部高压线，然后把高压总线任意插入分电器盖上的一个分线插孔，另用两根高压分线分别插入与高压总线相邻的两个插孔内，使这两根高压分线的另一端对准气缸盖，距离为

5～7mm。同时拨动断电器触点，察看跳火情况。若某根高压分线跳火，说明该分线插孔与插入高压总线的那个插孔之间有裂纹或砂眼而窜火。其他高压分线插孔的检查方法依此类推。窜电的分电器盖应报废，更换新件。

图 4-2-10　分火头绝缘性能试验

图 4-2-11　分电器盖窜火试验

a）查中央孔与旁插孔窜火；b）查旁插孔间窜火

2. 断电器的检修

1）断电器触点的检修

正常的断电器触点，其工作面应为白色，光洁平整，无油污，无明显烧蚀。若用万用表测量触点之间的接触电阻，示值应为零。断电器触点轻微烧蚀，可使用白金砂条或“00”号细砂纸修磨；烧蚀严重者更换触点。

触点装复时，上、下触点的中心线应重合，最大错位距离不得大于 0.25mm，接触面积不小于 85%，中空式触点应达到 100%。若触点结合不符合要求，可以使用尖嘴钳修正。

2）检修触点臂组件

（1）检查动臂轴销是否发涩。

（2）检查动臂弹簧弹力是否合适。

动臂弹簧在触点上的压力为 3.9～6.9N，采用图 4-2-12 所示的弹簧秤检查。当触点刚张开时，弹簧秤读数小于规定值，应当更换新件，以免高速时触点闭合不良，导致发动机高速断火。

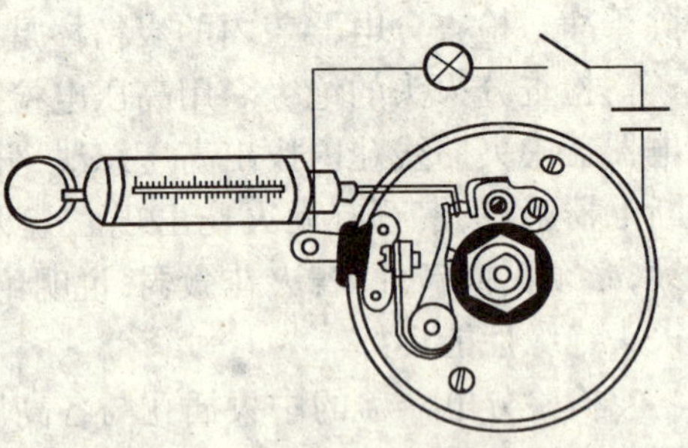

图 4-2-12　触点臂弹簧弹力检查

3）凸轮、分电器轴的检修

（1）凸轮的工作表面应光洁、无腐蚀、裂纹、沟槽。

（2）检查分电器轴与衬套的配合间隙：使用百分表检查，如图 4-2-13 所示，正常配合间隙为 0.02～0.04mm，最大值不超过 0.07mm。

3. 离心点火提前装置

检查离心重块甩动是否灵活平稳，所有销孔结合处应无卡滞和松旷现象，托板与分电器轴静配合应良好。

检查离心块拉簧，当发现有折断、变形和表面出现严重磨痕，应换用新件。将分电器轴固定不动，使凸轮向正常旋转方向转至极限位置，放松时，凸轮应立即返回原位（图 4-2-14）。

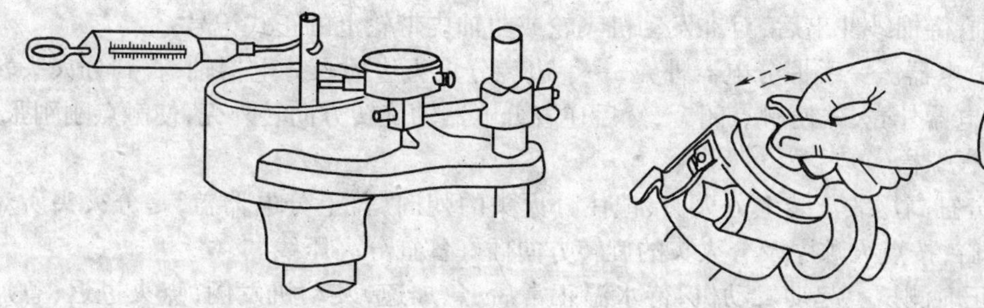

图 4-2-13　分电器轴检查　　　图 4-2-14　离心提前装置检查

4. 真空点火提前装置的检修

简便的检查方法是：用嘴吸吮真空点火提前装置管端，膜片应能带动真空膜片拉杆移动，否则说明密封性差，应予以更换。

5. 电容器的检验

电容器的常见故障是击穿短路和断路。检查上述故障可以在车上用标准电容进行对比试验检查；也可以采用就车取线比较法检查。

就车取线比较法检查是将电容器引线拆下，取点火线圈中央线跳火；将电容器引线接回，再取点火线圈中央线跳火。两次火花前者应比后者弱，若两次跳火都很弱，说明电容器失效。若拆去反而有高压火，接回无高压火，说明电容器已击穿短路。

6. 火花塞的检查

(1)检查清理火花塞积炭，保证瓷芯与壳体之间空腔内无异物；清理螺纹积垢。

(2)检查、调整火花塞间隙。应使用测量调整专用工具进行测量与调整，如图 4-2-15 所示。

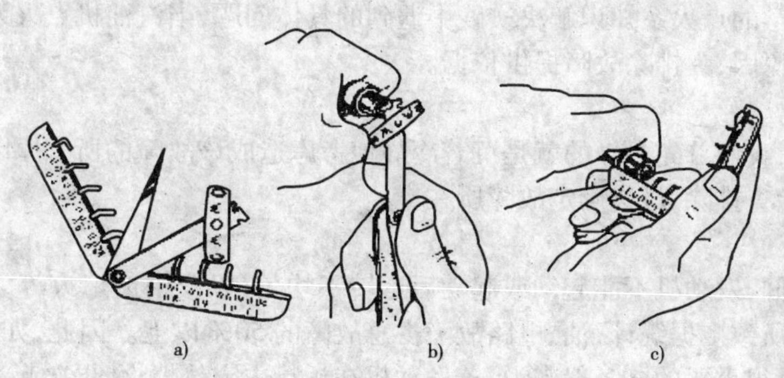

图 4-2-15　火花塞间隙的测量与调整

a)测量调整专用工具；b)调整间隙；c)测量间隙

注意：

1. 测量时不宜使用厚薄规测量，因为当侧电极上制有凹槽时，厚薄规不能反映真实间隙值。

2. 调整时不应使用螺丝刀之类的工具撬动侧电极，因为这会使侧电极从根部焊接处断裂。

二、点火系正时调整

车辆在使用中，若出现爆震现象或感到发动机无力，加速不灵敏；或者遇到原分电器损坏，换用新分电器时都需要重新校正点火提前角。校正点火时间的过程称为点火正时，步骤如下：

(1)检查调整断电触点间隙，一般为 0.35～0.45mm。

(2)找出第一缸活塞压缩上止点的位置。其方法是先拆下第一缸的火花塞，用棉纱堵住该孔，慢摇曲轴，待棉纱冲出后，对准发动机飞轮或曲轴皮带轮上的正式记号。

(3)插好分电器。一手握分电器外壳，一手边转分火头边插入分电器轴，直到分火头转不动为止。转分电器外壳，先使触点闭合，然后逆着分电器轴旋转方向转外壳，使触点刚刚张开，旋紧分电器压板螺栓。

(4)插放分缸高压线。装上分火头，记住分火头的朝向，盖上分电器盖，一分火头所对的旁插空为第一缸，按点火顺序及分火头的旋转方向插好各缸分高压线。

(5)点火正时测试。起动发动机，待水温正常后，急加速，发动机发闷，点火过迟；急加速时突爆严重，说明点火过早。发现过迟，可松开分电器压板螺钉，将外壳朝分电器轴旋转的相反方向稍转一个角度；发现过早，可松开分电器压板螺钉，将外壳朝分电器轴的旋转方向稍转一个角度。

课题三　蓄电池点火系故障判断

知识点：

1. 蓄电池点火系常见故障的原因；
2. 蓄电池点火系常见故障的判断方法。

技能目标：

能够分析、判断汽油机蓄电池点火系常见故障。

【任务描述】

利用前面所学的点火系知识解决实践中遇到的具体问题，当汽油机点火系出现故障时，我们通过分析找出原因，为排除故障提供依据。

【任务分析】

判断故障时，我们首先要做的就是沉着冷静地考虑造成该故障的所有原因，然后找到着手点，一步一步地检查排除，最终确定故障所在。

【任务实施】

车辆运行期间，发动机不能起动或起动后运转不均匀，以及中途熄火等，大都由点火系和燃油供给系故障所致。据统计，油、电路故障占总故障的50%以上。因此，如何迅速诊断和排除油、电路故障是很重要的。一般来说，若发动机在运行中突然熄火，再次起动时无起动迹象，多为电路故障。如在运转中逐渐熄火的为油路故障。

点火系的故障，主要表现为无火、缺火、火花弱和点火不正时，使发动机不能起动或起动后运转不正常。

一、发动机不能起动

1. 主要原因

(1)蓄电池无电或存电不足、极桩脏污、接头松动。

(2)低压线路断路或短路。

(3)点火开关损坏。

(4)断电器触点严重烧蚀或过脏，触点间隙过大或过小，使触点不能闭合或断开。

(5)点火线圈或电容器被击穿损坏。

(6)分火头或分电器盖漏电。

(7)中央高压线脱落、老化或潮湿而漏电。

(8)点火不正时，高压线错乱。

2. 检查方法和步骤

传统点火系由电源线路、低压线路和高压线路三部分组成。因此，当发动机确定是由于点火系故障不能起动时，必须首先判断故障是出在哪一部分，然后再逐步深入查找故障所在的具体位置，一般可遵循如下步骤：

(1)检查蓄电池供电是否正常。可按喇叭或开大灯检查，如喇叭不响，大灯不亮，则故障在电源部分，即蓄电池到电流表或蓄电池与搭铁之间接触不良，或者是蓄电池电压过低容量不足等。

(2)判断故障在低压电路还是在高压电路。

接通点火开关，拔出分电器的中央高压线，使其端头距汽缸体6～8mm接通点火开关，踩下踏板或摇转发动机曲轴，观察高压跳火情况。如火花强烈，表示低压电路和点火线圈良好，故障在分电器部分或火花塞等高压电路部分。如无火花或火花弱，表示故障在低压电路或点火线圈。

【知识链接】

正常的火花是白色或浅蓝色的。在有阻尼电阻的汽车上，正常的火花带紫色。

(3)高压电路的故障判断。

判断高压电路故障的方法，装回中央高压线，再从火花塞上拆下高压线头，摇转曲轴，对缸体试火。如跳火很强，表示分电器和高压线正常，故障在火花塞或点火正时不准；如无火花，表示故障在分电器盖、分火头或高压导线(绝缘损坏或潮湿漏电)。

(4)低压电路的故障判断。

用试灯通过和各接线柱的接触来判断故障在那一段低压线路上。

注意：低压电路故障判断过程中，绝对不允许用搭铁短路试火的方法判断故障。

二、发动机个别缸不着火

1. 现象

发动机个别缸缺火时，运转就不均匀，排气管冒黑烟，并发出有节奏的“突突”声，甚至放炮或化油器回火。

2. 产生原因

(1)高压分线脱落、错乱或受潮漏电。

(2)火花塞潮湿、积炭过多或绝缘体击穿漏电。

(3)分电器盖的旁插座漏电，座孔锈污导电不良。

(4)触点间隙不当，或凸轮磨损不均，分电器轴松旷。

(5)高压火花过弱。

3. 检查方法和步骤

(1)找出缺火的汽缸。

用起子将火花塞接线柱逐个搭铁短路。如果短路后，发动机振动加大，从排气管也能听到更加明显的异响，则说明此缸工作；若发动机并没有任何反应，则说明此缸缺火。

另外，根据火花塞的温度也可以判断。不着火气缸的火花塞温度常低于正常工作着的火花塞。

(2)找出缺火的原因

将缺火汽缸火花塞的高压线拆下，使线端对缸体跳火，无火说明高压分线或分电器盖有故障；若有火，再使线端离火花塞接柱3~4mm，发动机工作时，如有连续的火花且发动机运转有连续的好转，说明故障是火花塞积炭，若发动机运转无变化，则应检查火花塞质量与间隙。

(3)几个缸同时不着火的排查。

如有几个缸同时不着火，应从分电器盖中央极柱孔中拆下高压线，使线端离座孔2~3mm，进行跳火试验。如有火，表示高压正常，而分电器盖绝缘不良，或几个火花塞有故障；如跳火有断续现象，表明断电器、电容器或点火线圈有故障。

注意：如有两个以上缸同时不着火，又无上述原因，应检查点火顺序是否正确。

三、发动机动力不足

1. 现象

突然加大油门时，转速不能随之迅速提高，反而感到发“闷”无力，甚至产生发动机过热，排气管放炮，化油器回火，发动困难等现象。

2. 主要原因

点火时间过迟或触点间隙过小。

3. 检查方法和步骤

(1)检查分电器外壳固定螺栓是否松动。用手转动分电器外壳，如能转动，则应检查是否由于分电器外壳固定螺栓松动，从而引起点火时间过迟。

(2)检查点火时间是否过迟，用手逆着分火头旋转的方向，转动分电器外壳，若发动机工作好转，说明是点火过迟。

(3)检查触点间隙是否过小。用厚薄规检查触点间隙，若过小，则应进行调整。

四、发动机高速运转不良

1. 现象

发动机怠速运转时正常，但高速运转时不平稳，排气管放炮。

2. 主要原因

触点间隙过大或触点臂弹簧弹力不足，活动臂绝缘套管装配过紧，火花塞间隙过大，或点火线圈、电容器工作不良。

3. 检查方法和步骤

从火花塞上拆下高压分线，使其端头距汽缸体6~8mm，发动发动机并提高转速。

(1)如有断火现象，应进一步检查分电器。打开分电器盖，慢慢摇转曲轴，检查触点间隙是否过大。若间隙正常，将触点闭合，用手拨动触点试火。如高压火花很强，并不断火，说明活动触点臂的弹簧片过软或其绝缘胶木与轴的装配过紧。

(2)如火花弱，跳火距离短。应检查触点是否烧蚀或接触不良，触点的铆钉是否松动（触点头松动时，最容易烧蚀触点），以及点火线圈和电容器工作是否良好。

课题四　电子点火系的主要部件

知识点：

1. 电子点火系与蓄电池点火系的区别；
2. 电子点火系主要部件的特点与工作原理；
3. 电子点火系统的工作原理。

技能目标：

1. 根据电路图会分析电子点火系的工作过程；
2. 能根据主要部件的结构特点确定其容易产生故障的部位。

【任务描述】

现代汽油发动机为了满足排放法规、油耗法规、保养法规等要求，大部分汽油发动机将蓄电池点火系换成了电子点火系统。为什么电子点火装置能够代替蓄电池点火系并且具有如此多的功能？要想搞清这个问题，必须从以下两个方面去考虑：一是电子点火系与蓄电池点火系不同部件的结构特点、作用原理；二是整个系统的工作原理。

【任务分析】

解决上述问题的途径就是在掌握蓄电池点火系工作原理的基础上，去理解电子点火系统中特有部件的设置原因，进而分析出某一部件每一部位的特点、功用，联系整个系统分析各个部件的工作原理和系统的工作原理。

【相关知识】

一、电子点火装置的优点及分类

1. 电子点火装置的优点

电子点火装置与传统点火装置相比，它的基本功能并没有什么变化，但从改善电火花的点火性能，提高点火时间的控制精度及可靠性等方面来看，却发生了巨大的变化，即电子点火装置具有许多明显的优点。

(1)因为无机械触点或初级电流不经过触点，所以不存在触点氧化、烧蚀、变形、磨损等问题，使用中几乎不需要维修。

(2)用晶体管取代断电器触点或使初级电流不经过触点。这样可以增大初级电流值，减少点火线圈初级绕组匝数，减小初级电路的电阻，从而提高次级电压，有效地改善和保证点火性能。一般传统点火系初级电流不超过 5A，而晶体管点火装置可提高到 8A，次级电压可达 30kV。

(3)电磁能量得到充分利用，高电压形成迅速，火花能量大。由于无断电器触点，不会因产生火花而消耗部分电磁能量，所以高压形成很快，使火花能量增大，提高了点火可靠性。传统点火系高电压的形成时间需 120～200μs，而电子点火系则只需 80～100μs。

(4)减小了火花塞积炭的影响。电子点火装置在火花塞积炭阻值达 100kΩ 的严重情况下，仍能维持可靠的点火特性。

(5)点火时间精确，混合气能得到完全燃烧，可以在稀混合气工况下照常点火，从而保证了发动机在降低油耗的基础上,减少废气污染,获得最好的动力性。

(6)能适应现代高速、高压缩比发动机的发展需求。

(7)对无线电干扰小,结构简单,重量轻,体积小,保养维修简便。

2. 电子点火装置的种类

目前,国内外应用的电子点火装置的种类较多,大致可分为以下几种类型。

(1)从控制点火线圈初级电流的电子元件来分:

①晶体管点火装置。

②可控硅点火装置。

③集成电路点火装置。

(2)按点火装置有无触点来分:

①触点式电子点火装置,又称半导体管或晶体管辅助点火装置。

②无触点电子点火装置,又称全晶体管点火装置。

无触点电子点火装置根据信号发生器的不同类型,又可分为:磁感应式电子点火装置,霍尔(Hall)式(即霍尔效应式)电子点火装置,光电式(即光电效应式)电子点火装置,电磁式(即电磁振荡式)电子点火装置。

当前,在筑路机械上使用的汽油发动机多数采用的是磁感应式和霍尔式电子点火装置,所以本课题仅以这两种形式为例分析电子点火装置的组成及原理。

二、磁感应式电子点火系统的组成及原理

磁感应式电子点火系统是目前应用较为广泛的一种电子点火系统,国产 CA1092 载重货车、EQ1090 载重货车等均采用这种点火系统如图 4-4-1 所示。它主要由磁感应式分电器、点火控制器、高能点火线圈、火花塞等部件组成。

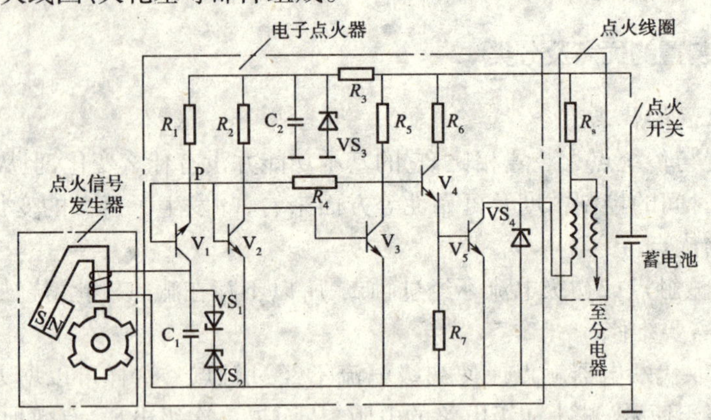

图 4-4-1　磁感应式无触点电子点火系统电路图

磁感应式电子点火系统与传统点火系统相比主要区别在于:在初级电路中用信号发生器及点火控制器代替了原断电器的功能,磁感应信号发生器产生交变信号,经点火控制器进行处理后控制点火线圈得通断。

基本工作原理为:转动分电器,使点火信号发生器产生脉冲电压信号,此脉冲电压信号经电子点火器大功率晶体三极管 V_5 前置电路的放大、整形等处理后,控制串联于点火线圈初级回路的大功率晶体三极管 V_5 的导通和截止。大功率晶体三极管 V_5 导通时,点火线圈初级回路导通,点火系统储能;当输入电子点火器的点火信号脉冲使大功率晶体三极管截止时,点火

线圈初级回路断路,次级绕组便产生高压电。

下面以 CA1091、CA1092 载重货车为例分析其点火系统主要部件及原理。

1. 磁感应式分电器

磁感应式分电器由配电器、磁感应式信号发生器、离心式点火调节装置、真空式点火调节装置等四部分主要元件组成。

1)磁感应式信号发生器

磁感应式信号发生器也称为磁感应式传感器,其作用在于确定点火时刻。装在分电器内(即原断电器的位置),如图 4-4-2 所示,由信号转子、定子、传感线圈、塑性永久磁片、导磁片等组成。

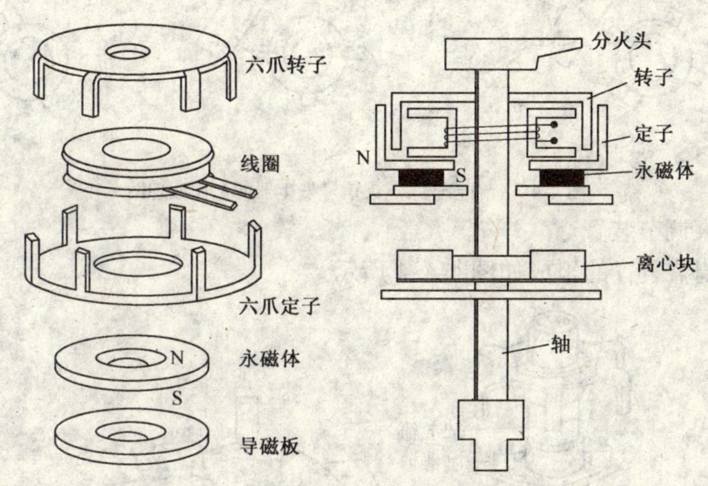

图 4-4-2 CA1091 车用磁感应式信号发生器

信号转子与分电器轴相连,定子与传感线圈、塑性永磁片、导磁片装在底板上。定子和信号转子上均有与发动机汽缸数相同的 6 个爪,且两个爪之间的夹角相等,当转子爪与定子爪对齐时,两爪之间的间隙约 0.3 ~ 0.5mm。形成的磁路为:塑性永磁片 N 极→定子→空气隙→信号转子→传感线圈→导磁片→塑性永磁片→S 极

当分电器轴转动时,定子爪与转子爪之间的空气隙发生周期性变化,使得传感线圈中的磁通量也发生周期性变化,于是在传感线圈中产生交变电动势,即触发信号。分电器轴每转一周,传感现圈中就产生六次交变信号,以适应六缸发动机的点火需要。

【知识链接】

触发信号的产生原理:磁感应式信号发生器是应用电磁感应原理制成的,信号转子随着分电器轴转动,使得信号转子的凸齿与铁芯空气隙发生变化,导致传感线圈中磁通量产生变化,传感线圈产生感应电动势,此交变信号即为点火触发信号。

如图 4-4-3 所示,当信号转子不转动时,传感线圈无磁通变化,此时无信号输出。

当发动机转动时,信号转子的凸齿逐渐接近铁芯时,如图 4-4-3a)所示位置,凸齿与铁芯的空气隙越来越小,通过传感线圈中的磁通越来越大,根据楞次定律,线圈内产生感应电动势,阻碍原磁通增加,其大小与变化率成正比。当信号转子转到两凸齿之间的某个位置时变化速率最大,产生的感应电动势也最大。过了此点后,磁通量变化速率降低,感应电动势下降,此时传感线圈输出信号端子 A 为“+”,B 为“-”;

当信号转子凸齿与铁芯中心线正对时,如图 4-4-3b)所示位置,空气隙最小,磁通最大,但

磁通变化率为零,则此时传感线圈中电动势为零。

当信号转子转动凸齿逐渐离开铁芯时,如图 4-4-3c)所示位置,凸齿与铁芯的空气隙越来越大,通过传感线圈中的磁通越来越小,在某个位置时磁通减小的速率最大,产生的感应电动势也最大,根据楞次定律,传感线圈中产生感应电动势阻碍其磁通量减小,因此输出信号的方向与凸齿逐渐接近铁芯时正好相反,A 端为"-",B 端为"+"。

当信号转子转动时,传感线圈输出的是交变信号,信号转子每转一周,产生四个交变信号。

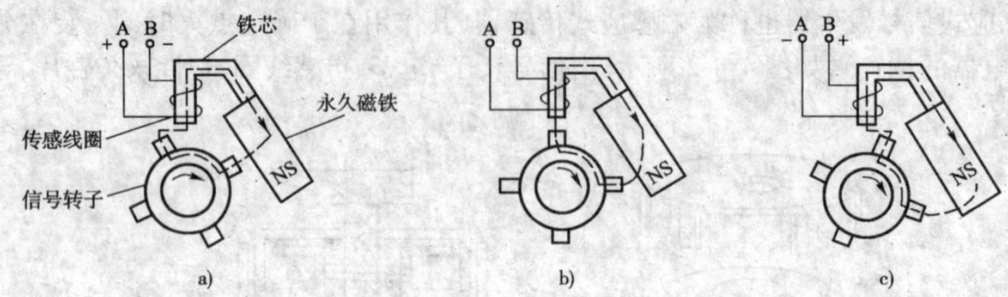

图 4-4-3　磁感应式点火信号发生器的工作原理图

2)离心式点火调节装置

离心式点火调节装置的组成如图 4-4-4 所示。

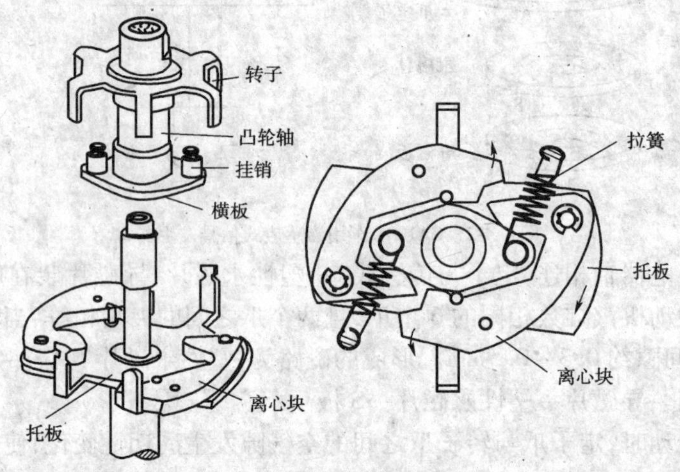

图 4-4-4　离心式点火调节装置

离心式点火调节装置的工作原理与传统点火系统离心式点火调节装置不同的是当转速增大时,飞块产生离心力使得本来与分电器轴同步转动的转子轴带着信号转子相对分电器轴朝前转过一个角度,相当于信号转子爪提前与定子爪对齐,从而达到提前点火。

3)真空式点火调节装置

真空式点火调节装置的组成如图 4-4-5 所示。

真空式点火调节装置的工作原理与传统点火系统的不同之处在于拉杆拉动的是定子组件而不是触点组。当发动机在小负荷工作时,在真空度的作用下拉杆拉动定子组件逆着分电器轴旋转方向转过一个角度,使得定子爪与转子爪提前对齐,从而实现提前点火。而在大负荷工作时,与此相反。

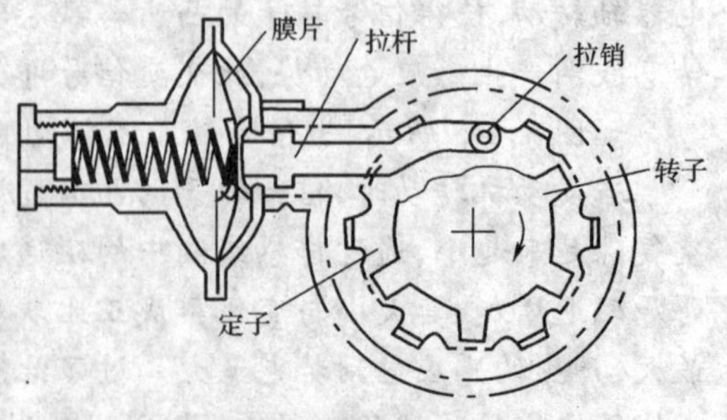

图 4-4-5　真空式点火调节装置

4)配电器

配电器由分火头和配电器盖两部分组成,它与传统点火系统结构、工作原理等相同,在此就不再赘述。

5)磁感应式分电器的拆装(图4-4-6)

(1)打开分电器盖,取下分火头。

(2)用卡簧钳取下转子轴上的卡簧,取出转子轴上的圆柱销,拆下信号转子。

(3)拆除传感线圈总成及插座护套。

(4)拆下真空式点火调节装置。

(5)拆下定子及信号发生器底板组件。

(6)取出离心式点火调节装置。

(7)冲出销钉,取出分电器轴。

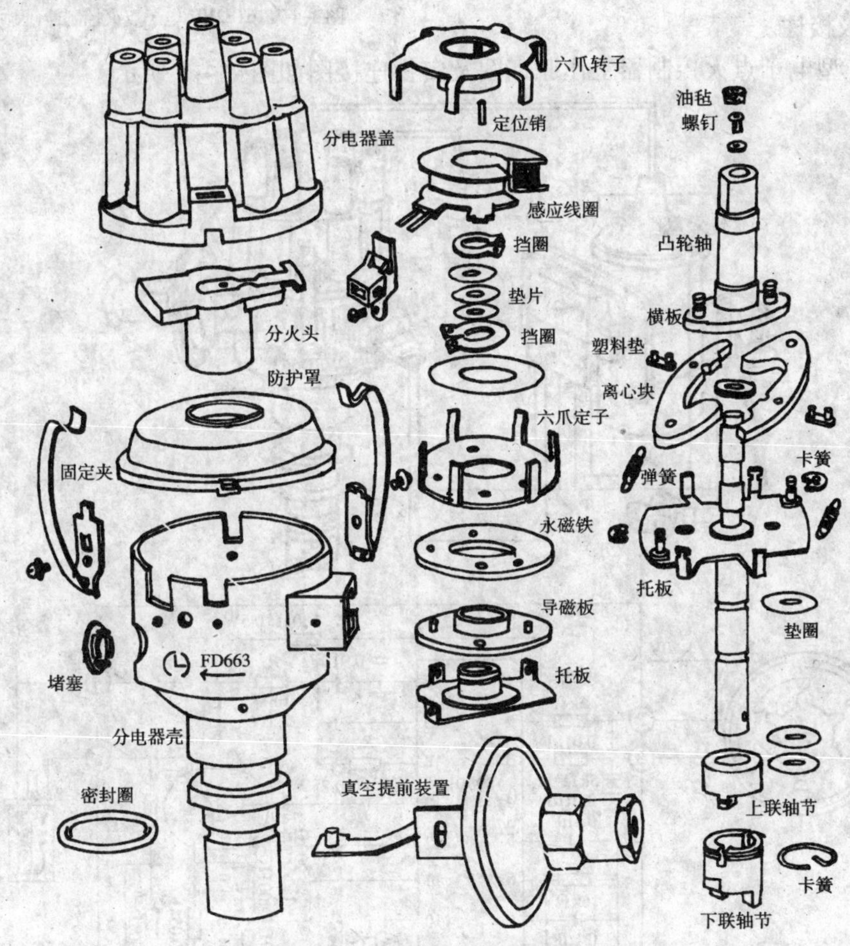

图4-4-6　磁感应式分电器解体示意图

(8)分电器装复与解体步骤正好相反,按解体时的逆序装复。

注意:分电器轴轴向间隙不得超过0.25mm;转子与定子之间的间隙应为0.4mm;分火头与分电器轴之间有一定的相对转动角度。

2. 电子点火控制器

1)电子点火控制器的组成

电子点火控制器又称点火模块,因各种车型选用的磁感应信号发生器不同,相对应的点火控制器的电路及工作原理也会不同,但其基本的工作原理是相似的,都是将磁感应线圈产生的信号,经点火控制器进行放大,再通过晶体三极管的开关作用来实现控制点火系统初级电路的接通与切断,由点火线圈产生高压电。

解放 CA1091(CA1092)采用美国摩托罗拉公司生产的 6TS2107 型电子点火控制器,如图 4-4-7 所示。

6TS2107 型电子点火控制器共有六个端子,其中①搭铁;②、③端为信号端子,连接磁感应信号发生器输送的触发信号;④悬空;⑤接电源正极;⑥连接点火线圈负极接柱。

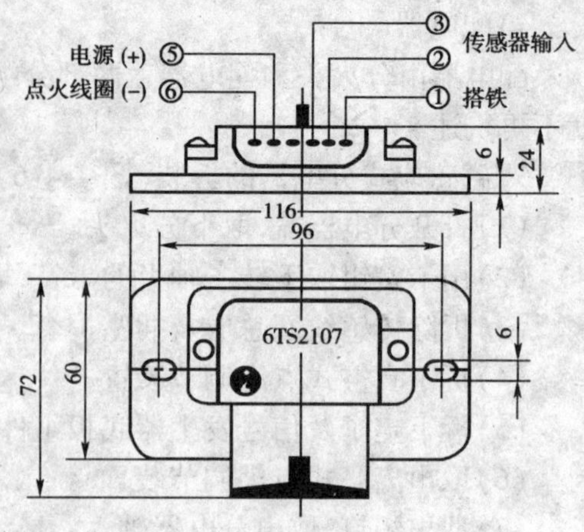

图 4-4-7　6TS2107 电子点火控制器(尺寸单位:mm)

6TS2107 型电子点火控制器工作原理图及实物连接图如图 4-4-8 所示:

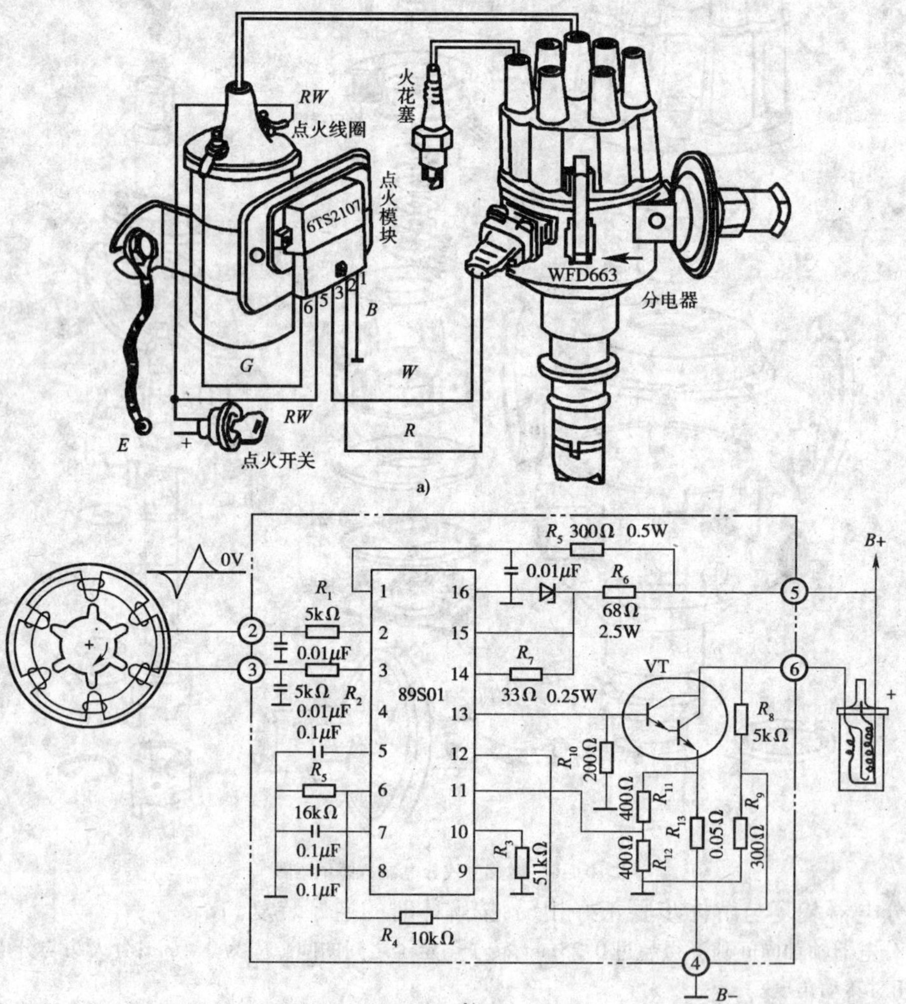

a)

b)

图 4-4-8　6TS2107 点火控制器线路图

a)实际线路图;b)工作原理图

2)6TS2107 点火控制器的工作原理

当发动机不转动时，磁感应线圈无信号输出，点火控制器 VT 截止，初级电路无电流。

当发动机转动时，磁感应信号发生器的磁感应线圈产生交变的点火信号(图 4-4-8)，送至点火控制器的②、③端，当输入信号电压下降至一定值(－100mV)时，开关管 VT 导通，点火线圈初级绕组中有电流流过，经点火控制器搭铁；当信号电压上升到一定值时，与点火线圈相串联的开关管 VT 截止，点火线圈初级电路被切断，中无电流流过，线圈中磁通发生变化，因此在次级绕组中感应出高压电，经配电器高压线分配给需要点火的工作缸。

分电器轴每转一周信号发生器产生 6 次交变信号，经点火控制器处理后，点火线圈产生 6 次点火高压，以保证每一个工作循环各缸轮流点火一次。

【知识链接】

6TS2107 点火控制器除具有基本功能之外，还具有一些辅助功能：

1. 恒流控制功能

在发动机转速和电源电压变化时，电子点火控制器可将点火线圈初级电流控制在 5.5±0.5A，防止电流过大烧坏点火线圈和点火控制器，同时也可实现恒能点火。

2. 失速慢断电功能

当发动机突然停转，而点火开关仍闭合时，点火控制器可在 0.5s 内缓慢切断点火线圈初级电路，防止长时间通电而导致点火线圈和点火控制器烧坏。

3. 低速推迟点火功能

在发动机转速低时，推迟输入信号功能，可使发动机起动时延迟点火，以利于起动。

4. 过电压保护功能

当电源电压超过 30V 时，点火控制器能自动切断初级电路，从而防止烧坏点火线圈、点火控制器等；保证点火系统线路的安全。

5. 点火线圈

电子点火系统的点火线圈与传统点火系统不同，一般采用初级绕组为低电阻、低电感、高匝比的专用高能点火线圈，从而达到增大初级电流上升率及切断电流，提高次级电压的目的。因此电子点火系统必须采用专用点火线圈，而不能采用传统点火系统的普通点火线圈代替。

三、霍尔式电子点火系统的组成及原理

霍尔式电子点火系统采用霍尔式信号发生器作为点火控制信号，主要由电源、点火开关、霍尔式无触点分电器、点火控制器、专用高能点火线圈、火花塞等组成。

我国生产的奥迪、上海桑塔纳均采用了该点火系统。霍尔式信号发生器是根据霍尔效应的原理制成的，现在应用的车型也越来越多。

1. 霍尔式无触点分电器

1)霍尔信号发生器

(1)霍尔信号发生器的结构

霍尔信号发生器是根据霍尔效应原理制成的，若流过基片的电流为一定值时，霍尔电压与磁感应强度成正比。当采用一带有缺口的转子周期性地遮挡磁力线时，霍尔电压就会周期性地产生，这就是霍尔信号发生器的基本结构原理，其构造如图 4-4-9 所示。

霍尔信号发生器由带有与缸数相同缺口的触发叶轮和信号触发开关组成，触发叶轮与分火头制成一体为转子部分(有的车二者是独立的)，与分电器轴联动；触发开关为定子部分由

霍尔集成组件及带有导磁板的永久磁铁组成。

霍尔集成组件由霍尔元件和霍尔集成电路组成,因霍尔电压信号十分微弱(只能达到 mV 级),需经集成电路放大、脉冲整形后以方波输出,才能作为触发信号使用。

(2)霍尔信号发生器的工作原理

霍尔信号发生器的工作原理如图 4-4-10 所示。

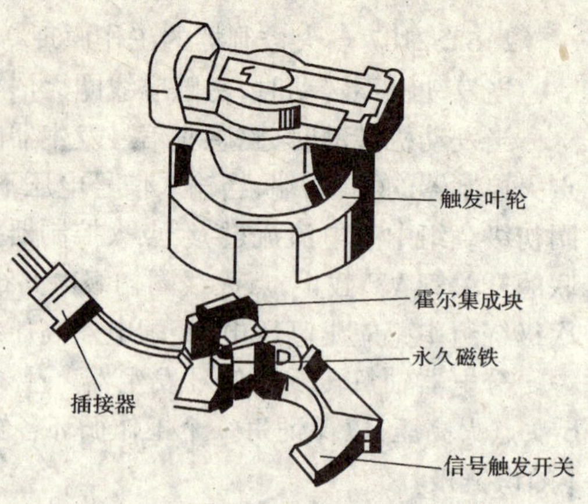

图 4-4-9　霍尔信号发生器

当叶轮的叶片进入霍尔元件与永久磁铁的空气隙时,由于磁力线被遮挡,则霍尔元件无法产生霍尔电压,此时霍尔信号发生器产生高电位输出;当叶轮的缺口进入空气隙时,霍尔元件产生一个霍尔电压,此时霍尔信号发生器以低电位输出;带有与缸数相同数目缺口的叶轮不断转动,霍尔信号发生器则产生与之相对应的方波脉冲信号输出,送给点火控制器作为触发信号。

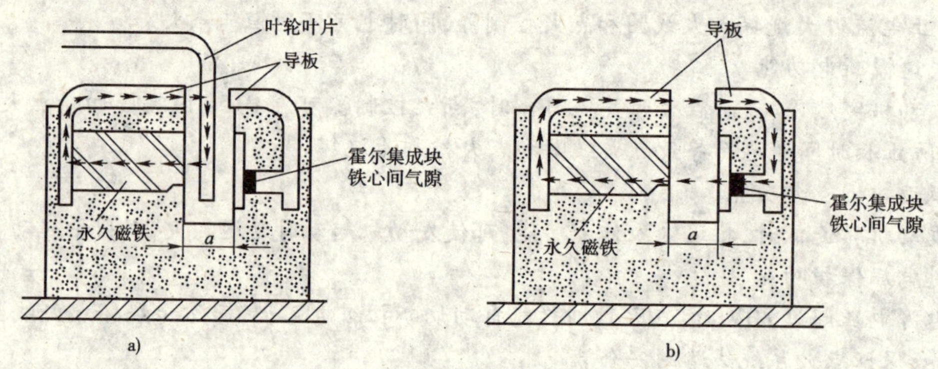

图 4-4-10　霍尔信号发生器的工作原理图

a)叶片进入空气隙;b)叶片不在空气隙中

【知识链接】

霍尔效应:霍尔效应的原理如图 4-4-11 所示。当电流 I 通过放在磁场中的半导体基片(即霍尔元件)且电流方向和磁场方向垂直时,在垂直于电流和磁场的半导体基片的横向侧面上会产生一个电压,这个电压称为霍尔电压 U_H。这种现象就称为霍尔效应。

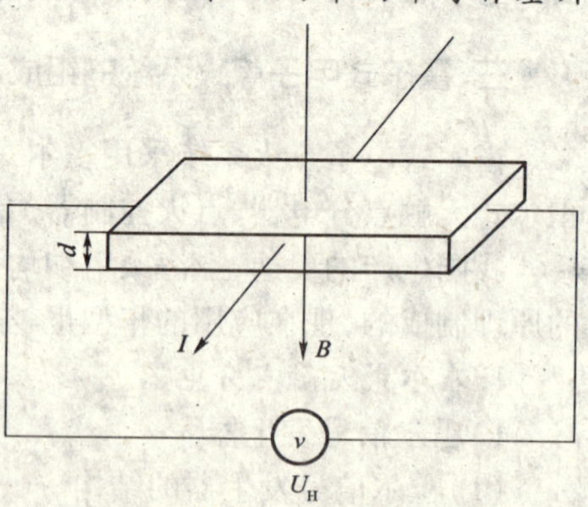

霍尔电压的高低与通过的电流和磁感应强度成正比,可用下式表示:

$$U_H = \frac{R_H}{d} IB \tag{4-4-1}$$

式中:R_H——霍尔系数;

d——半导体基片厚度,m;

I——电流,A;

B——磁感应强度,T。

图 4-4-11　霍尔效应原理

由式(4-4-1)可知,当通过电流 I 为一定值时,霍尔电压 U_H 随磁感应强度 B 的大小而变化；同时也可看出，霍尔电压 U_H 的高低与磁通的变化速率无关。

2）配电器

霍尔式分电器上的配电器除分火头与信号转子制成一体外，无其他大的区别，不再赘述。

3）离心式调节装置与真空式装置

霍尔式分电器中的离心式及真空式调节装置与磁感应式分电器大同小异，不再赘述。

4）霍尔式分电器的拆装（图 4-4-12）

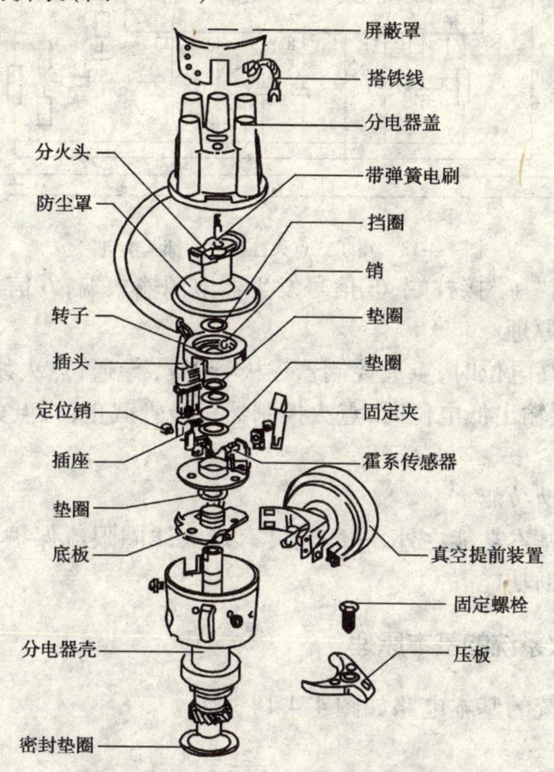

图 4-4-12　霍尔式分电器分解图

（1）扳开分电器盖的固定夹，依次取下分电器盖、分火头、防尘罩。

（2）拆下挡圈，轻轻取下定位销用专用拉器（或用两把螺丝刀小心对撬）取下转子。

（3）拆下分电器盖固定夹（记住方向要求）。将霍尔信号发生器同插接器一起取下。

（4）拆下真空点火提前装置固定螺钉，取下真空点火提前装置。

（5）拆下垫圈，拆下底板固定螺钉，取下底板、螺钉、复位弹簧。

（6）拆下分电器凸轮轴中心油毡拆出连轴螺钉，取下复位弹簧、凸轮轴、离心块。

（7）拆出分电器轴下端横销，取下联轴节、垫圈及分电器轴。

（8）分电器装复与解体步骤正好相反，按解体时的逆序装复。

注意：分电器轴轴向间隙不得超过 0.25mm；转子叶片与霍尔元件间的间隙应均匀；分火头与分电器轴之间有一定的相对转动角度。

2. 点火控制器

1）点火控制器基本电路

点火控制器的基本电路如图 4-4-13 所示，各车选用的点火控制器不同，其外形及连线可能会略有不同。

点火控制器与点火系统的外接端子共有六个：①接点火线圈“－”极，②接搭铁，③信号发

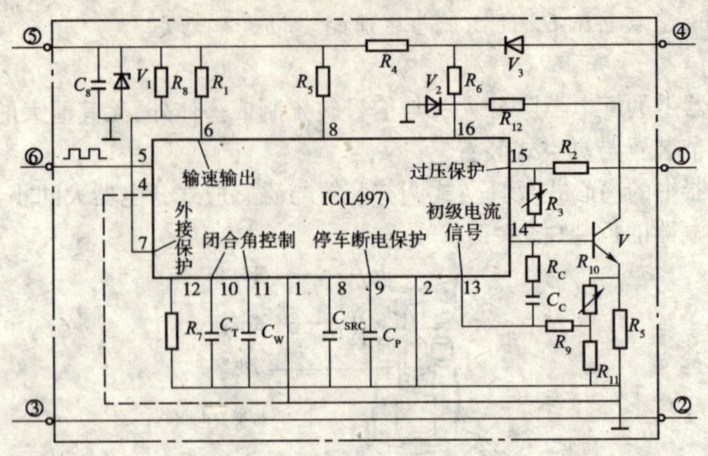

图 4-4-13　霍尔式点火控制器内部基本电路

生器搭铁端,④点火线圈"+"接柱端,⑤信号发生器电源输入端,⑥信号发生器信号输出端。

2)点火控制器工作原理

当信号发生器输出高电位时,点火控制器三极管 VV_9 导通,点火线圈初级电路接通,初级电流上升;当信号发生器输出低电位时,点火控制器三极管截止,将点火线圈初级电路切断,从而产生次级高压电。

3. 点火控制器的辅助功能

电子点火控制器除基本功能之外,一般还具有点火线圈限流保护、闭合角控制、停车断电保护及过电压保护等辅助功能。

四、霍尔式电子点火系统的基本原理

霍尔式电子点火系统的基本电路如图 4-4-14 所示。

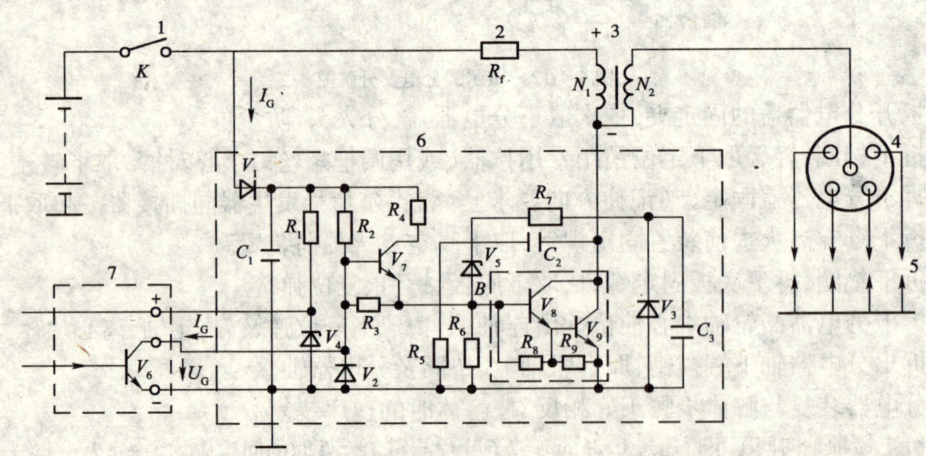

图 4-4-14　霍尔式电子点火系统基本电路图

1-点火开关;2-附加电阻;3-点火线圈;4-配电器;5-火花塞;6-电子点火控制器;7-霍尔集成电路

当触发叶轮旋转时,每当叶片进入霍尔元件与永久磁铁的气隙时,绝大部分磁力线将通过导磁叶片,因而没有磁力线通过霍尔元件,磁感应强度下降,不产生霍尔电压,霍尔发生器总成输出电压 U_G 增高(V_6 截止),于是 R_3 两端产生的电压降使 V_7 导通,R_6 有电流通过,由 V_8、V_9 组成的"达林顿"管随之导通,电流就通过点火线圈初级绕组把能量储存起来。当叶片离开气隙的瞬间,磁力线作用于霍尔元件,产生霍尔电压,霍尔发生器总成输出电压 U_G 减小(V_6 导通),则使 V_7 截止,V_8、V_9 也截止,切断点火线圈初级电路,于是初级电流迅速下降,在次级绕组中感应出高压电。

课题五　电子点火系主要部件的检测

知识点:

1. 电子点火系使用时的注意事项;
2. 点火信号发生器的检测;
3. 点火控制器的检测。

技能目标:

1. 能对电子点火系统出现的简单故障进行检测并找出原因;
2. 能对电子点火系进行点火正时调整。

【任务描述】

我们学习电子点火系统主要部件的结构、原理的目的,不只是为了认识这个元件,而是在此基础上去分析、解决电子点火系中出现的故障。当然,系统故障比较复杂,作为中级工不可能一一解决,但是系统故障又是由部件故障引起的,所以我们只要做到平时能正确地使用该系统,出现了问题能逐件去检测即可。

【任务分析】

对于采用电子点火系统的汽油机,为了减少故障的产生,在使用过程中我们必须知道电子点火系的使用注意事项;一旦出现了故障,在修理过程中要想顺利排除,就要求我们必须会检测信号发生器、点火控制器等主要部件的好坏。

【相关知识】

一、电子点火系的使用注意事项

电子点火系由于取消了触点,使用过程中的故障率很低,因此在使用中除了定期清洁、更换火花塞、检查线路的连接情况等工作以外,一般无需再做其他维护工作。但在使用中,如果安装、使用不当,也往往会造成一些人为的故障,甚至会损坏电子元件。为了避免这种情况的发生,在使用过程中,应注意以下事项:

(1)安装时,接线必须正确、牢固,电源的极性务必不能接错,否则极易损坏点火控制器。

(2)点火控制器必须搭铁良好,确保电路稳定可靠地工作。

(3)点火信号线应与高压线分开,避免高压线对点火系统的干扰。

(4)洗车时,必须关断点火开关,应尽量避免洗车水溅到点火器和分电器内。

(5)发动机在运转过程中,严禁拆卸蓄电池,也不可搭铁试火,以免损坏点火控制器。

(6)电子点火系的点火线圈一般都使用高能点火线圈,应尽可能避免用普通点火线圈代替。

(7)高压线必须连接牢靠,如果连接不牢,容易造成系统电压过高而损坏高压系统的绝缘。

(8)在判断点火系统的故障时，不要使高压电路处于开路状态，否则极易使点火控制器中的大功率三极管损坏。

(9)当需要拆卸点火系统的连接导线或安装测试仪器时，应先关断点火开关或拆下蓄电池的负极导线。

(10)点火控制器应安装在干燥、通风良好的部位，以利散热。

(11)检修电路时应使用数字式万用表，严禁采用试灯或划火的方法检修电路。否则，会导致电子部件的损坏。

二、电子点火系统故障诊断方法

判断电子点火系统故障的基本思路与传统点火系并无很大区别，也是首先要区分故障发生在低压电路还是在高压电路。区分的方法与传统点火系区分的方法相同，即拔下分电器盖上的总高压线进行试火，有强烈的火花，说明低压电路良好，故障发生在高压电路。判断高压电路故障的方法与传统点火系完全相同，此处不再赘述。如果无火，说明故障出在低压电路。由于电子点火系的低压电路与传统点火系的低压电路有所区别，所以诊断故障的方法也有所不同。

从电子点火系的组成看，电子点火系与传统点火系的主要区别是信号发生器和点火器，因此在低压电路的诊断中与传统点火系故障诊断的主要区别是信号发生器和点火控制器的诊断，而线路通断的诊断与传统点火系无本质区别。

【任务实施】

一、主要部件的检测方法

1. 信号发生器的检测

1)磁感应式信号发生器检测

(1)检查转子与定子之间的间隙是否符合要求(0.30～0.40mm，不同型号的信号发生器略有不同)，如不符合要求，应进行调整。

(2)用万用表测量信号发生器线圈的电阻(图4-5-1)。

不同车型信号发生器线圈的电阻不同，切诺基为400～800(Ω)、CA1091为600～800(Ω)，如果电阻不符合要求，说明信号发生器已经损坏。

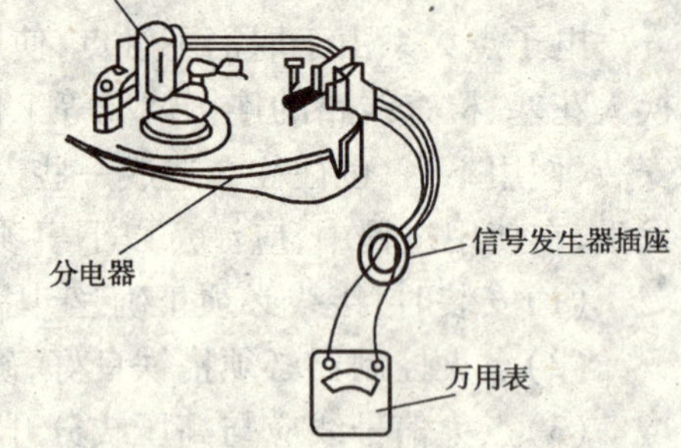

图4-5-1　测量信号线圈的电阻

(3)用万用表的交流电压挡检测信号发生器的输出端，若有信号电压输出(零点几伏)为正常，否则易损坏。

2)霍尔式信号发生器的检测

对于霍尔效应式信号发生器，由于这是一种有源信号发生器，所以要检查信号发生器时，一要检查供电电源是否正常，二要检查信号电压是否正常。例如桑塔纳轿车的霍尔信号发生器的供电电源线是红黑线和棕白线，信号线是绿白和棕白线。

(1)用万用表检测法(图4-5-2)

①用万用表测量霍尔式信号发生器的输入电压：见图4-5-2实线部分，接通点火开关，电压表显示值应接近蓄电池电压(11～12V)。

②用万用表测量霍尔式信号发生器的输出电压：见图 4-5-2 虚线部分，叶片在空气隙时，电压表显示值应比输入电压低约 0.5V，叶片不在空气隙时，电压表显示值约为 0.3～0.4V；测量时电压表显示值如上所述，则霍尔信号发生器正常，否则说明已损坏（注意：转动分电器转子时，点火线圈的高压线必须搭铁）。

③还可采用换件比较法检查霍尔信号发生器的好坏。

（2）模拟信号法检测（图 4-5-3）

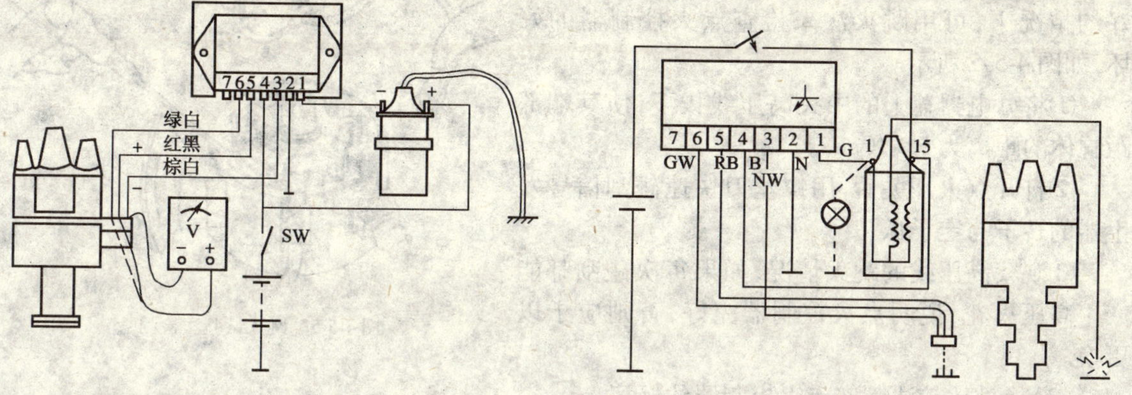

图 4-5-2　霍尔式信号发生器的测量

图 4-5-3　模拟信号法检测示意图

①将点火线圈"－"接线柱与搭铁间连一试灯。

②从分电器拔下插接器，接通点火开关。

③把插接器中心端（GW 线）作短促搭铁，同时取点火线圈中心线距缸体 3～5mm 进行跳火。

④若试灯明暗变化，中心线跳火强烈，说明传感器已失效；若试灯亮度不变，说明控制器或控制器信号线断路。

2. 点火控制器的检测

在检查点火器的故障时，要根据点火信号发生器输出的信号，点火控制器的基本工作原理、特点，采用适当的方法进行检查，其基本思路是给点火控制器的信号输入端输入相应的信号电压，再检查点火控制器中大功率三极管在信号电压的作用下导通和截止的情况，大功率三极管能在信号电压的作用下按要求导通和截止，说明点火控制器良好，否则可判定点火控制器损坏。常采用的方法有以下几种：

1）磁感应式点火系统控制器的检测

（1）用干电池电压作为点火信号进行检测（见图 4-5-4），（这种检查方法适用于单功能点火控制器）

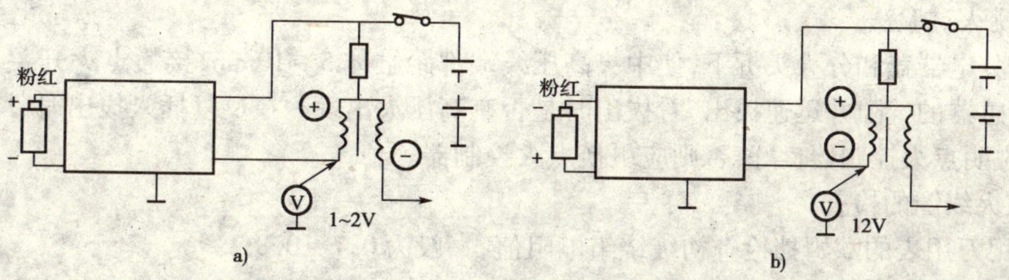

图 4-5-4　用干电池作信号检测

①按图 4-5-4 所示的电路,在点火线圈的“负极”接柱与搭铁间接一个试灯或电压表。

②拆下分电器上的信号输出线,将一节干电池接入点火控制器的信号输入端。

③接通点火开关,同时不断变换电池极性。如果电压在 0 ~ 12V 之间摆动或试灯明暗闪烁,说明点火控制器无故障,反之应更换点火控制器。

(2)跳火试验法

在确认除点火控制器以外的低压电路都是完好的情况下,可用跳火法来检查点火控制器的好坏,如图 4-5-5 所示。

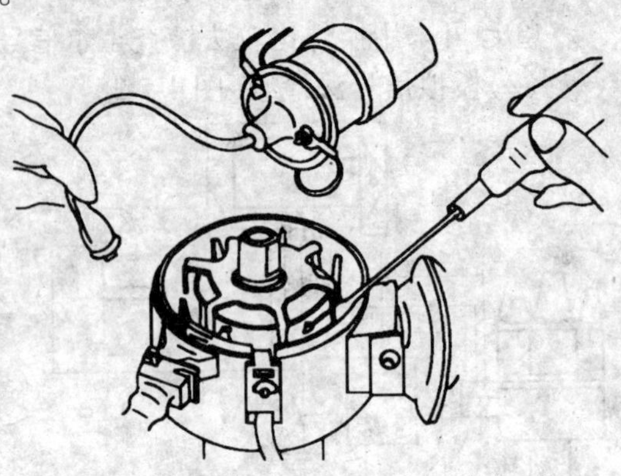

图 4-5-5　跳火试验法检测

①将分电器盖上的中央高压线拔下,使其端部距缸体的距离为 5 ~ 10mm。

②打开点火开关后,用螺丝刀快速碰刮信号发生器的转子与定子爪。

③观察高压线的跳火情况,如果每次碰刮都能产生高压火花,说明点火控制器完好,否则应予以更换。

(3)换件比较法判定点火控制器的好坏

在对点火系低压电路进行检查之后,如果认为点火控制器出故障的可能性比较大时,可采用规格型号相同的点火控制器替换怀疑有故障的点火控制器。如果替换后,故障排除,则说明原点火控制器有故障,否则说明故障不在点火控制器。

注意:换件比较法使用新、旧件,必须是相同规格的点火控制器。

2)霍尔式电子点火系统控制器的检测

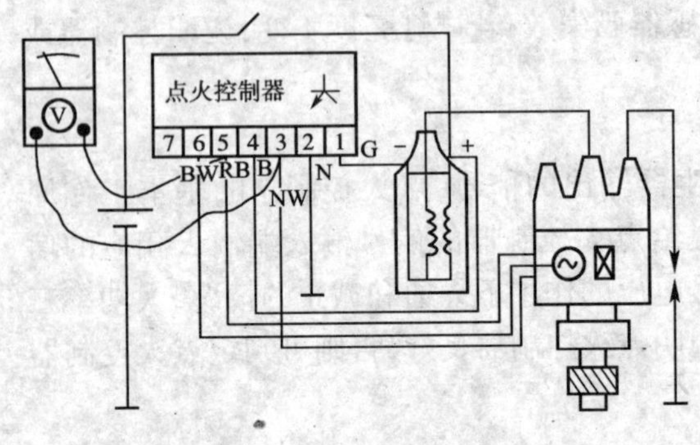

图 4-5-6　测信号线电压示意图

(1)测信号线电压判断(图 4-5-6)

用万用表电压挡测控制器 2、4 线柱电压应为 12V,测 3、5 线柱电压也应为 12V,否则说明控制器已坏。测分电器信号线插接器两边缘线头(红黑为正,棕白为负)也应为 12V,否则说明有断线。

(2)测点火线圈初级电压判断

将万用表正极联向点火线圈(+)线柱,负极联向(-)接线柱,拔出分电器信号线插接器,接通点火开关,电压表读数应为 6V,并在 2s 左右的时间内降到零。否则说明控制器已失效。

(3)跳火试验法

可将分电器盖和分火头拆下,使中央高压线端部距缸体 5 ~ 10mm,接通点火开关,用一锯条插入传感器的气隙并迅速拔出,看拔出时是否有高压火出现。在反复插入拔出时,均出现高压火,则说明点火控制器良好,否则应更换点火控制器。

3)点火线圈的检查

(1)用万用表的欧姆挡检查初级绕组电阻值,一般为 0.7 ~ 0.8Ω。

(2)用万用表的欧姆挡检查次级绕组电阻值(“ + ”与高压线插孔之间),一般为 3 ~ 4kΩ。

(3)用兆欧表检查点火线圈接线柱与外壳之间的绝缘情况,一般绝缘电阻值不应低于200MΩ。

（4）检查点火线圈的外观有无外伤及破损。

三、电子点火系点火正时的调整

1. 磁感应式电子点火系统的点火正时调整（解放CA1092汽车电子点火系）

1）调整步骤

（1）检查信号发生器的定子与转子之间的空气隙是否符合规定值（CA1091为0.30~0.50mm）。

（2）检查分电器轴壳上"0"型密封圈是否完好，如有破损，应予更换。

（3）找1缸压缩行程时的正时记号。

先将1缸火花塞拆下，用湿棉纱团或手指堵住座孔，转动曲轴（就车安装时可将前轮制动，后轮顶起，挂直接档，转动后轮），感到较强气感时，对准正时记号，此时分电器驱动联轴节的驱动槽口基本上位于水平位置，使偏心槽肩部大面朝下、小面朝上。

（4）将分电器插入安装孔中，并确保分电器下轴与联轴节完全接合。逆时针转分电器外壳使转子爪极与定子爪极对准（此位置为初始提前位置，厂方在出厂时已在发动机运转情况下调定并打了记号），定分电器外壳。

（5）装上防护罩、插好分火头，盖上分电器盖。以分火头所指旁插孔为第一缸，按1-5-3-6-2-4顺时针插好分缸线；插好中心高压线；插好点火信号传感器的插接器。

（6）起动发动机，试验校正效果。在发动机水温正常，转速为（1200±50）r/min时，拆除并堵塞分电器真空管，点火提前角应为14°±2°。如不符合要求，可转动分电器外立调整，使之达到规定值。确定时间准确后，紧固分电器压板螺栓，重新装好分电器真空管。

2）点火正时的检查与调整

（1）采用计算机控制发动机综合检测仪或正时灯检查点火正时是否准确，若不准确按"迟逆早顺"的方法调整。即点火过迟，松开分电器紧固螺钉，逆着分电器轴的转动方向轻转一个角度；点火过早，则顺着分电器轴的转动方向轻转一个角度，然后紧固分电器。

（2）经验法检查与调整。

经验法检查与调整点火正时的方法分为原地检查与调整和行车检查与调整两步。

①原地检查与调整。

挂空挡，起动发动机，将发动机走热，水温达到70~80℃时，将油门踩到底，若发动机发出轻微的敲击声并很快消失，说明点火正时准确。

若发动机发出连续的金属敲击声且不消失，严重时造成起动时停转甚至反转，说明点火过早，可按"迟逆早顺"的方法调整，直至点火正时准确为止。

若发动机加速无力，转速上不去，严重时排气管发出"突突"声，冒黑烟甚至放炮，说明点火过迟，可按"迟逆早顺"的方法调整，直至点火正时准确为止。

②行车检查与调整。

在平坦的道路上，将发动机走热至水温达到70~80℃时，挂直接挡行驶，将油门踩到底，若发动机发出轻微的敲击声并很快消失，说明点火正时准确；若正时不准，现象与前述一致，可按"迟逆早顺"的方法调整，直至点火正时准确为止。

2. 磁感应式电子点火系统的点火正时调整（上海桑塔纳轿车电子点火系统）

（1）转动曲轴，使第一缸活塞到达压缩上止点位置。此时，飞轮上的上止点刻线与变速器壳观察窗孔指针对齐;正时齿形带轮上的标记与气门室罩盖底面平齐;机油泵驱动轴端的扁形缺口与曲轴中心线平行。

(2)将分电器插入安装孔中,并确保分电器下轴与联轴节完全啮合。逆时针转分电器外壳使转子叶片刚刚进入霍尔元件气隙,固定分电器外壳(正常情况下,分火头应与外壳上厂方所打的记号对正)。

(3)记住分火头朝向,盖上分电器盖,以分火头所指的旁插孔为第一缸,按1-3-4-2(顺时针)插好分缸线,并把中央高压线及霍尔点火信号传感器插接器插好。

(4)起动发动机,检查校正效果。在发动机水温正常、转速为(850±50)r/min时,拔下并堵塞分电器真空管,其点火提前角应为6°±1°。如不符合要求,可转动分电器外壳,使之达到规定。

思考题

1. 点火系的次级电压都要受到哪些因素的影响?它们是如何影响的?
2. 附加电阻是如何改善点火系性能的?
3. 电容器作用体现在哪些方面?
4. 随发动机工况的改变,点火提前角应怎样变化?
5. 当点火系统电路有故障时,怎样判别故障在电源电路、低压电路或高压电路?
6. 电子点火系统检修的一般要求有哪些?
7. 断电器触点间隙的大小对点火性能有何影响?
8. 试述霍尔效应式电子点火系统的工作原理。
9. 常用的点火信号发生器是如何产生点火信号的?
10. 怎样调整和检查点火正时?
11. 如何判断点火系的故障?

模块五　照明与信号装置

课题一　照　明　电　路

知识点：

1. 照明电路的基本组成；
2. 照明灯型号编制方法。

技能目标：

典型照明电路的识读方法。

【任务引入】

为了确保筑路机械在夜间或不良天气作业时，照明作业面及驾驶室，在驾驶室前后都设有照明装置。

【任务分析】

为确保照明装置的正常工作，我们应该在了解筑路机械有哪些照明设备的基础上，熟练掌握照明电路的组成及识读方法。

【相关知识】

一、照明装置的组成

筑路机械照明设备分为外部照明设备和内部照明设备。外部照明设备主要有前照灯(大灯)、雾灯、牌照灯；内部照明设备主要有顶灯、仪表灯、工作灯。照明电路主要有照明装置、电源、控制开关、连接导线等部分组成。

二、照明装置型号编制方法

1. 外照灯型号编制方法

外照灯的型号由6个部分组成。

(1)产品代号。由两个汉语拼音字母组成，其含义为该产品名称第一个字的第一个拼音字母。如外装式大灯用“WD”表示，详见表5-1-1。

大灯符号说明

表5-1-1

产品名称	外装式外照灯	内装式外照灯	四制灯	组合式前照灯
代号	WD	ND	SD	HD

(2)灯光组透光尺寸。圆形灯以透光直径(mm)表示；长方形灯以长(mm)×宽(mm)表示。

(3)灯光组结构代号。灯光组结构分为全封闭和半封闭两种，其中全封闭用“F”表示，而半封闭不加标注。

(4)分类代号。外照灯按适用车型分类，用汉语拼音表示，如拖拉机用“F”表示，而汽车外照灯不加标注。

(5)设计代号。按产品设计的先后顺序，用阿拉伯数字表示。

(6)变形代号。外照灯作雾灯使用时,用雾字的第一个汉语拼音字母"W"表示。

2. 内照灯与信号灯的型号编制方法

内照灯及信号灯的型号由3个部分组成。

(1)产品代号。用汉语拼音字母表示。内照灯用"NZ"表示;信号灯用"XH"表示。

(2)用途代号。用阿拉伯数字表示,不同用途详见表5-1-2。

表5-1-2

内照灯信号灯用途代号的含义

用途代号	0	1	2	3	4	5	6	7	8	9
内照灯	其他	厢灯	仪表灯	门灯	阅读灯	踏步灯	牌照灯	工作灯		
信号灯	其他	前转向灯	示宽灯	尾灯	制动灯	倒车灯	反射灯	组合式前信号灯	组合式后信号灯	指示灯

(3)设计代号。按产品设计的先后顺序,用阿拉伯数字表示。

三、典型机型照明电路识读

CA1091沥青洒布机的照明电路如图5-1-1所示,其特点是:

(1)前照灯采用四灯制非对称配光形式。

(2)前照灯、示宽灯、仪表灯、顶灯等均通过车灯开关控制。

(3)前照灯由车灯开关通过灯光继电器控制,若该继电器损坏,不能直接用车灯开关控制前照灯,否则会烧坏开关。前照灯的远、近光的变换通过变光开关实现。

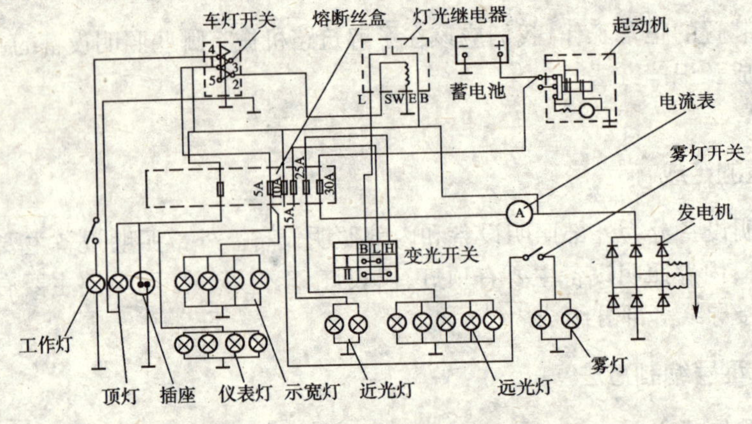

图5-1-1 CA1091沥青洒布机的照明电路

课题二 前照灯的构造

知识点:

前照灯的作用、构造及工作原理。

技能目标:

1. 前照灯的检验与调整方法;
2. 前照灯常见故障的检查与排除方法。

【任务引入】

前照灯的照明效果直接影响着交通安全及正常作业要求,因此世界各国都以法律形式规定前照灯的照明标准,以确保行车安全。如何达到照明标准,是我们需要解决的问题。

【任务分析】

为确保前照灯的照明效果，我们应该在分析前照灯作用的基础上，熟悉前照灯的一般构造及工作原理，进而掌握前照灯的检验与调整方法、前照灯常见故障的检查与排除方法。

【相关知识】

一、前照灯的作用

前照灯又称大灯，其作用是保证筑路机械在行驶和施工作业时有明亮而均匀的照明，使驾驶员能看清前方100～150m以内路面上的所有障碍物；前照灯还应具有防眩目的作用，避免会车时因眩目造成交通事故。

二、前照灯的构造及工作原理

前照灯一般由反射镜、配光镜、灯泡、插座及灯壳组成，其中反射镜、配光镜和灯泡合称为光学系统，如图5-2-1所示。

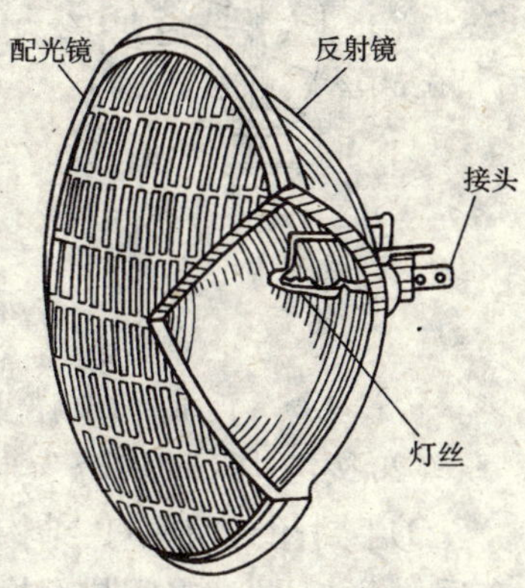

图5-2-1　前照灯的结构

1）反射镜

如图5-2-2a）所示，一般用0.66～0.8mm厚的薄钢板冲压而成，表面形状呈旋转抛物面，内表面镀铝（银或铬），然后抛光。由于镀铝的反射系数高达94%左右，且机械强度高，成本低廉，故国产前照灯的反射镜大多采用真空镀铝。

反射镜的作用是将灯泡的光线聚合并导向远方。如图5-2-2b）所示，灯丝位于焦点上，灯丝的大部分光线反射后变成平行光束射向远方，使亮度增强几百倍甚至上千倍，以保证照明之需。

2）配光镜

配光镜又称散光玻璃，如图5-2-3所示，它是用透明玻璃压制而成的棱镜和透镜的复合体。配光镜的作用是将反射镜反射出来的集中平行光束进行折射和散射，形成具有一定分布要求的光束，均匀地照亮路面和路缘。此外，配光镜也能起到一定的保护及防尘效果。

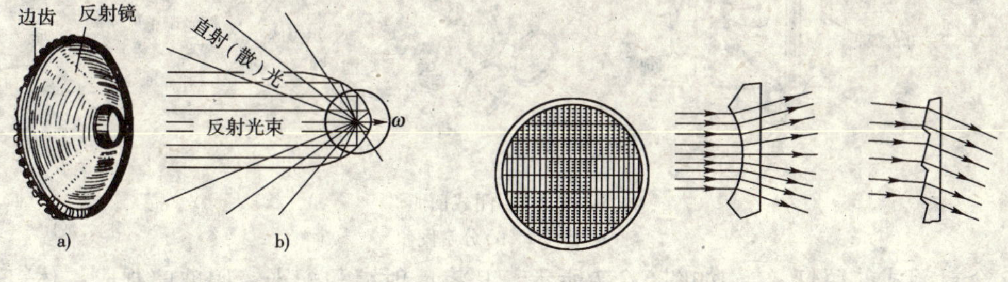

图5-2-2　反射镜
a）结构；b）聚光作用

图5-2-3　配光镜

3）灯泡

前照灯的灯泡有单灯丝和双灯丝两种。其中远光灯丝装在焦点上，近光灯丝装在焦点的上方。当夜间行驶和作业时，接通远光灯，反射镜将灯丝发出的灯光聚合成集中平行光束，照亮较远路面，以保证行驶及施工的要求；当两车会车时，接通近光灯，近光灯丝反射到反射镜的绝大部分光束投向地面，照亮车前路面，同时也防止了眩目现象的发生。其结构如图5-2-4所示，主要由灯丝、定焦盘、配光屏、插片等组成。

前照灯的灯泡为充气式灯泡，灯丝用钨丝制成，又分为白炽灯泡和卤素灯泡两种。

(1)白炽灯泡：如图 5-2-4a)所示，灯泡内充有 86% 的氩和 14% 的氮混合惰性气体，冲入的惰性气体在灯丝发光时受热膨胀，使灯泡内压力增大，可减少钨丝的蒸发，提高灯丝的温度和发光效率，有利于延长灯泡的寿命。

(2)卤素灯泡：虽然采取了上面的措施，但钨丝仍会蒸发并沉积在灯泡上，使灯泡发黑。近年来，广泛采用了卤素灯泡，如图 5-2-4b)所示，该灯泡内的惰性气体中掺入某种卤族元素，它利用卤钨再循环反应原理使钨再生，有效地防止了钨的蒸发和灯泡发黑。

三、前照灯的种类

(1)按安装方式分为内装式和外装式两种，如图 5-2-5 所示。

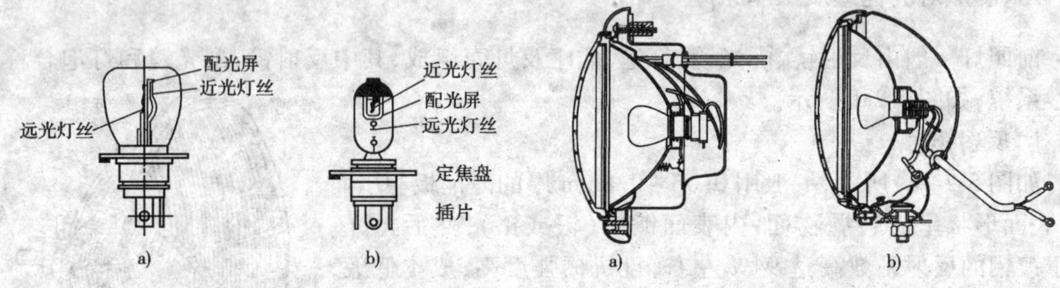

图 5-2-4　灯泡

a)白炽灯泡；b)卤素灯泡

图 5-2-5　前照灯

a)外装式；b)内装式

(2)按结构不同可分为半封闭式、全封闭式前照灯。

①半封闭式前照灯：结构如图 5-2-6 所示。其配光镜靠卷曲反射镜边缘上的牙齿而紧固在反射镜上，两者之间垫有橡胶密封圈，灯泡从反射镜后端装入。由于密封性好，维修方便，价格便宜，目前被广泛采用。

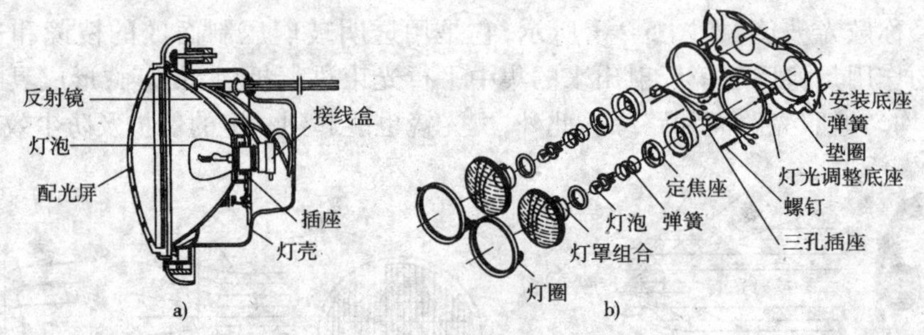

图 5-2-6　半封闭式前照灯

a)整体上；b)分解图

②全封闭式前照灯：结构如图 5-2-7 所示。其将反射镜和配光镜用玻璃制成一体，形成灯泡，里面充以惰性气体，灯丝焊在反射镜底座上。这种灯反射效率高，照明效果好，使用寿命长。但灯丝烧坏后需更换整个总成，因此限制了它的使用。

【任务实施】

一、前照灯的检验及调整方法

为保证照明效果，应定期检查前照灯的照射方向和发光强度(照射距离)。前照灯的检验方法有屏幕检验法和仪器检验法两种，如有条件应采用前照灯检验仪进行检验。不同仪器检验方法不同，可参照使用说明进行操作。

当前照灯照射方向偏离时，可通过调整前照灯上下及左右调整螺钉加以调整，如图 5-2-8 所示。当发光强度不足时，应检查原因并加以排除，以保证行驶安全及施工作业需要。

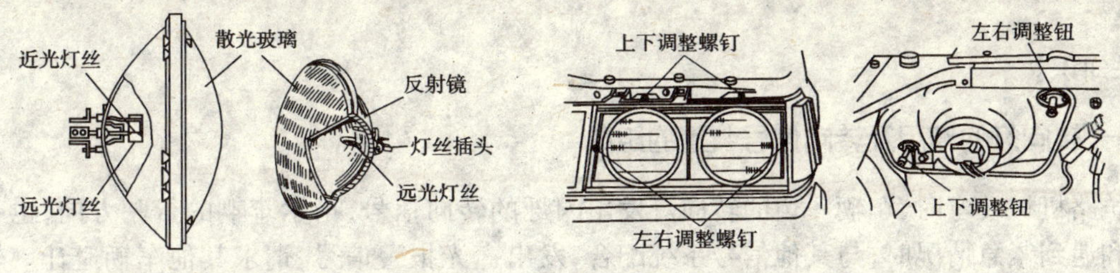

图 5-2-7　全封闭式前照灯　　　图 5-2-8　前照灯的调整部位

二、前照灯故障检查及排除方法

前照灯的常见故障、形成原因及排除方法见表 5-2-1。

前照灯的常见故障、形成原因及排除方法　　表 5-2-1

故障现象	故障原因	排除方法
前照灯不亮	熔丝烧断；灯光开关或变光开关故障；灯光继电器故障；线路有短路或断路故障；灯泡损坏	更换熔丝；检查灯光总开关、变光开关；检查灯光继电器；用试灯逐段检查断路故障；用拆线方法检查短路故障；更换灯泡
前照灯暗淡	蓄电池存量不足；发电机不发电或输出电压低；线路连接不良	蓄电池充电；检查发电机调节器及连接线路并排除故障；检查前照灯线路
一侧前照灯不亮	该侧前照灯线路连接不良；变光开关处接触不良；线路有搭铁之处	检查灯具、变光开关及线路并排除故障
远近光只有一种	灯丝损坏；变光开关损坏；连接导线断路	更换灯泡；更换变光开关；检查连接导线并排除断路故障
灯泡经常烧坏	输出电压过高	检查发电机、调节器及连接线路，并排除故障

课题三　转向灯及闪光继电器

知识点：

1. 转向灯的作用及转向电路的组成；
2. 闪光继电器的基本工作原理。

技能目标：

转向灯电路常见故障的诊断与排除方法。

【任务引入】

为了指示车辆的行驶方向，引起其他车辆或行人的注意，在筑路机械驾驶室的四个角上都装有转向灯，以标示其转弯方向。转向灯是如何闪烁的，需要我们去分析。

【任务分析】

为了弄清转向灯是如何闪烁的，首先我们要清楚转向信号装置的组成，然后分析各种闪光继电器的工作原理，在此基础上，熟悉闪光继电器的选用和转向灯电路常见故障的诊断及排除方法。

【相关知识】

一、转向灯的作用及转向信号装置的组成

筑路机械转弯时，车辆一边的转向灯发出闪烁的转向信号，指示车辆的行驶方向，也可在危险和遇到紧急情况时，与其他信号系统配合，发出声光报警信号，请求其他车辆避让。转向信号装置主要由前后转向灯、转向指示灯、闪光继电器和转向开关等组成。

二、闪光继电器

闪光继电器简称闪光器，其作用是控制转向信号灯按一定频率发出闪烁的灯光信号，以提醒路人及其他车辆注意。

常见闪光器有电容式、电热式和电子式三类。

1. 电容式闪光器

电容式闪光器结构如图 5-3-1 所示，由一只大容量的电解电容器和双线圈继电器组成。

其工作过程为：接通转向灯后，串联线圈经触点、转向灯构成回路。此时电流较大，产生磁场较强，很快吸动衔铁使触点张开，由于串联线圈通电时间极短，转向灯不亮。触点张开后电容器经串联线圈、并联线圈、转向灯开关、转向灯及转向指示灯构成回路。此时由于充电电流很小，转向灯不亮。触点在串、并联线圈合成磁场作用下，保持张开状态。电容器充足电后，并联线圈电流消失，衔铁吸力减小，触点在复位弹簧的作用下闭合，转向灯及转向指示灯亮；同时电容器经并联线圈、触点放电，此时由于串、并联线圈吸力相反，触点保持闭合状态。当电容器放电结束后，并联线圈电流消失，铁芯吸力增强，触点再次张开，转向灯及转向指示灯变暗。电容器再次充电。如此反复，转向灯与转向指示灯不断闪烁。

电容式闪光器具有监控功能，当一侧转向灯有一只或一只以上灯丝烧断或接触不良时，闪光器就使该侧转向灯接通时只亮不闪，提示电路异常。

2. 电热式闪光器

电热式又分电热丝式和翼片式两种。其结构简单、成本低，但闪光频率不稳定、信号亮暗不明显、寿命短。其结构、原理如图 5-3-2 所示。

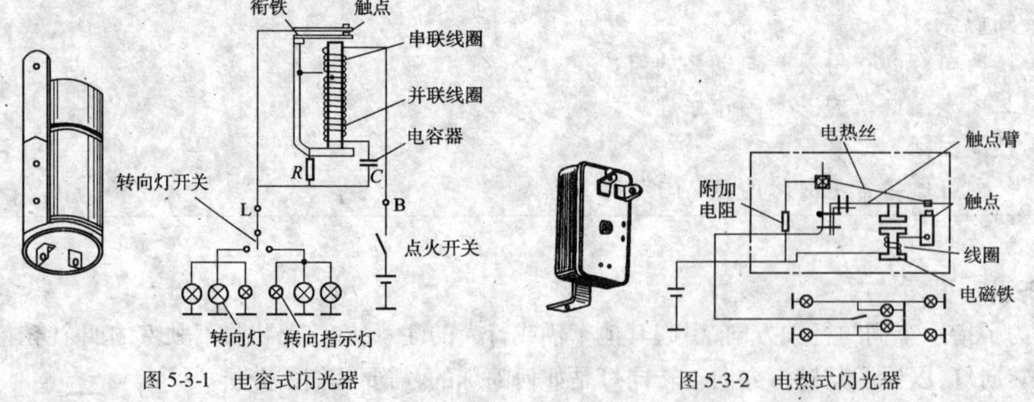

图 5-3-1 电容式闪光器　　图 5-3-2 电热式闪光器

(1)工作过程:闪光器不工作时,触点断开。当车辆转弯时,转动转向开关,转向灯电路接通,电流从蓄电池正极(或发电机正极)→接线柱→活动触点→镍铬丝→附加电阻→接线柱→转向灯开关→左、右转向灯及左、右转向指示灯→负极。此时,因电阻较大电流很小,转向灯不亮(暗)。经过短时间后,镍铬丝受热膨胀伸长,使触点闭合,将镍铬丝和附加电阻短路,线路中电流增大,转向灯及转向指示灯亮。此时镍铬丝因被短路逐渐遇冷收缩,触点又被分开,转向灯又变暗。如此循环往复,通过触点的振动,附加电阻被接入电路或短路,流经转向灯的电流忽小忽大,进而控制转向灯忽暗忽亮,以显示车辆转弯方向。

(2)闪光继电器的调整:转向灯闪烁频率由触点振动的频率决定,一般为60~120次/min,可通过扳动调节片调整镍铬丝的长度,来改变其闪光频率。变长则触点间隙变小,闪光频率增加,变短则闪光频率减小。

3. 电子式闪光器

(1)电子式闪光器的优点:闪光频率稳定;亮暗分明、清晰;性能稳定,工作可靠;无发热元件,节约电能;有故障报警功能。

(2)电子式闪光器的种类:按采用电子元件的不同可分为晶体管式、集成电路式、可控硅式三种。由于有触点晶体管式闪光器采用的电子元件少,成本低,且伴随着闪光器的工作能发出有规律的响声,易于判断故障,故此种闪光器应用较多。

(3)晶体管式闪光器的结构:如图5-3-3所示,它主要由一个晶体三极管V所组成的开关电路和小型触点继电器组成。

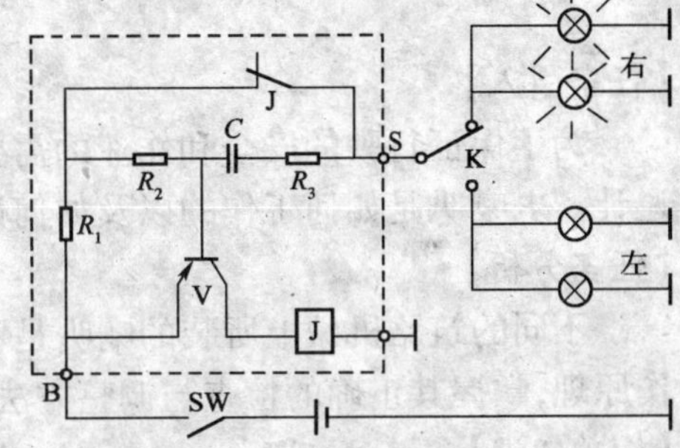

图5-3-3 晶体管式闪光器

车辆转弯时,接通转向灯电路。电路是:蓄电池(发电机)正极→点火开关→R_1→继电器J的常闭触点→转向灯开关→转向灯→负极。当电流流过R_1时,其上产生的电压降给晶体三极管加上一个正向偏置电压,使得晶体三极管导通,继电器J的电磁线圈得电,产生电磁力,吸开继电器J的常闭触点,切断了转向灯电路,转向灯熄灭;当晶体三极管导通,常闭触点断开时,电源向电容充电,充电电流越来越小,晶体三极管制基极电位越来越高,直至三极管截止,继电器J的线圈失电,常闭触点重新闭合,转向灯又亮,同时电容器经R_2、常闭触点、R_3形成放电回路,给三极管施加反向偏置电压,加速了三极管的截止;随着电容器的放电接近终了时,基极电位降低,R_1又给三极管提供一个正向偏置电压,晶体三极管导通,常闭触点断开,转向灯熄灭。随着电容器的不断充电和放电,晶体三极管不断地导通和截至,控制着继电器的常闭触点不断地打开和闭合,使转向灯发出闪烁的转向信号。

4. 闪光继电器的选用

筑路机械闪光继电器应按筑路机械的电压选择相应的闪光继电器,同时还应考虑其额定功率,一般按筑路机械的转向信号灯与转向信号指示灯的功率总和来选择与其相匹配的闪光继电器。

【任务实施】

转向灯电路常见故障、形成原因及排除方法,见表5-3-1。

转向灯的常见故障、形成原因及排除方法　表 5-3-1

故障现象	故障原因	排除方法
所有转向灯都不亮	熔丝烧断;转向开关不良;闪光器损坏;转向灯烧坏;转向灯线路接触不良	更换熔丝;检查可能有故障部件,并更新;检查转向灯线路,并排除故障
一侧转向灯不亮	转向灯开关损坏;一侧转向灯接线路断或接触不良	检修转向灯开关;检修连接线路
转向灯闪烁频率过高或过低	闪光器损坏;闪光器不匹配;电压过高或过低	检修或更换闪光器;检修电源系线路及部件,必要时更换
闪光器经常烧毁	闪光器不匹配;线路中有短路故障	检查并更换闪光器;检修线路,并排除短路故障
转向灯时亮时不亮	闪光器不良;线路接触不良	更换闪光器;检修线路,接牢导线

课题四　电　喇　叭

知识点:

电喇叭的结构与工作原理。

技能目标:

电喇叭的检查与调整方法。

【任务引入】

为了保证行驶的安全和作业的需要,一般筑路机械上都装有喇叭,以警示路人及其他车辆避让。电喇叭是如何工作的以及如何调整电喇叭,是我们需要掌握的问题。

【任务分析】

不同的筑路机械上所装的喇叭是不一样的,我们应该在熟悉喇叭结构的基础上,了解其工作原理,掌握其正确的检查与调整方法,并学会喇叭电路常见故障的诊断与排除方法。

【相关知识】

一、喇叭的分类

喇叭按所需能量不同分为气喇叭和电喇叭,现在筑路机械多用振动式电喇叭。电喇叭按结构不同分为筒形、盆形、螺旋形三种。

二、电喇叭的结构与工作原理

1. 电喇叭的结构

电喇叭的基本结构如图 5-4-1、图 5-4-2 所示,筒形与螺旋形结构基本相同,只是扬声筒形状不同。

2. 电喇叭的工作原理(以盆形电喇叭为例)

如图 5-4-2 所示,当按下喇叭按钮时,喇叭电路接通,电流由电源正极→接线柱→线圈→活动触点臂→触点→接线柱→喇叭按钮→搭铁→电源负极。当电流流过线圈时,产生电磁吸力,吸动衔铁下移,中心杆推动振动膜下移,同时中心杆上调整螺母压下活动触点臂,断开线圈电路。此时励磁线圈电流中断,电磁力消失,衔铁在膜片和弹簧片的作用下回到原位,触点重新闭合，线圈电路又接通。如此循环，膜片不断上下振动，发出一定频率的声波，由扬声筒共鸣后发出和谐悦耳的声音。

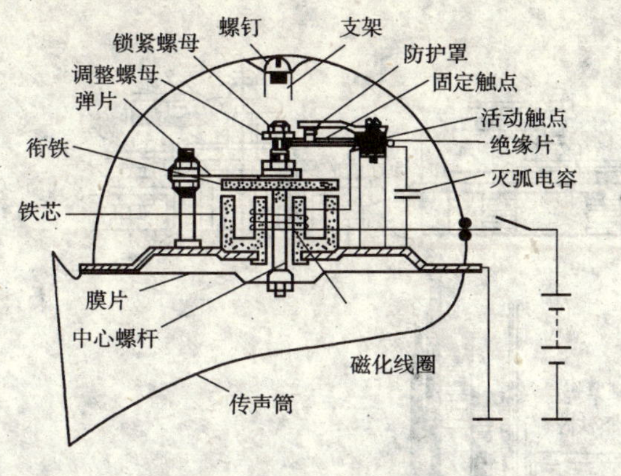

图 5-4-1　螺旋形电喇叭

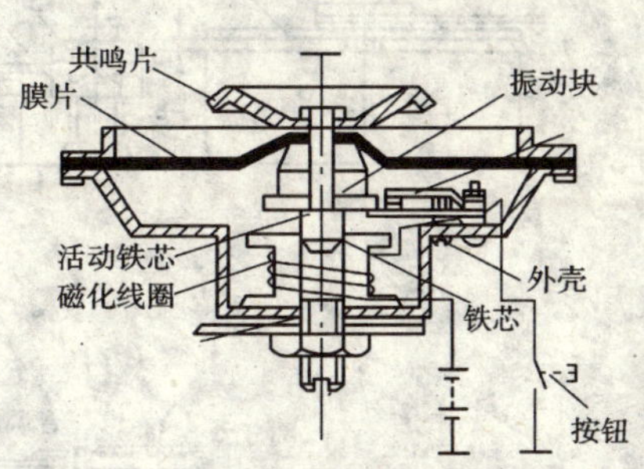

图 5-4-2　盆形电喇叭

三、喇叭继电器

现在筑路机械上一般都装有高低音两个喇叭，因其耗用电流较大，通常在电路中加装喇叭继电器，以免烧坏按钮。

1. 喇叭继电器

喇叭继电器结构和接线如图 5-4-3 所示。

2. 喇叭继电器的工作原理

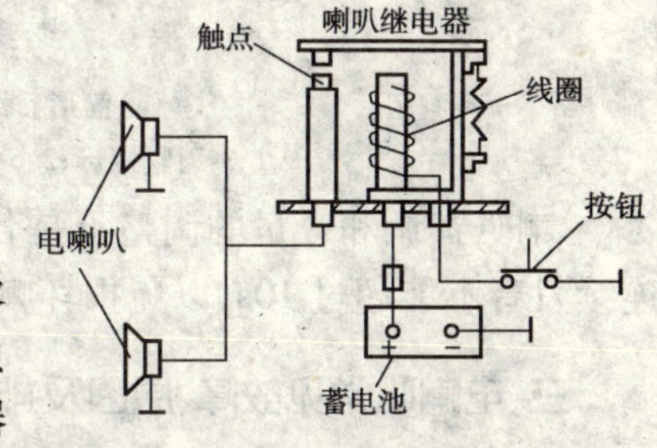

图 5-4-3　喇叭继电器

按下喇叭按钮，喇叭线圈电路被接通，电流从电源正极→继电器电池接线柱→铁芯→线圈→按钮→搭铁→电源负极形成回路。线圈中有电流通过，产生电磁吸力，将继电器触点吸合，喇叭电路接通。电流流向为电源正极→继电器电池接线柱→活动触点臂→触点→继电器喇叭接线柱→喇叭→搭铁→电源负极。此时，电流流过电喇叭线圈，发出声音。松开喇叭按钮，喇叭继电器线圈电流被切断，触点分开，电喇叭电路断开，电喇叭停止发音。

【任务实施】

一、电喇叭的检查

(1) 检查电喇叭触点、检查触点的接触情况，接触面积不应小于 80%，触点表面应保持清洁。

(2) 用万用表检查喇叭线圈是否有断路或短路现象。

(3) 检查衔铁与铁芯之间的间隙是否为 0.5 ~ 1.5mm，检查各方向的间隙是否均匀。

二、电喇叭的调整

电喇叭的调整包括音调和音量两种方式。音调的调整是通过改变铁芯与衔铁的间隙来实现的，间隙越小，振动频率越高，音调就越高；反之，间隙越大，振动频率越低，音调越低。一般间隙调整到 0.5 ~ 1.5mm 为合适。

音量的调整是通过改变触点的压力来实现的。触点压力大，线圈中流过的电流大，音量就大;反之,触点压力小,线圈中流过的电流小,音量就小。

具体调整方法见图 5-4-4 所示。

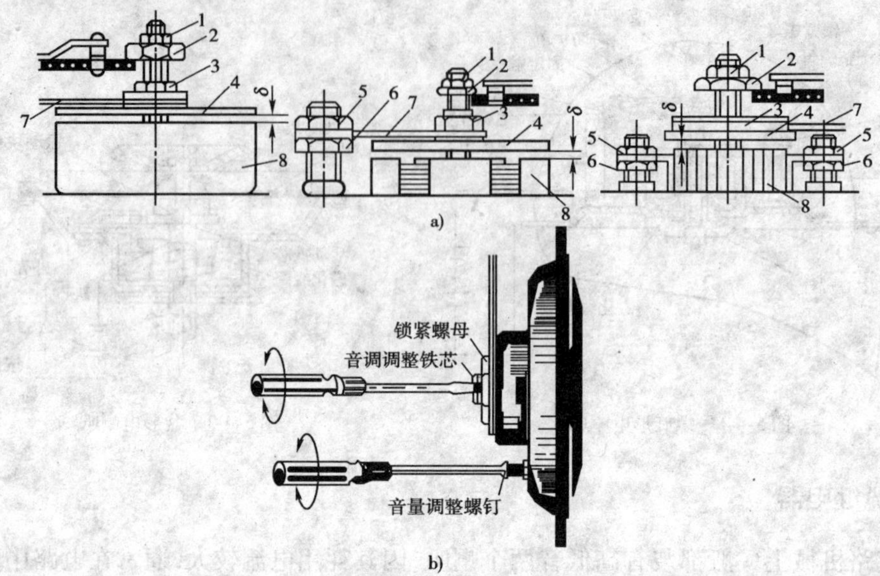

图 5-4-4 电喇叭的调整

a)筒形、螺旋形电喇叭的调整;b)盆形电喇叭的调整

1、3-锁紧螺母;2、5、6-调节螺母;4-衔铁;7-弹簧片;8-铁芯;δ-铁芯间隙

喇叭音调和音量的调整不是各自独立的,两者互相关联,需反复调试。一般每次调试时连续发音不能超过 10s,以免损坏喇叭。

三、电喇叭常见故障、原因及排除方法

1)电喇叭不响

电喇叭不响的诊断与检修步骤如下:

①检查电源:用电压表检查喇叭继电器电池接线柱的电压是否为 12V,检查蓄电池、熔断丝、继电器之间的电路。

②检查喇叭继电器:用螺丝刀将喇叭继电器的电池与喇叭接线柱短接,听察喇叭的声响。若喇叭发声,说明继电器有故障。

③检查喇叭:用螺丝刀将喇叭继电器的电池与喇叭接线柱短接,观察短接时火花的强弱,判断其故障所在。火花弱,可能是喇叭触点接触不良;火花强,可能是喇叭内部有搭铁;无火花,可能是喇叭触点不闭合、线圈断路等。

2)其他常见故障、原因及排除方法(表 5-4-1)

电喇叭其他常见故障、原因及排除方法 表 5-4-1

故障现象	故障原因	排除方法
电喇叭常响	按钮卡死;继电器触点烧结;按钮线搭铁	检查按钮及连线;检修或更换喇叭继电器
电喇叭声音低哑	触点烧蚀;扬声筒或共鸣板裂;铁芯与衔铁间隙调整不当;灭弧电阻或电容器失效	检修电喇叭;调整电喇叭音调
接下电喇叭只响一声	调整螺母松动;触点之间短路;灭弧电阻或电容器之间短路	检修电喇叭;必要时更换

思考题

1. 试分析前照灯中卤素灯泡的结构特点。
2. 如何对前照灯进行检验与调整?
3. 试分析电容式、电子式转向闪光继电器的工作原理及影响闪烁频率的因素。
4. 如何对电喇叭进行调整?

模块六　仪表、报警装置及辅助电器

课题一　仪表及报警装置

知识点：

1. 各种仪表及传感器的结构和工作原理；
2. 常用报警装置的结构、工作原理。

技能目标：

1. 能识读并且会连接仪表及报警电路；
2. 能进行主要传感器的检查与调整。

【任务引入】

为了正确使用筑路机械并了解其主要部分的工作情况，及时发现和排除可能出现的故障，筑路机械上都设有指示车辆工作状况的仪表、指示灯、警告灯等装置。该装置虽然结构简单，但在确保机械的正常运行与施工方面却意义重大，缺一不可。一旦某一装置出现故障必须停车检查，修复后才能运行。为此要求我们必须知道它们的结构、原理和必要的检测方法。

【任务分析】

为了能够顺利地找到并排除故障，首先要求大家知道常用仪表及其传感器、报警装置的作用与工作原理及主要部件的结构组成；其次是能根据电路图分析查找故障原因，并对简单故障会检测与排除。

【相关知识】

一、电流表的结构原理

1. 电流表的作用

电流表又称安培表，主要用来显示电源系的工作状态，当蓄电池放电时，表针指向“ - ”的一侧；当蓄电池充电时，表针指向“ + ”的一侧。

2. 电流表的组成及工作原理

图 6-1-1 为一常用的动磁式电流表。黄铜导电板固定在绝缘底板上，两端与接线柱相连，中间夹有磁轭。与导电板固装在一起的针轴上装有指针和永久磁铁转子总成（称磁钢指针）。

当没有电流通过电流表时，永久磁铁转子通过磁轭构成磁回路，使指针保持在中间“0”的位置。当放电电流通过导电板时，在它的周围产生磁场，使浮装在导电板中心的磁钢指针向“ - ”向偏转，指示放电电流安培数。电流越大，偏转越多，则指示安培数越大，若充电电流通过导电板时，则指针偏向“ + ”，指示充电电流的大小。

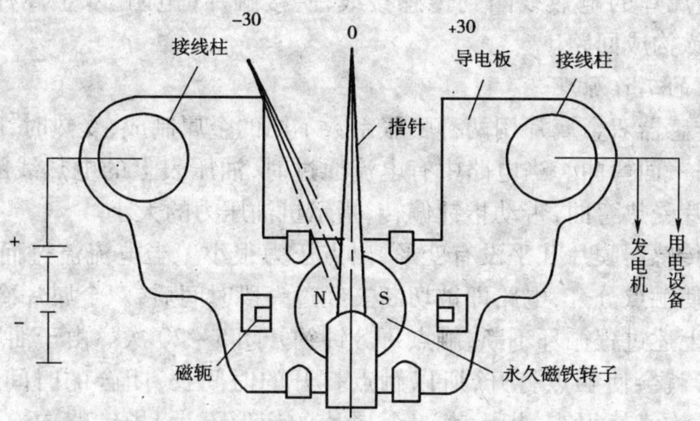

图 6-1-1 动磁式电流表

注意:电流表的接线柱是有极性的,接线时不可接错,其“-”接线柱与蓄电池正极相接,“+”接线柱与发电机的输出接线柱(B、A、+)相接。

二、机油压力表的结构原理

1. 机油压力表的功用

油压表是用来检测发动机润滑系统的机油压力。它由装在发动机主油道上的油压传感器和仪表板上的油压指示表组成。

2. 机油压力表的组成及线路连接

机油压力指示表、传感器电路连接如图 6-1-2 所示。传感器为圆盒形,内部有可感受机油压力的膜片,膜片和底壳组成一个与润滑系主油道相通的密闭腔室。膜片的上面顶着弯曲的弹簧片,弹簧片的一端焊有银合金触点,另一端固定并搭铁。双金属片上绕有电热线圈,线圈的一端焊在双金属片上,另一端接在接触片上。

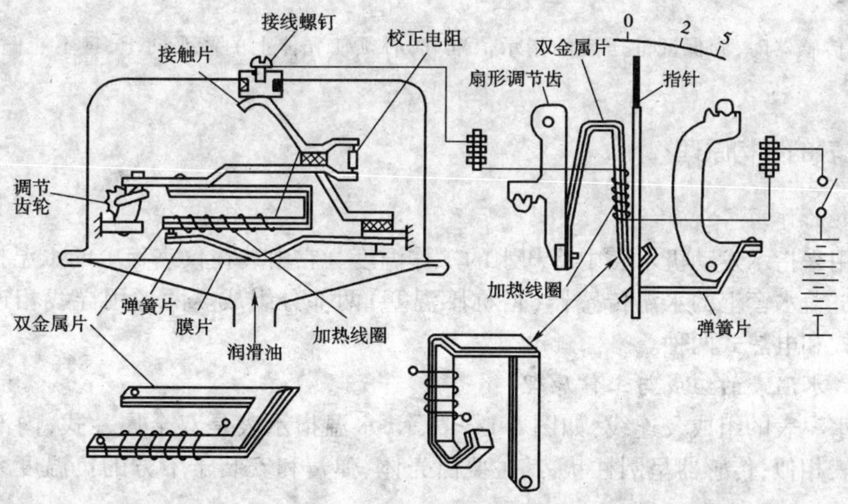

图 6-1-2 双金属片式油压表

油压指示表内装有双金属片,上绕电热线圈,其一端经接线柱和传感器的触点串联,另一端接电源正极。双金属片一端弯成钩形扣在指针上。当油压表接入电路工作时,电流由电源正极经指示表双金属片的电热线圈到传感接线柱、接触片(电阻、双金属片及电热线圈)、触点、传感器弹片搭铁构成回路。

3. 机油压力表的工作原理

机油压力表传感器双金属片用两种膨胀系数不同的金属制成，受热时，膨胀系数大的一面向膨胀系数小的另一面弯曲。当电路中有电流通过时，油压表上的电热线圈由于电流通过而产生热量，双金属片受热弯曲，带动指针偏转，指示机油压力的大小。

油压很低时，传感器膜片几乎没有变形，出点压力很小。当电流流过而温度略有上升时，双金属片就弯曲，使触点分开，电路即被切断。经过一段时间后，双金属片冷却伸直，触点又闭合，电路又接通。上述过程循环不断，触点每分钟约开闭 5 ~ 20 次。由于油压低，触点压力小，双金属片稍有变形就会使触点打开，所以触点打开的时间长，闭合的时间短，使通过指示表加热线圈的电流平均值就很小，指示表双金属片的变形不大，指针略向右偏移，指示较低油压值。

油压升高时，膜片向上拱曲，触点间的压力增大，双金属片向上弯曲程度增大。这样，只有在加热线圈通过较长时间的电流，双金属片有较大的变形时，触点才能打开，而且触点 打开不久，双金属片稍一冷却，触点又很快闭合。因此，当油压高时，触点闭合的时间较长，断开的时间较短，且频率也高，通过指示表加热线圈的平均电流值大，指示表双金属片的变形大，于是其钩住指针向右偏转一较大的角度，指示出较高的油压值。

为了使油压的指示值不受外界温度的影响。传感器双金属片制成“Π”字形，其上绕有加热线圈的一边称为工作臂，另一边称为补偿臂。当外界温度变化时，工作臂的附加变形被补偿臂的相应变形所补偿，使指示值保持不变。

【知识链接】

油压表的正常指示一般是：发动机低速运转时，压力最低不低于 150kPa，正常压力一般应为 200 ~ 400kPa，最高压力不应超过 500kPa。电热式油压表和传感器在结构上都是可以调整的。

注意：

安装油压传感器时，为保证油压表的指示值准确，必须使壳体上的箭头向上，且不能偏离垂直位置 30°。

三、水温表的结构原理

1. 水温表的作用

水温表用来指示发动机水套中冷却水的工作温度。它由装在仪表板上的水温指示表和装在发动机气缸盖水套上的水温传感器(俗称感温塞)两部分组成。两者用导线相连。常用水温表有电磁式和电热式两种。

2. 电热式水温表的组成与工作原理

电热式水温表的组成及连线，如图 6-1-3 所示，水温指示表是双金属片式，内部结构与机油压力指示表相似；传感器呈圆柱状，其主要由壳体、弹簧和安装于下方的负温度系数热敏电阻组成。

发动机水温较低时，热敏电阻值较大，水温表中的加热线圈通电电流小、温度低，双金属片受热弯曲变形小，拉动指针指示低温区；反之，水温升高后，双金属片变形增加推动指针指示高温区。

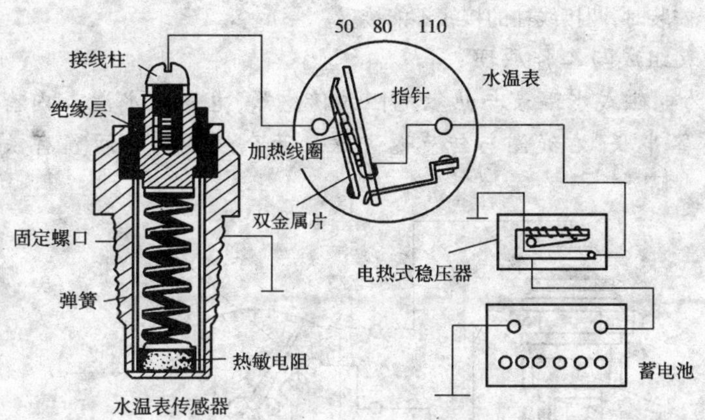

图 6-1-3 电热式水温表与热敏电阻式传感器

电路中安装有电热式稳压器,其作用是防止电源电压变化对水温表指示值的影响。

【知识链接】

1. 热敏电阻有负温度系数与正温度系数两种

负温度系数热敏电阻基本特性是:温度上升,电阻值减小;温度降低,电阻值增大。正温度系数热敏电阻的特性与负温度系数热敏电阻特性相反。

2. 电热式仪表稳压器

如图 6-1-4 所示,电热式仪表稳压器由双金属片、一对常闭触电、电热现圈、座板和外壳组成。

电热线圈绕在双金属片上,一端打铁,另一端焊在双金属片上。双金属片的一端用铆钉固定,并与仪表接线柱相连,另一端铆有活动触点。固定触点铆在调节片上,调节片的一端也用铆钉固定并与电源接线柱相连。两触点间的压力可通过调节螺钉调整。

稳压器的原理如图 6-1-5 所示,当电源电压偏高时,电热线圈中的电流增大,产生热量大使触点在较短的时间里断开,断开的触点又需较长时间冷却才能重新闭合,于是触点闭合时间短,断开时间长,从而将偏高的电源电压以某较低的平均值的形式对外输出。若电源电压偏低,线圈中的电流减小,产生的热量少,触点闭合时间长而断开时间短,从而将偏低的电源电压以某较高的平均值的形式对外输出。

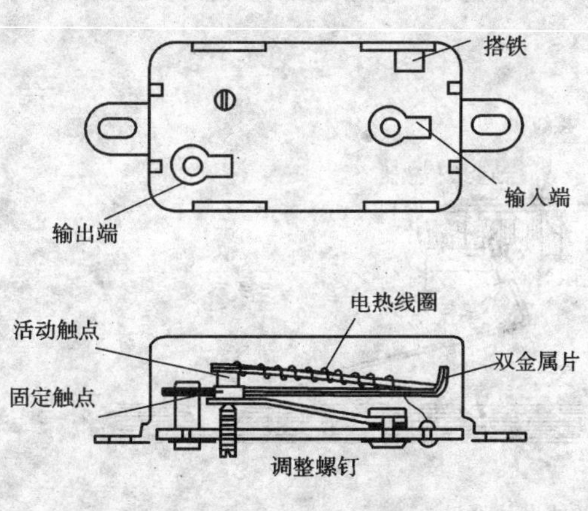

图 6-1-4 电热式仪表稳压器结构

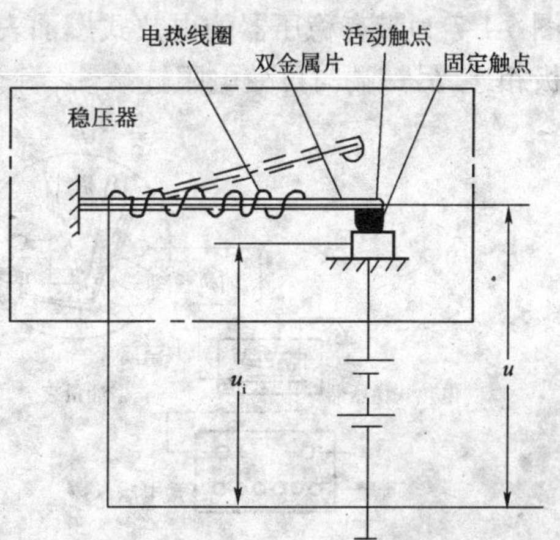

图 6-1-5 电热式电源稳压器原理

注意:仪表稳压器安装时,两接线柱的接线不能接反。

3. 电磁式水温表组成与工作原理

图 6-1-6 所示为电磁式水温表与热敏电阻式传感器,电磁式水温表内有左线圈和右线圈,其中左线圈与传感器串联,右线圈与传感器并联。两个线圈的中间置有铁转子,转子上连有指针。

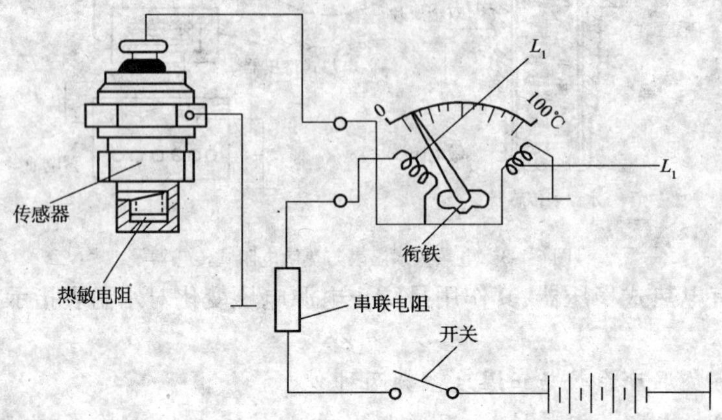

图 6-1-6　电磁式水温表

接通点火开关,当电源电压不变时,通过右线圈的电流不变,因而它所形成的磁场强度是一个定值。而通过左线圈的电流则取决于与它串联的传感器热敏电阻值而变化。而热敏电阻为负温度系数,当水温较低时,热敏电阻值大。左线圈中电流变小,磁场减弱,合成磁场主要取决于右线圈,使指针偏向左侧,指在低温处。当水温升高时,传感器的电阻减小,左线圈中的电流增大,磁场增强,合成磁场偏移,转子便带动指针偏向右侧,指示高温。

四、燃油表的结构原理

1. 燃油表的功用

燃油表用来指示燃油箱内储存燃油量的多少。它由传感器和指示表组成。传感器均采用可变电阻式,装在燃油箱中;指示表采用电磁式和电热式两种,装于仪表盘上。

2. 电热式燃油表的组成与工作原理

图 6-1-7 为带有稳压器的电热式燃油表电路。燃油表一端通过双金属片式稳压器与蓄电池正极相连,另一端与可变电阻连接。

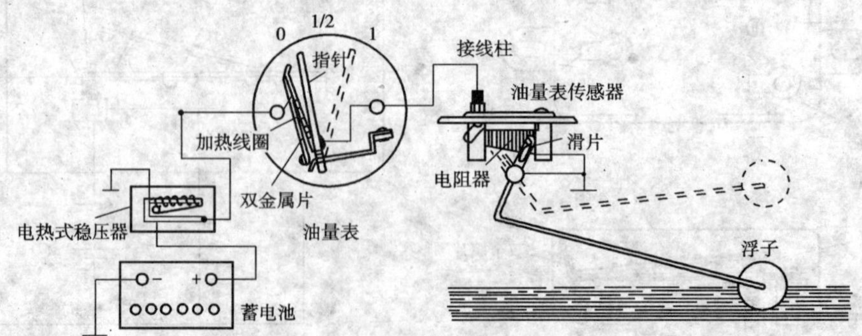

图 6-1-7　电热式燃油表

燃油表传感器是一只受浮子控制的可变电阻。当油箱中燃油量较多时,浮子上升,传感器阻值减小，通过指示表电热线圈中的电流增大，双金属片弯曲变形大，带动指针指示出较多的储油量值。相反，燃油量较少时，浮子下降，传感器阻值增大，电热线圈中的电流减小，双金属片弯曲变形小，带动指针指示出较少的储油量值。

3. 电磁式燃油表的组成与工作原理

电磁式燃油表的结构组成如图 6-1-8 所示。传感器和电热式燃油表相同，燃油指示表采用的是电磁式，它由左右两个线圈组成，靠线圈电磁力的变化吸引指针向左或向右偏转。

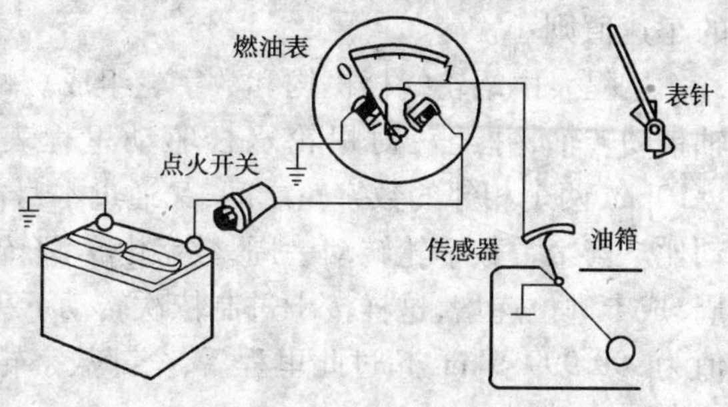

图 6-1-8　电磁式燃油表

当油箱无油时，浮子下降到最低，电阻最大。此时，右线圈电流减小，电磁力最小；左线圈通过的电流最大，产生的电磁力最大，吸引转子带动指针偏向最左，指在“0”位。

当油箱中油面升高时，浮子上升电阻逐渐减小。左线圈中的电流逐渐减小，右线圈中的电流逐渐增大从而使电磁力不断增大，吸引指针顺时针偏转，指示油量增多。直到油箱加满，指针偏转到最右端指在“1”位。

【重点提示】

(1) 电路中使用的稳压器、传感器必须与燃油表相匹配。

(2) 传感器与油箱的搭铁必须良好。

(3) 电磁式燃油表接线柱的连线不得搞错。

五、车速里程表的结构原理

1. 车速里程表的功用

车速里程表是用来指示工程机械行驶速度和累计行驶里程的仪表，它由车速表和里程表两部分组成。普通车速表一般为磁感应式，结构如图 6-1-9 所示。

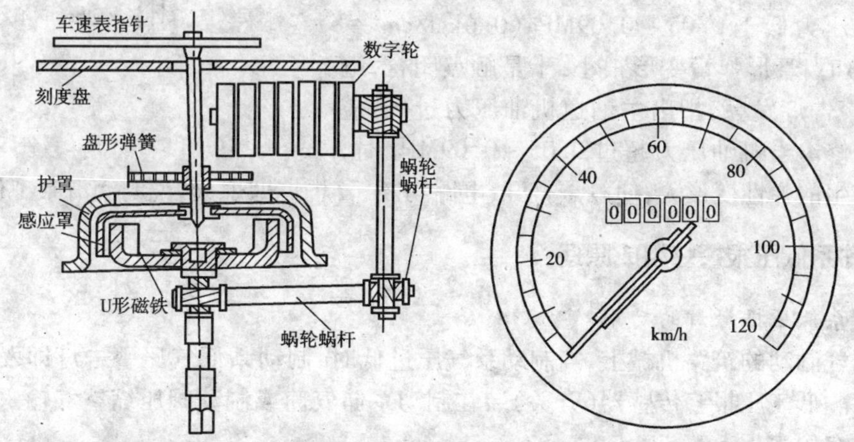

图 6-1-9　车速里程表

2. 车速里程表的结构及工作原理

车速里程表由变速器（或分动器）输出轴上的一套蜗轮蜗杆以及挠性软轴来驱动。车速表由与转轴装在一起的永久磁铁、带有轴与指针的铝罩、磁屏和紧固在车速里程表外壳上的刻度盘等组成。不工作时，铝罩在游丝（盘形弹簧）的作用下，使指针位于刻度盘的零位。当筑路机械行驶时，转轴带动永久磁铁旋转，永久磁铁在铝罩上引起涡流，旋转的永久磁铁磁场与铝罩的涡流磁场相互作用产生转矩，克服游丝的弹力，使铝罩朝永久磁铁转动的方式旋转，与游丝相平衡。于是铝罩带动指针转过一个与转轴转速成比例的角度，指针便在刻度盘上指示出相应的车速，车速越高，永久磁铁旋转越快，铝罩上的涡流转矩越大，使铝罩带着指针偏转的角度越大，因此，指针在刻度盘上指示的车速值就越大。反之，指示的车速值则小。

里程表由蜗轮蜗杆机构和数字轮组成。蜗杆蜗轮具有一定的传动比，工程机械行驶时，软轴带动转轴，并经三对蜗轮蜗杆驱动里程表右边第一数字轮。第一数字轮上所刻数字为1/10km，两个相邻的数字轮之间，又通过本身的内齿和进位数字轮传动齿轮，形成1∶10的传动比。当第一数字轮转动一周，数字由9翻转到0时，便使相邻的左边第二数字轮转动1/10周，成十进位递增，这样按十进制依次转动下去，可以累计出行驶的总里程数。一般最大计数值为999 999.9km，超过此里程后，全部数字轮又从0开始重新累计。

六、机油压力过低报警灯的组成原理

1.机油压力报警灯的功用

在一些筑路机械上，除装有油压表之外，还装有机油压力警告灯。当润滑系统机油压力降低到允许限度时，警告灯即亮，以便进一步引起操作手的注意。

2.机油压力报警灯的组成及工作原理

图6-1-10为弹簧管式机油压力警告灯。它由装在发动机主油道的弹簧管式传感器和装在仪表板上的红色警告灯组成。传感器为盒形，内有一管形弹簧。管形弹簧一端经管接头与润滑系主油道相通，另一端则与动触点相接。静触点经接触片与接线柱相连。

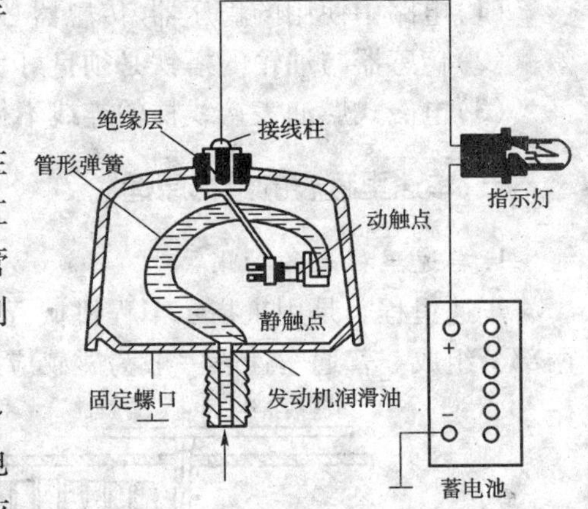

图6-1-10　机油压力警告灯电路

当机油压力低于0.05～0.09MPa（0.6kgf/cm^2～1.0kgf/cm^2）时，管形弹簧变形很小，于是触点闭合，电路接通，使警告灯发亮，指出主油道机油压力过低，应及时停机维修。当机油压力超过0.05～0.09MPa时，管形弹簧产生的弹性变形大，使触点打开，电路切断，警告灯即熄灭，说明润滑系工作正常。

七、制动系低压报警灯组成原理

1.制动系低压报警灯的功用

在采用气制动的筑路机械上，当制动系气压过低时，制动系低气压警告灯即发亮，以引起操作手注意。低气压报警传感器（开关）装在制动系储气筒或制动阀压缩空气输入管路中，红色警告灯装在仪表板上。

2.制动系低压报警灯的工作原理

低气压报警传感器的结构如图6-1-11所示。电源接通后，当制动系储气筒内的气压下降到340～370kPa（3.5～3.8kgf/cm^2）时，由于作用在报警传感器膜片上的压力减小，于是膜片在复位弹簧的作用下向下移动而使触点闭合，电路接通，低气压警告灯发亮。当储气筒中的气压升高到400kPa（4.5kgf/cm^2）以上时，由于传感器中的膜片所受的推力增大，使复位弹簧压缩,触点打开,于是电路切断,低气压警告灯熄灭。

因此,低气压警告灯突然照亮时,则说明制动系中气压过低,应予以注意。

八、水温过高报警灯组成原理

水温过高报警灯电路的组成如图 6-1-12 所示,报警传感器结构与水温传感器相似,同时也是装在发动机冷却水套中。当水温正常时,双金属片几乎不变形,触点分开,报警灯不亮;当水温升高到 95 ~ 105℃以上时,双金属片由于温度升高而弯曲变形,使触点闭合,报警灯通电发光,提醒操作者采取适当降温措施。

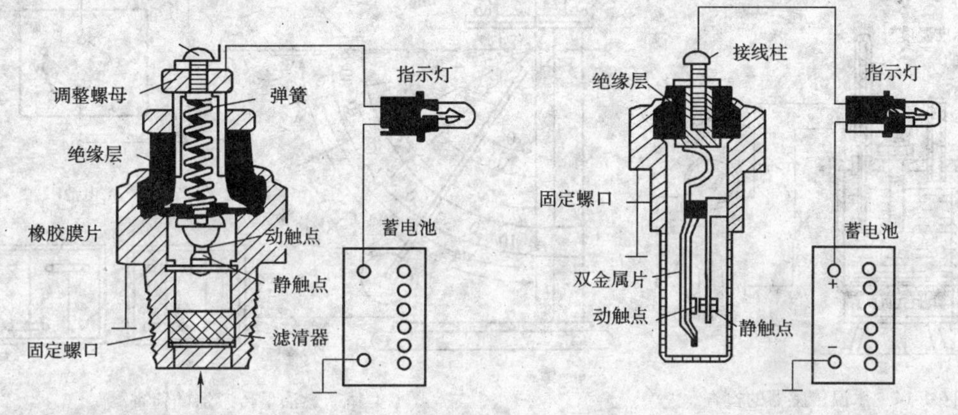

图 6-1-11　低气压报警灯电路　　　图 6-1-12　水温过高报警灯电路

九、燃油不足报警灯组成原理

燃油不足报警灯电路如图 6-1-13 所示。报警传感器为热敏电阻式,装在油箱内。当油箱内燃油量足够时,负温度系数热敏电阻传感器浸没在燃油中散热快,温度较低电阻大。因此,电路中几乎没有电流,报警灯不亮;当然有减少到规定值以下时,传感器露出油面,散热慢、温度增高,电阻值减小,电路中电流增大,报警灯发光,提醒操作及时加油。

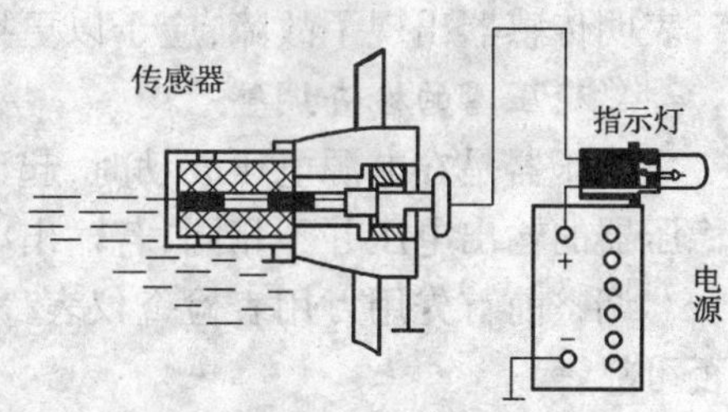

图 6-1-13　燃油不足报警灯电路

【任务实施】

一、主要传感器及稳压器的检查与调整

当仪表不工作或工作不良时,应对其线路、机械传动装置和传感器进行检查。线路的通断情况可用万用表或试灯进行检查;机械传动装置用常规的检查方法检查即可;传感器的检查相对复杂,故本部分以传感器的检查为主。若线路、机械传动装置及传感器工作正常,而仪表不工作或工作不正常,则应更换仪表。

1. 水温传感器的检查

水温传感器的检查方法如图 6-1-14 所示。将被检查的传感器装入水槽中,并与标准的水温表串联,然后接入电源。合上开关,将水槽中的水分别加热至 40℃和 100℃时(此水温由插入水槽中的标准水银温度计测量),保持 3min。若标准水温表的指示温度也分别为 40℃和

100℃,表明传感器的工作正常。否则,应予以更换。

通过检测热敏电阻的阻值,也判定其工作状况。在规定的水温下,热敏电阻的阻值应符合规定,否则应予以更换。

2. 燃油量传感器的检查

燃油量传感器的检查与调整的方法如图 6-1-15 所示。指示表为标准指示表,浮子臂处于 31°和 89°,表针应指在 0 和 1 的位置上,若有误差,应更换传感器。

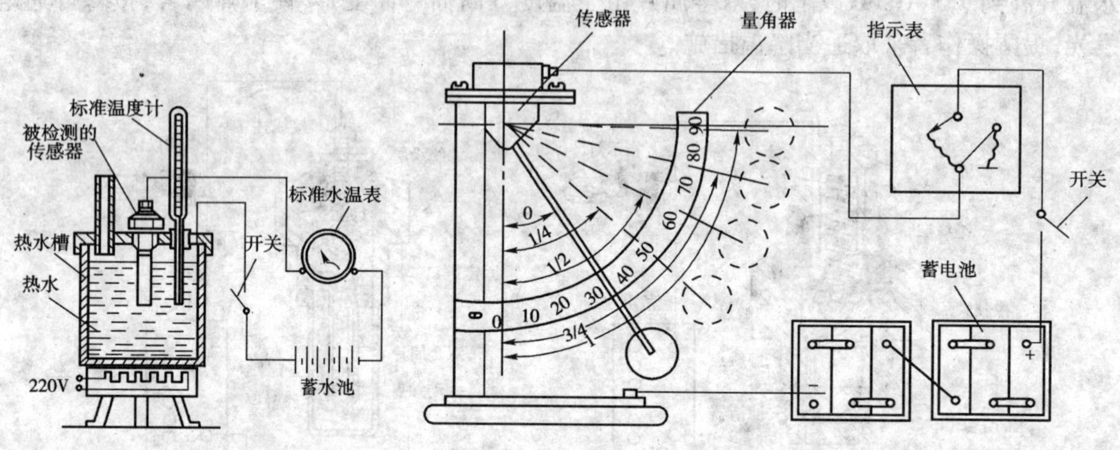

图 6-1-14 水温传感器的检查

图 6-1-15 燃油量传感器的检查

3. 油压传感器的检查

如图 6-1-16 所示,可将油压传感器装在一小型手摇式油压机上,并串联一块标准油压表,闭合开关,摇转油压表改变油压。当机械油压表的压力上升到 490MPa 时,标准油压表未指在 5,表明传感器出现了故障,应予以更换。

4. 稳压器的检查调整

稳压器是在电源电压波动时,起稳压作用,以确保电热式仪表指示精确。不同车型的仪表稳压器的输出电压并不相同,若输出电压不准,必须进行调整。

调整前首先用万用表检查仪表稳压器的触点是否良好,加热线圈有无断路,稳压器搭铁是否可靠。

如图 6-1-17 所示,若上述部位都良好,可通过调节稳压器调节螺钉,可使电压为标准值。

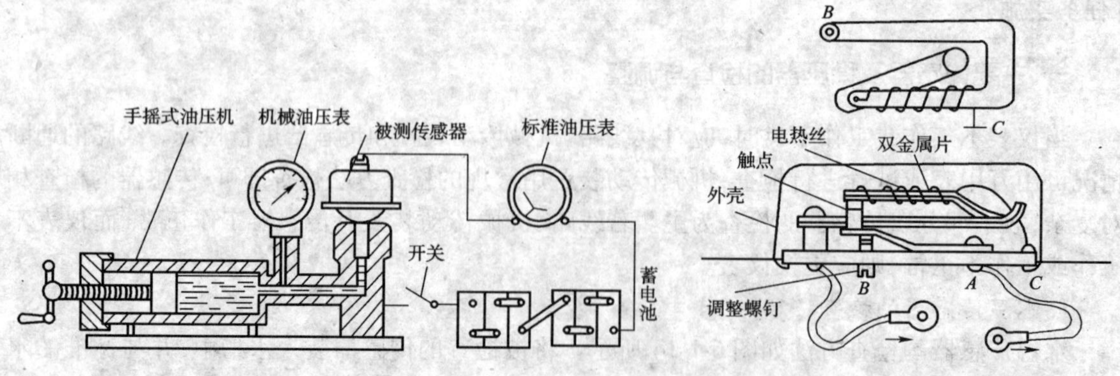

图 6-1-16 油压传感器的检查

图 6-1-17 仪表稳压器的调整

二、仪表电路的故障判断与排除

仪表电路由电源开关控制，各仪表的火线均并联连接，而传感器及其仪表各自成串联电路。仪表电路的故障主要表现为表针不动或指示不准。常用比较法对单个仪表或传感器进行性能好坏的判断。

1. 机油压力表指针指示“0”位不动

1）故障原因

机油压力表损坏，机油压力传感器损坏，机油表连接线路断路。

2）故障排除方法

先观察其他仪表，若其他仪表亦无指示，则为仪表线路有断路。若线路无问题再更换机油传感器，观察机油压力表指示，有指示则原传感器损坏；无指示则为机油压力表损坏。

2. 机油压力表指针一直指示最大值

1）故障原因

机油压力表至传感器间导线搭铁或传感器内部搭铁。

2）故障排除方法

先关闭电源开关（以免烧坏机油压力表），拆下传感器接线。再接通仪表开关，若指针指向“0”，表明传感器内搭铁，应换新传感器；若指针仍指向最大值，则为机油压力表或线路有搭铁。

3. 水温表一直指在50℃不动（图6-1-3）。

1）故障原因

水温传感器损坏，水温表损坏，仪表电源线路有断路或水温表至传感器间断路。

2）故障排除方法

将传感器接线柱搭铁，若表针偏转正常，表明传感器已坏。若仍不偏转，可将水温表上与传感器相连的接线柱直接用导线搭铁，若表针动，表明连接线断路；表针不动，表明水温表损坏。

4. 水温表指针偏转到110℃位置一直不动（图6-1-3）

1）故障原因

水温传感器内部搭铁，水温表损坏或内部搭铁，水温表至传感器连线搭铁。

2）故障排除方法

拆去传感器上的接线，若表针退回到50℃处，表明传感器内部搭铁；若表针不动，可拆下水温表至传感器间连接线，表针退回到50℃处，表明水温表至传感器间连线搭铁；若仍不退回，表明表内搭铁。

5. 电磁式燃油表指针一直指向满油位置不动（图6-1-8）

1）故障原因

燃油表至传感器连接线短路和传感器内部短路。

2）故障排除方法

拆下传感器上的接线，接通电源开关，若指针回到零位，表明传感器内部短路；若仍不回到零位，可将燃油表上和传感器相连的接线柱拆下，再接通电源开关，指针回到零位则表明燃油表至传感器连接线短路。

6. 电磁式燃油表指针一直指向无油位置不动

1)故障原因

传感器内部断路,传感器浮子损坏,电磁式燃油表接线极性接反,燃油表电源线断路。

2)故障排除方法

先查极性是否接反;拆下传感器上的接线进行搭铁,此时指针如指向满油位置,表明传感器内部断路或浮子损坏。若指针不动,表明燃油表内部断路或电源线断路。

课题二　筑路机械辅助电器设备

知识点:

1. 电动刮水器的结构组成和工作原理;
2. 柴油机辅助起动装置的结构、工作原理;
3. 电动燃油泵的结构、工作原理。

技能目标:

1. 能识读并且会连接辅助电器设备电路;
2. 辅助电器设备主要部件的检查与调整。

【任务引入】

为了提高筑路机械操作的安全性、可靠性及舒适性,减轻操作者的劳动强度,现代筑路机械都配备了一些辅助电器设备,如电动燃油泵、电动刮水器、电动洗涤器等,并且随着工程机械的发展,辅助电器所占的比例越来越大。为此,我们要想做到熟练操作、正确维护筑路机械,对这些设备的结构原理必须清楚,并能对它们的简单故障进行检测与排除。

【任务分析】

作为一名合格的筑路机械操作、维修人员,应能时刻保证车辆的完好性,遇有故障能及时妥善地处理。要达到此目的,应从辅助电器的角度出发,首先要清楚该机械上辅助电器设备的组成、线路连接情况;其次还要知道主要部件的结构与工作原理。

【相关知识】

一、电动刮水器

1. 刮水器的功用

刮水器主要用于清扫风窗玻璃上的雨、雪和灰尘,保证操作手在各种环境下能不受风窗的影响有较好的视野。

2. 电动刮水器的构造及工作原理

筑路机械上常用的是永磁式双速电动机刮水器。它由电动机和一套传动机构组成,如图6-2-1所示。电动机旋转,带动蜗杆、蜗轮,使与蜗轮相连的拉杆和摆杆带着左、右两刮片架作往复运动,橡皮刷便刷去风窗玻璃上的雨水、雪和灰尘。

永磁式双速电动机的构造如图6-2-2所示,它由磁场(永久磁铁)、电枢、电刷、换向器、蜗轮蜗杆组成的减速器箱、雨刷复位装置等组成。其中,为了改变电动机的工作速度,电刷采用了三个。

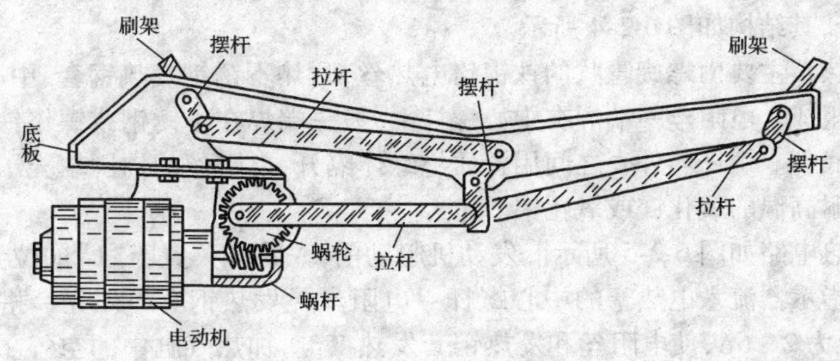

图 6-2-1 电动刮水器

双速刮水电动机的控制线路如图 6-2-3 所示。通过控制开关,可实现刮水器的低速运转、高速运转及停机复位等功能。

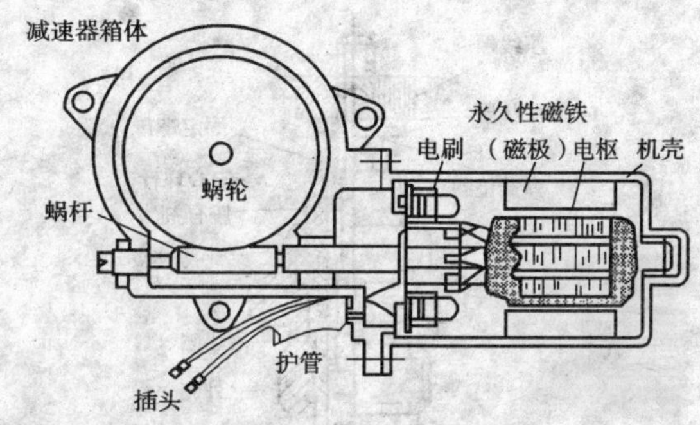

图 6-2-2 永磁式双速电机

当电源开关接通,刮水器变速开关拉到“I”档时,电流由蓄电池正极、电源开关、熔断丝、电刷 B3、电枢绕组、电刷 B1、变速开关“I”档搭铁,回到蓄电池负极。这时电枢在永久磁场作用下转动,转速较低。

当变速开关拉到“II”档位置时,电流由蓄电池正极、电源开关、熔断丝、电刷 B3、电枢绕组、电刷 B2、变速开关“II”档,回到蓄电池负极。此时由于电刷偏转了一个角度,电枢绕组电流增大,转矩增大,电动机转速升高。

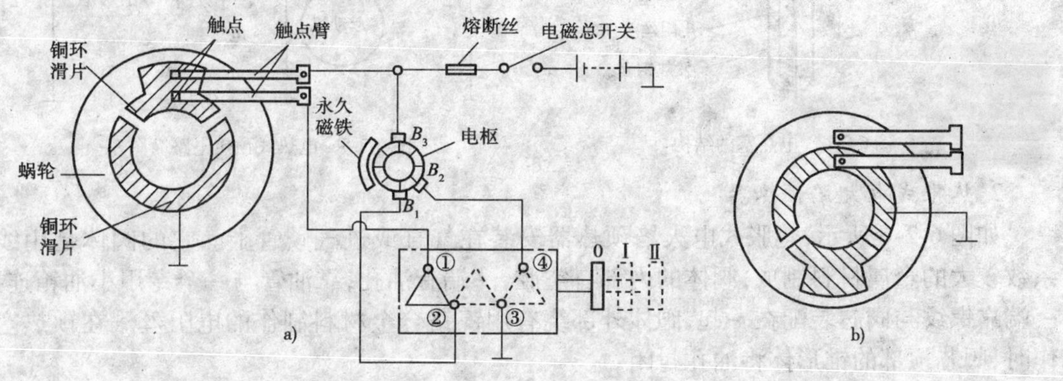

图 6-2-3 双速刮水器控制线路

当变速开关推到“0”时,如果刮水片没有停到适当位置,此时自动复位开关触片与搭铁滑片接触,电流从蓄电池、电源开关、熔断丝、电刷 B3、电枢绕组、电刷 B1、触片、搭铁滑片构成回路见图 6-2-3b),电机继续转动。当摇臂摆到应停位置时,触片与搭铁滑片脱开,同时触片和绝缘滑片接触,使电枢绕组被短路,刮水片停到适当位置见图 6-2-3a)。

二、柴油机的起动辅助装置

为保证低温条件下柴油发动机能迅速、可靠地起动,在多数柴油机设有低温起动预热装置,以便提高进入气缸的空气温度。

1. 电热式预热器

电热式预热器俗称电热塞。通过螺纹连接安装在柴油机汽缸上,下端炽热部分伸入燃烧室内，每缸一个，其结构如图6-2-4所示。

电热式预热器主要由螺旋管状的铁镍铬电热丝，耐热不锈钢发热钢套、中心导电杆，绝缘瓷管和外壳等组成。电阻丝一端焊在中心螺杆上，另一端焊在不锈钢或镍铬铁耐热合金制成的发热钢套的底部。螺杆与外壳之间用瓷质绝缘体隔开，电阻丝的周围填充了具有一定绝缘性，传热性好，耐高温的氧化镁或氧化铝。

电热式预热电路如图6-2-5所示。发动机起动前，先将开关置于“1”的位置，电流从蓄电池正极经预热指示器流入电热塞的中心螺杆→电阻丝→发热钢套→外壳→搭铁→蓄电池负极，其工作电流为2～6A，使电阻丝和发热钢套发热变红，加热气缸中的空气。一般预热时间为30s，不得超过1min。然后再将开关置于“2”的位置，使起动机和电热塞同时通电，发动机起动后应立即切断起动机和电热塞的电路，即将开关置于“0”的位置。

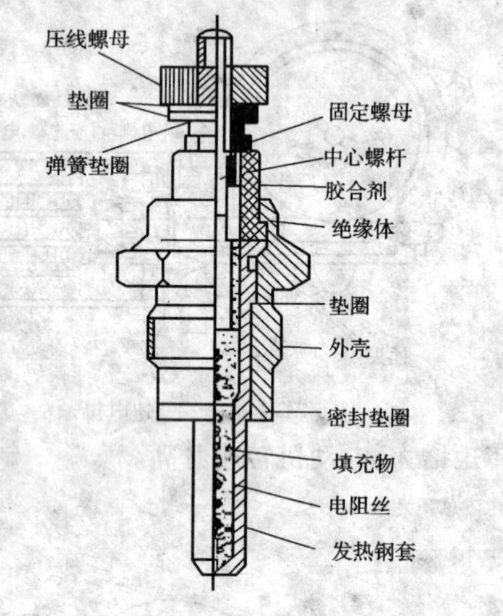

图6-2-4　电热塞的结构

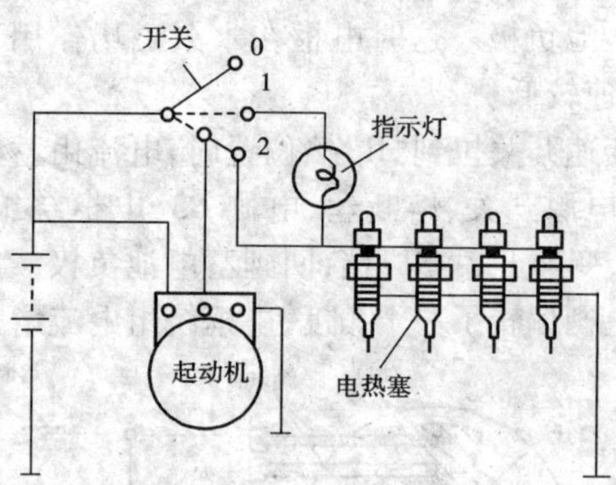

图6-2-5　电热式预热电路简图

2. 热胀式电火焰预热器

如图6-2-6所示，热胀式电火焰预热器安装在气缸或进气歧管上。它的阀体是用线膨胀系数较大的金属材料制成，阀体的内部有空腔，一端有油孔，靠油管与一个专用小油箱连接，另一端靠螺纹与阀芯装配在一起，阀体外部绕有用镍铬合金材料制作的电阻丝。在预热塞不工作时，阀芯顶部的锥形体将油孔封闭。

起动柴油机时，起动开关置于预热位置；蓄电池即对电阻丝供电，使电阻丝变为炽热状态，加热阀体；阀体受热膨胀而伸长带动阀芯移动，打开进油孔，燃油即从油孔流入阀体的内腔受热而汽化，并从阀体喷出，随即被炽热的电阻丝点燃，形成火焰，快速加热进入气缸的空气。

3. 电磁式火焰预热器

电磁式火焰预热器装在柴油发动机的进气歧管上，结构如图6-2-7所示。

电磁式火焰预热器主要由电磁铁和发火装置组成，电磁铁由铁芯和线圈组成。铁芯的中心有孔，孔中穿有阀门杆，杆的一端有吸盘，另一端有阀门，阀门由特制垫圈和耐油橡胶制成。预热器不工作时，阀门靠弹簧紧压在阀座上。预热器的燃油箱有加油口，用螺塞堵住。支架上有接线柱。电阻丝的一端固定在支承杆的下端，另一端固定在接触杆上。当将起动开关置于预热挡时，电阻丝和线圈同时与电源相接，于是吸盘被吸下阀门打开，燃油经阀门和量孔流向炽热的电阻丝而产生火焰，预热进气歧管中的空气而改善了发动机的起动性能。

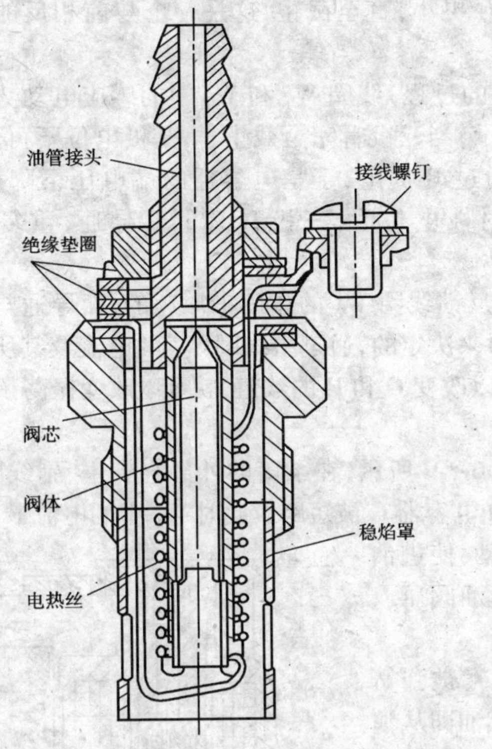

图 6-2-6　热胀式火焰预热器结构示意图

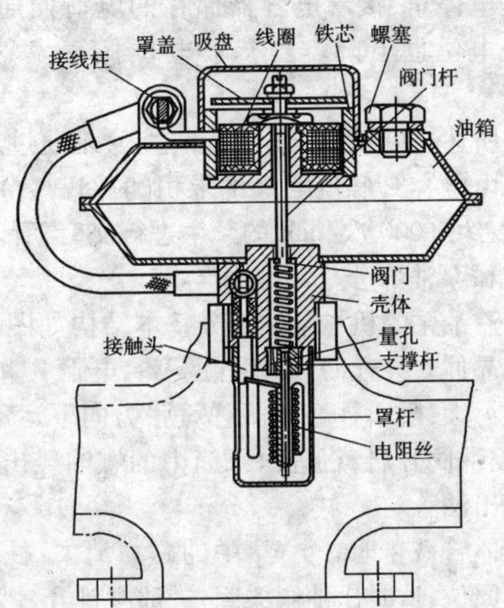

图 6-2-7　电磁式火焰预热器

三、电动燃油泵

电动燃油泵的采用，使得泵的安装位置可以远离发动机，避免了由于发动机罩下高温而产生的供油系"气阻"现象的发生，从而保证了高温下发动机的正常工作。因此，目前汽油机和部分柴油机上都使用了电动燃油泵。

1. 电动柱塞式燃油泵

电动柱塞式燃油泵由电路控制部分和机械泵油部分两大部分组成。

1）电路控制部分

如图 6-2-8 所示，它由主线圈 W_1、副线圈 W_2（反馈线圈）、晶体三极管 VT、电容器 C 和电阻 R 组成。当电源接通时，三极管 VT 的发射极和基极之间通过偏流 I_b，在线圈 W_1 和三极管的发射极与集电极之间，便产生电流 I_c 这个电流是由小向大变化的。因而在线圈 W_1 和 W_2 中产生感应电动势，方向如实线箭头所示。W_1 的感应电动势和 I_c 相反，W_2 的感应电动势加在三极管基极、发射极之间，产生正反馈作用，使三极管基极电位下降，基极电流 I_b 增大，进一步促使集电极电流 I_e 增大，直至饱和。

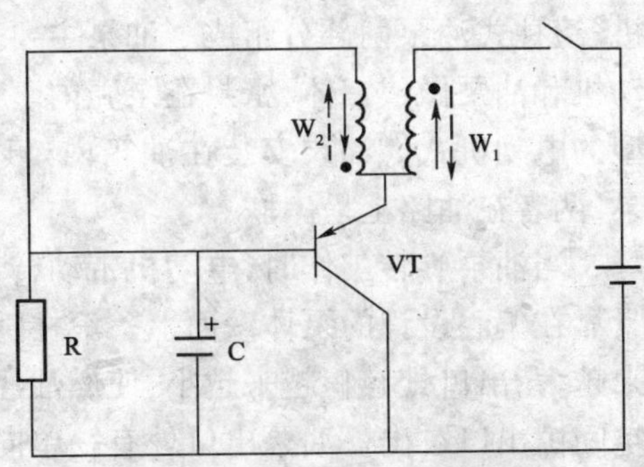

图 6-2-8　柱塞式燃油泵控制电路

三极管导通达到饱和状态时，I_c 便不再增大，在线圈 W_1 和 W_2 中的感应电动势也下降为零。于是基极电位上升，I_c 减小，此时在线圈 W_1 和 W_2 中又产生与前相反的感应电动势，方向如虚线箭头所示。线圈 W_1 的感应电动势企图阻止 I_c 的减小，而线圈 W_2 的感应电动势则使基极电位更高，I_c 更小，直至截止，这是一个与前相反的反馈过程。

在基极电位升高的过程中（也就是 I_c 减小的过程）线圈 W_1 和 W_2 中的感应电动势叠加向电容器 C 充电，电容器的极性如图 6-2-8 所示，当三极管完全截止时，基极电位不再升高，电容器充电停止，接着电容器储存的电荷便通过 R 放电，于是电容器的端电压下降，三极管的基极电位也下降。当基极电位低于发射极电位时，三极管又重新导通，重复上述过程。

综上所述，晶体管导通与截止过程，是通过反馈线圈 W_2 的作用来加速的，而导通与截止的间歇则由电容 C 和电阻 R 的乘积（时间常数）来决定的，通过主线圈 W_1 的电流及其所产生的磁场，以约 1 000 次/min 的频率进行交变，所以改变 C 和 R 的数值，就可以改变振荡频率。

2）机械泵油部分

电动汽油泵的机械泵油部分基本结构如图 6-2-9 所示，在泵筒的外部绕有主、副线圈 W_1 和 W_2，当晶体管导通时，反馈线圈 W_2、电阻 R 和电容器 C 被短路。此时 W_1 中的电流最大，产生的吸引力大，吸引柱塞克服弹簧张力向下运动，使进油阀关闭，出油阀开启，将进入泵筒中的燃油经出油阀压入泵上室的出油管。

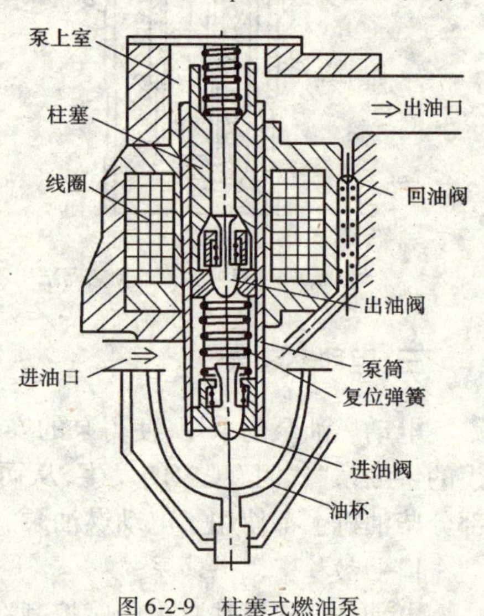

图 6-2-9　柱塞式燃油泵

当晶体管截止时，因 W_1 中的磁力消失，柱塞被弹簧向上拉回原位，这时出油阀关闭，进油阀打开，燃油即从油杯吸入两阀间的泵筒中。

由于控制电路不断地接通与切断，柱塞也不断地往复运动，使燃油不断地从油箱通过油管进入油泵，以后被压入油路，供给喷油器或喷油泵。

当发动机在怠速或部分负荷时，由于耗油量较少而出油阀排出的油量不变，致使燃油过剩压力升高。当压力达到一定数值时，回油球阀顶开使多余燃油流回油杯。调整 R、C 的参数可以改变柱塞往复运动频率，从而可调整供油量的大小。调节柱塞弹簧弹力可调整供油压力。

四、电动机式燃油泵

电动机式燃油泵，其结构、原理如图 6-2-10 所示。它主要由小型直流电动机驱动的电动机、滚柱式油泵两部分组成。油泵主要包括偏心转子、滚柱、外壳和进油口、出油阀等组成。电动机和油泵做成一体，密封在泵壳内。有些车型的电动机式燃油泵安装在油箱外，但大部分车型的电动机式燃油泵安装在油箱内。还有少数车型在油箱内和油箱外各安装一个电动汽油泵，两者在油路上呈串联。

当油泵旋转工作时，电动机带动转子转动，由于离心力的作用，转子槽内的滚柱向外移动，紧靠在偏心设计的泵体壁面上。滚柱随转子一同旋转时泵腔容积产生变化：进油口处容积越来越大，出口处容积越来越小，使燃油经过入口的滤网被吸入油泵，加压后经过电动机周围的空间由出口泵出。油泵出口处有一单向阀，在油泵不工作时阻止汽油倒流回油箱，并使出油管保持一定的压力。若因汽油滤清器堵塞等原因使油泵出口一侧油压过高，与油泵一体的限压阀即被顶开，使部分燃油流回到油箱，避免电动机式燃油泵因超载而损坏。

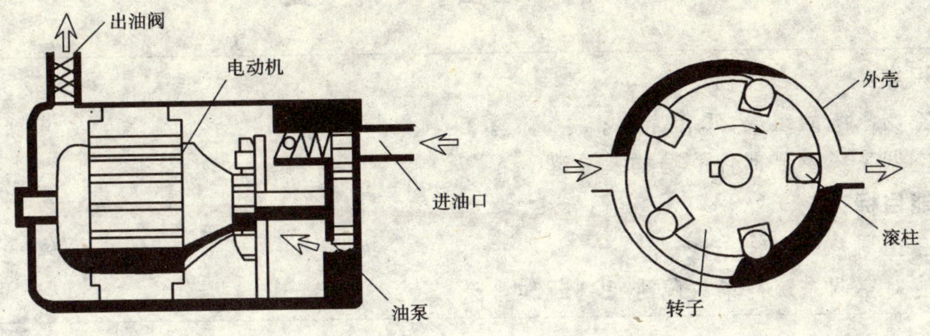

图 6-2-10　电动机式燃油泵

注意：1. 选用柱塞式电动汽油泵时，电压级别必须与车上电源电压一致。

2. 安装汽油泵时必须注意其搭铁极性。

3. 电动汽油泵的滤网、沉淀杯及磁铁应定期清洗，以保证燃油高度清洁。

【任务实施】

一、刮水器常见故障排除

参照图 6-2-3，故障原因及排除方法见表 6-2-1。

常见故障的排除方法　　表 6-2-1

现　象	原　因	排除方法
刮水器不工作	1. 熔断丝烧断 2. 开关、线路开路 3. 电动机损坏	1. 更换规定型号熔断丝 2. 检查开关，重新接通线路 3. 更换电机
刮水器片不回位	1. 调整不当 2. 自动复位机构接触不良 3. 自动复位机构短路	1. 转动自动复位器盖重新调整 2. 清洗触片和滑片或更换 3. 检查线路重新连接

二、电热塞常见故障

预热指示器用来监视电热塞的工作（图 6-2-5），接通预热开关，如指示灯发光，说明预热线路工作正常；若指示不亮，则说明线路中有断路处或指示灯灯丝烧断；若达到红热的时间过短，则表明线路中有短路或个别电热塞短路。

三、热胀式电火焰预热器的常见故障

热胀式火焰预热器正常工作时应在半分钟内有火焰喷出，可由电流表来判断预热器电阻丝是否完好，24V 预热器的工作电流为 9 ~ 10A（12V 预热器为 12 ~ 14A）。预热器不能长期通电，每次起动后应及时断电，观察指示灯明暗即能显示预热器是否处于工作状态。

课题三　空调装置

知识点：

1. 空调系统的组成、工作原理；
2. 空调系统主要部件的结构及原理。

技能目标：

1. 会空调系统的维护；
2. 能对空调系统简单故障进行判断和排除。

【任务引入】

由于筑路机械的工作条件比较艰苦、环境比较恶劣、工作时间又多处于炎热的夏天，为此，越来越多的筑路机械上都安装了空调系统。舒适的操作环境条件，提高了操作者的积极性与机械的生产效率。同时，对操作与维修人员又增加了许多新的要求，首先要会使用空调系统；其次还要能够对空调系统的简单故障进行排除。

【任务分析】

本课题要求大家必须知道空调系统的制冷原理，同时还要搞清空调系统的基本组成、主要部件的结构，在此基础上学会如何分析、判断与排除空调系统易出现的故障。

【相关知识】

车用空调系统一般包括制冷装置、采暖装置和通风换气装置。本课题主要介绍用于夏季车内空气降温与除湿的制冷装置。

一、空调系统组成与原理

车用空调制冷系统主要由压缩机、冷凝器、储液干燥罐、膨胀阀和蒸发器等部件组成，各部件由耐压金属管路或耐压耐氟橡胶软管依次连接而成，如图 6-3-1 所示。

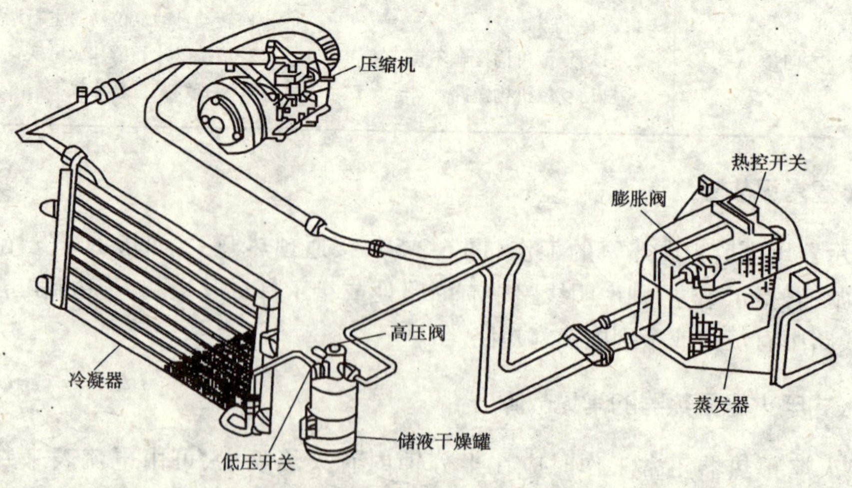

图 6-3-1　空调制冷系统的组成

其制冷原理是根据系统内充入的制冷剂在物态变化时能够吸热和散热的原理来实现，如图 6-3-2 所示。

发动机经皮带轮带动压缩机旋转，吸入蒸发器中吸收热量而汽化的低温、低压制冷剂蒸汽将其压缩成为高温、高压气体，经高压管路送入冷凝器。

进入冷凝器的高温高压制冷剂气体在风扇作用下与外界空气进行热交换，释放热量，当温度下降至50℃左右时，便冷凝为液态。

冷凝为液态的高温高压制冷剂进入储液干燥罐，除去水分和杂质，经高压液管送至膨胀阀。因为膨胀阀有节流作用，所以高温高压的液态制冷剂流经膨胀阀时，变为低温（约 -5℃）低压的雾状喷入蒸发器，在蒸发器中吸收周围空气的热量而沸腾汽化，使周围空气温度降低。在蒸发器出口处的制冷剂气体由于吸热温度升至5℃左右。当鼓风机将附近空气吹过蒸发器表面时，空气被冷却变为凉气送进车厢，使车厢内空气变得凉爽。吸热汽化的制冷剂又被压缩机吸入，如果压缩机不停地运转，上述过程将连续不断地循环，蒸发器周围将始终保持较低的温度。

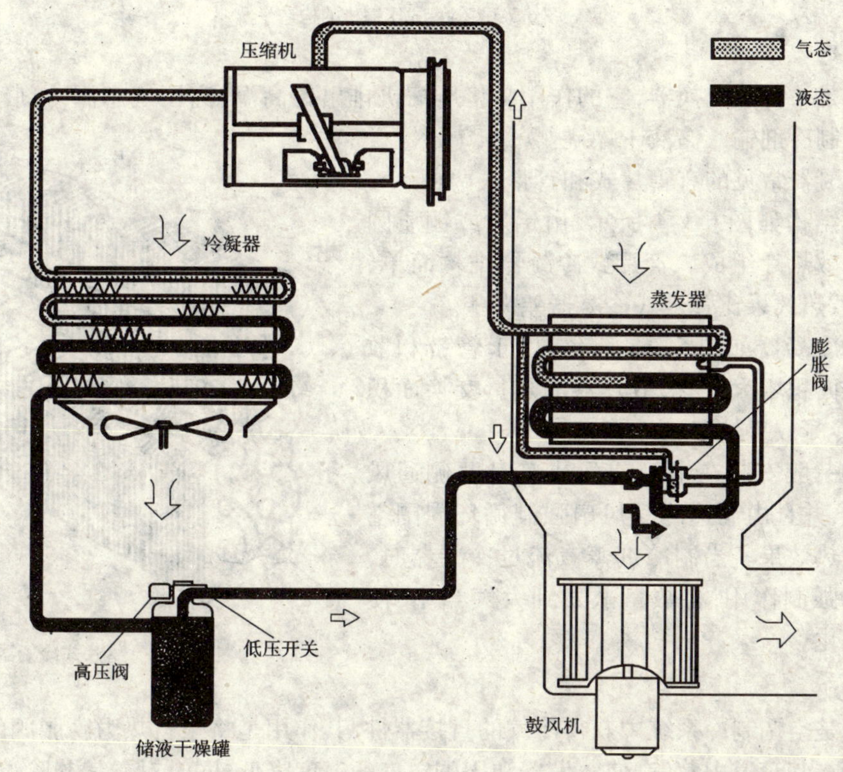

图6-3-2 空调系统工作原理示意图

二、制冷系统主要部件的构造与工作原理

1. 压缩机

压缩机是制冷循环系统的核心部件，它的作用是把蒸发器中吸收热量后的低温低压制冷剂蒸汽吸入后进行压缩变为高温高压的气体后进往冷凝器，保证制冷剂在冷却循环中进行循环。

车用空调压缩机主要采用容积型压缩机，即制冷蒸汽的压力提高是靠原有的容积被强制缩小（压缩）、单位容积内气体分子数目增加来实现的。常见的旋转斜盘式压缩机的结构如图6-3-3 所示。

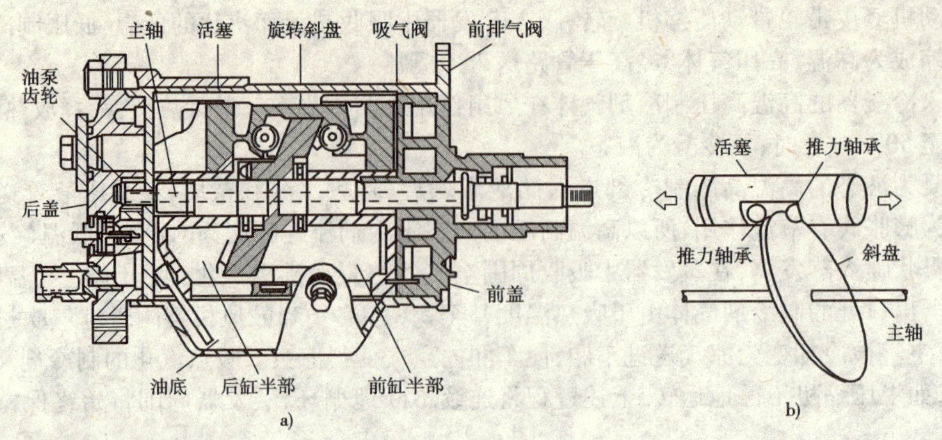

图 6-3-3　斜盘式压缩机的构造

2. 冷凝器

冷凝器是一种热交换器,它的作用是将压缩机排出的高温、高压气态制冷剂冷凝为高温、高压的液态制冷剂输入储液干燥罐。

车用冷凝器常见的有管片式和管带式两种。

管片式结构如图 6-3-4 所示,由铝质或铜质圆管装上铝质散热片组成。管片式冷凝器结构简单、加工方便,散热效果比管带式冷凝器差一些。

管带式冷凝器如图 6-3-5 所示,由于管带和散热片的接触面积增大,使得散热器的热量交换面积增大,因此冷凝效果较好。

冷凝器一般安装在水箱前面或车身两侧通风性好的位置,并且由高速冷凝风扇强制循环周围空气以提高散热效果。当制冷剂蒸汽流过冷凝器时,由于风扇的强制作用,将热量散发到大气当中,使制冷剂被液化。

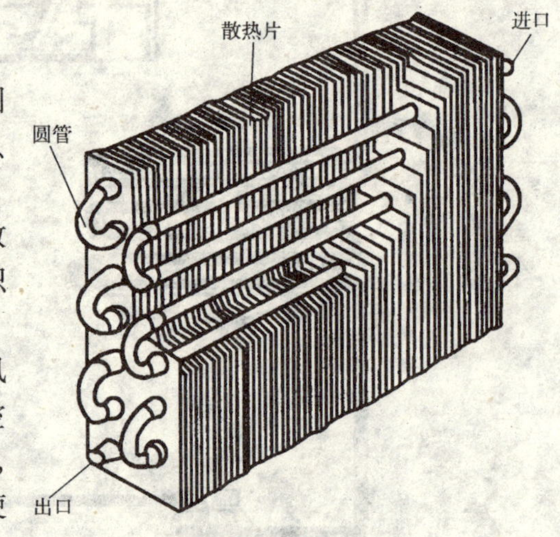

图 6-3-4　管片式冷凝器

3. 蒸发器

蒸发器是空调制冷系统中获得冷气的直接器件,其作用是将来自热力膨胀阀的低温、低压液态制冷剂在其管道中蒸发,使蒸发器和周围空气的温度降低,同时对空气起除湿作用。

蒸发器的结构主要由蒸发器制冷剂流通管道和散热片组成,如图 6-3-6 所示。

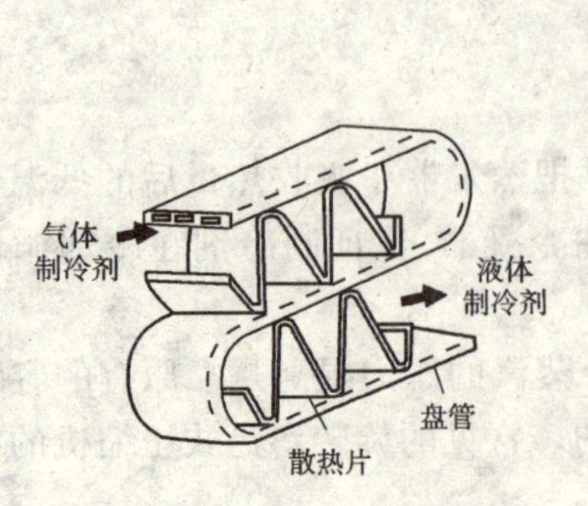

图 6-3-5　管带式冷凝器

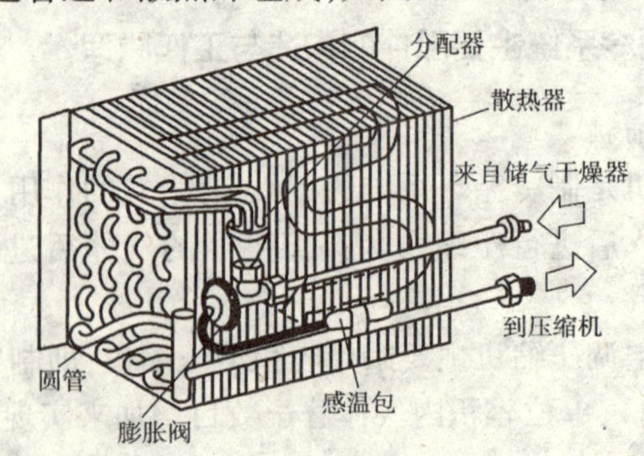

图 6-3-6　蒸发器的结构与原理

进入蒸发器排管内的低温、低压液态制冷剂，通过管壁吸收穿过蒸发器传热表面空气的热量，使之降温。与此同时，空气中所含的水分由于冷却而凝结在蒸发器表面，经收集排出。使空气除湿，被降温除湿后的空气由鼓风机吹进车室内，就可使车内获得冷气。

4. 储液干燥器

储液干燥器是储液器和干燥器的组合体,安装在冷凝器和膨胀阀之间,其作用是:临时储存液态制冷剂,滤除制冷剂中的杂质,吸收制冷剂中的水分;玻璃观察窗能用于观察系统制冷剂循环流动的具体情况。

储液干燥器的结构通常由储液干燥器体、过滤器、干燥剂、引出管和玻璃观察窗等构成,如图 6-3-7 所示。

5. 膨胀阀

膨胀阀又称节流阀。安装在蒸发器的入口处，其作用是将来自储液干燥器的高压液体制冷剂节流降压、降温，并自动调节和控制蒸发器的液体制冷剂量以适应制冷负荷的变化。

典型的膨胀阀有内、外平衡式膨胀阀,二者的结构与工作原理基本相同。下面以内平衡式为例说明其工作过程,其结构、原理如图 6-3-8 所示。

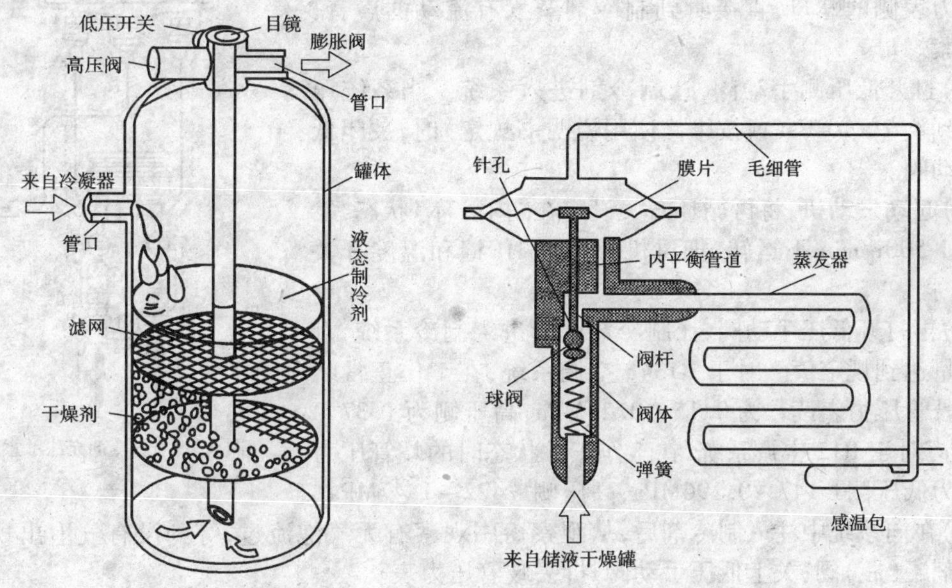

图 6-3-7　储液干燥器结构　　图 6-3-8　内平衡式膨胀阀结构、原理示意图

内平衡式膨胀阀由阀体、球阀、阀杆、膜片、调节弹簧、毛细管和感温包等组成。高压液态制冷剂从图 6-3-8 中下端入口处进入,经针孔向蒸发器喷射。感温包位于蒸发器出口处,其作用是感知蒸发器出口处的温度,控制球阀在阀体中的位置,保证制冷剂的需求量。当蒸发器出口温度升高时,感温包内气体受热膨胀,通过毛细管使膜片下凹,推动阀杆,球阀克服弹簧压力,使针孔开度增大,制冷剂流量增加,制冷量增大,使温度降低。当蒸发器出口温度过低时,感温包中气体收缩,通过毛细管使膜片上拱,阀杆压力减小,在弹簧的作用下,球阀上移,针孔开度减小,制冷剂流量减少,制冷量也减小。这样既保证了最大限度的制冷量又保证了制冷剂在蒸发器中完全蒸发。

【任务实施】

一、空调系统维护

1. 制冷剂渗漏的检查

1)肥皂水检漏法

制冷系统工作时用毛刷将肥皂水涂于待检查部位,若有气泡出现则说明该处有渗漏。这种检查方法简单易行,没有危害。

2)卤素灯检漏法

其吸气管吸入泄露的制冷剂时火焰的颜色将发生变化:泄露量少时火焰呈绿色;泄露量较多时火焰呈浅蓝色;泄露量很多时火焰呈浅紫色。

3)电子检漏仪检漏法

电子检漏仪设有通往两极之间的探头、电源和串联于电源电路中的电流表,探头探测到的氟利昂 R-12 泄露量越大,电流表的读数也越大。

2. 制冷剂的加注(系统补充充注制冷剂)

(1)按图 6-3-9 所示将歧管压力表与压缩机和制冷剂罐(瓶)连接。

(2)打开竖立的制冷剂罐(瓶)阀,拧松中间注入软管在歧管压力表侧的螺母,直接听到制冷剂蒸气有流动的声音,然后拧紧螺母。

(3)打开低压侧手动阀,让制冷剂进入系统。当系统压力值达到 4.2×10^5Pa(或按维修使用说明书规定)时,关闭低压侧手动阀。

(4)起动发动机,将再循环开关设定在“内循环”状态,发动机在 1 500r/min 下运转;把风机开关置 HI 挡和温度开关置 MAX 挡。

(5)再打开低压手动阀,让制冷剂继续进入制冷系统,直到注入量达到规定值。对于 R134a 空调系统,在工作正常状态时的歧管压力表读数为 0.15 ~ 0.25MPa,高压侧为 1.37 ~ 1.57MPa。对于 R12 空调系统,在工作正常状态时的歧管压力表读数为低压侧0.147 ~ 0.196MPa,高压侧1.422 ~ 1.47MPa。

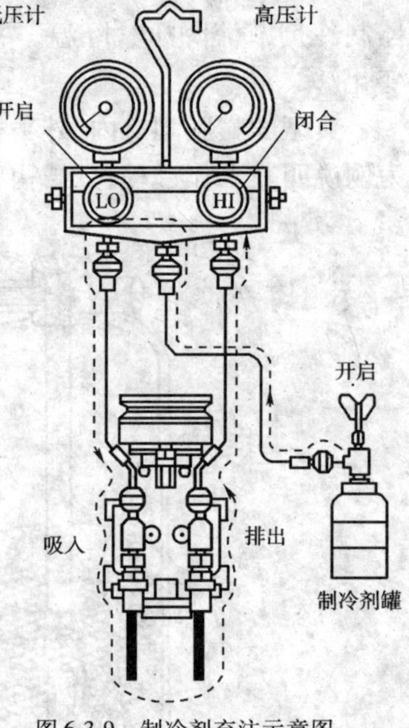

图 6-3-9 制冷剂充注示意图

(6)在向系统中注入制冷剂后,从观察窗中观察有无气泡流过,等到没有气泡出现后,关闭制冷剂罐(瓶)阀,关上低压手动阀,拆去歧管压力表。

【重点提示】

(1)制冷剂在高压状态下有爆炸的危险,因此要远离火和高压空气。

(2)充注前必须明确应使用哪种制冷剂,更换时应使用规定的产品。

(3)连接 O 型圈的配管时,应涂上冷冻液,不要涂到螺母的螺纹。

二、故障诊断与排除

1. 系统不制冷

1)故障现象

起动发动机,将其转速稳定在 1 500r/min 左右约 3min,接通鼓风机开关和空调开关,冷气口无冷风吹出。

2)故障原因

(1)蒸发器风机不转:保险丝烧断;导线接触不良;变阻器电阻损坏;电动机损坏。

(2)电磁离合器不结合:温度控制器损坏;压力开关导线断路后损坏;离合器电磁线圈烧断;连接导线断路等。

(3)压缩机皮带太松,内部出现故障。

(4)其他原因:制冷剂不足;膨胀阀堵塞;干燥过滤器堵塞;管道堵塞等。

2. 系统制冷不足

1)现象

制冷装置工作,但冷风口吹出的冷风量少或达不到设定温度。

2)故障原因

制冷量不足的原因是多方面的,凡是能使膨胀阀出口的制冷剂流量下降的因素均可能使制冷系统制冷量下降;凡是能引起制冷系统高压侧、低压侧温度过高或压力过低的因素也会引起制冷量不足。

分析该故障时,可参考不制冷的原因与故障部位进行判断。

思考题

1. 试分析电热式仪表中双金属片的结构特点与工作原理。
2. 试分析仪表稳压器的结构原理。
3. 试分析电动燃油泵的结构原理及影响泵油量的因素。
4. 空调系统中如何检查制冷剂的渗漏?如何补加制冷剂?

模块七　筑路机械电器总线路

课题一　概　　述

知识点：

1. 高低压导线的功用及选用方法；
2. 插接器、常用开关及保险装置；
3. 电器设备总线路图的识读。

技能目标：

电器设备总线路图的识读方法。

【任务引入】

导线及各种配电设备将筑机上各电器联系在一起，并使筑机电器设备形成一个系统。了解和掌握各电器设备间的相互联系，熟悉全车电路，对电器设备的正确使用和维修，特别是故障诊断与排除具有十分重要的意义。因此，要求大家在学习筑路机械电器总线路时，一定要搞清典型车型的电器组成，并能熟练地确定各电气系统的连接关系。

【任务分析】

为了识读全车线路，我们首先要了解全车线路的组成，以及每一组成部分的功用及选用原则，在此基础上才能熟练掌握全车线路的识读方法，为故障的诊断与排除打下基础。

【相关知识】

筑路机械电器设备总线路，就是将不同用途的电器按照各自的工作特性和相互的内在联系，通过导线、开关、保险装置等连接起来构成的整体。

一、导线

筑路机械电器设备的连接导线有低压导线和高压导线两种。它们均由铜质多丝软线外包绝缘层构成。

1. 低压导线的截面选择

筑路机械电气线路中的导线多为低压导线，低压导线又有普通导线、起动电缆和蓄电池搭铁电缆之分。

普通低压导线的截面积主要是根据用电设备工作电流选择的。从导线的机械性能考虑，一般规定截面积不得小于 $0.5mm^2$。表 7-1-1 为低压导线标称截面积所允许的负载电流值。

低压导线标称截面积允许的负载电流值　　表 7-1-1

导线标称截面积(mm^2)	0.5	0.8	1.0	1.5	2.5	3.0	4.0	6.0	10	13
允许载流值(A)			11	14	20	22	25	35	50	60

起动机的工作时间较短，因此连接蓄电池与起动机的导线不以工作电流大小来选定，而受工作时的电压降限制。一般要求在线路上每 100A 电流所产生的电压降不超过 0.1 ~ 0.5V，以

免温升过快。起动电缆和蓄电池搭铁电缆的导线截面积都选择的较大,其线路电压降对12V电系不得超过0.2V (24V电系不得超过0.4V)。

2. 导线颜色与标注

导线颜色有单色和双色之分。电路图中单色线一般用一个英文字母表示,双色线用两个英文字母表示(主色+辅色),且不同国家的规定也不尽一致,我国各种颜色的代号如表7-1-2所示,一般电气线路各系统主色的选择如表7-1-3所示。

低压导线的颜色与代号 表7-1-2

导线颜色	黑	白	红	绿	黄	棕	蓝	灰	紫	橙
代号	B	W	R	G	Y	Br	BL	Gr	V	O

一般电气线路各系统主色的选择(中国) 表7-1-3

系统名称	主色	系统名称	主色
电源系统	红	仪表、报警、喇叭系统	棕
点火、起动系统	白	收音机、电钟、点烟器等辅助系统	紫
雾灯系统	蓝	各种辅助电动机及电气操纵系统	灰
灯光、信号系统	绿	搭铁线	黑
车身内部照明系统	黄		

导线的标注方法是将标称截面积和颜色代号同时标出,如1.5BW表示标称截面积为$1.5mm^2$,主色为黑色、辅色为白色的双色导线。

3. 汽油机点火系的高压导线

高压导线的主要任务是输送高电压(一般在15kV左右),工作电压高、工作电流较小,因此高压导线的线芯截面很小、耐压性能好、绝缘层很厚。

高压导线分为铜芯线和阻尼线两种,高压阻尼线能较好地抑制点火系的无线电干扰波。

4. 线束

为了方便导线安装和保护导线的绝缘层不被损坏,也能使全车繁多的导线排列有序,比较容易排查电气故障,将同路的不同规格的导线用棉纱编织或用聚氯乙烯塑料带包扎成束,称为线束。也可将导线包裹在用塑料制成开口的软管中,检修时将开口撬开即可。

线束由导线、端子、插接器和护套等组成。端子(也称接线卡)一般由黄铜、紫铜、铝等材料组成。

线束安装时的注意事项:

(1)线束应用卡簧或绊钉固定,以免松动磨损。

(2)线束不可拉得太紧,在绕过锐角或穿过金属孔时,应用橡皮或套管保护,以免磨坏线束。

(3)各接头必须连接紧固,接触良好。

(4)连接电器时,应根据插接器的规格以及导线的颜色或接头处套管的颜色,分别接于相应的电器上。

5. 插接器

插接器多用于线路间的连接,它由插头与插座两部分组成,如图7-1-1所示。插头和插座的外表面加工有导向槽和锁止装置,可有效地防止相互间插错和脱开。不同插接器插接脚的形状、数量、布局也不一样。

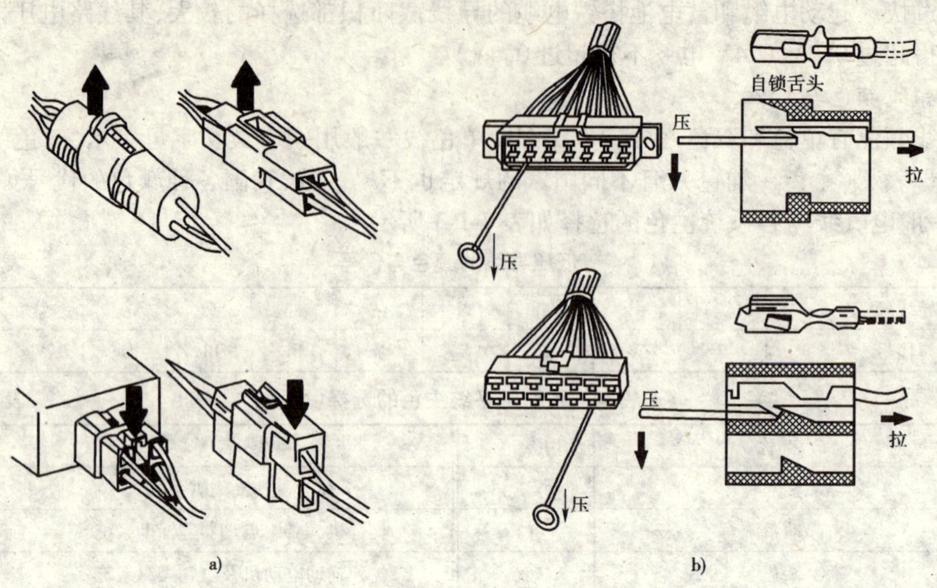

图 7-1-1　插接器

a)拔插接器的方法;b)从壳体中取出端子的方法

二、常用开关及保险装置

1. 灯光开关

灯光开关用来控制照明电路,常用的有推拉式和翘板式两种结构形式,分别如图 7-1-2 和图 7-1-3 所示。

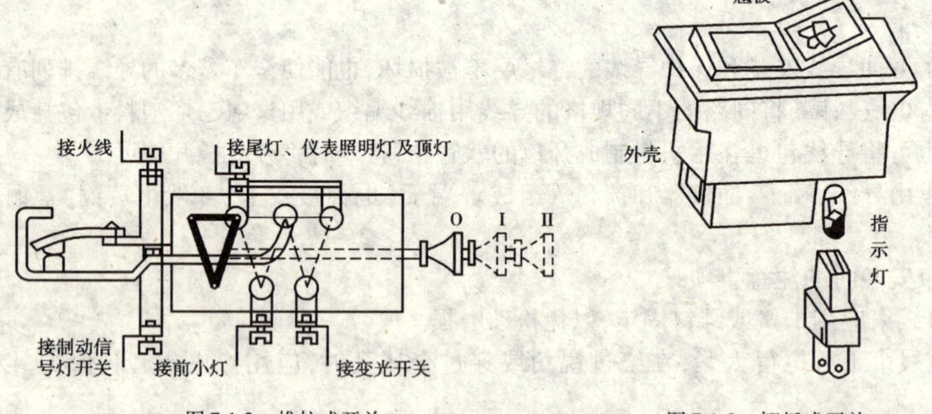

图 7-1-2　推拉式开关　　图 7-1-3　翘板式开关

推拉式开关有五个接线柱,并装有双金属式电路断电器。推拉式开关在"0"挡时,各灯线路均未接通,因而各灯均不亮;拉到"Ⅰ"挡时,小灯和后灯、仪表灯亮;全拉出到"Ⅱ"挡时小灯灭,前照灯亮,其他灯光仍亮。制动信号灯不受开关的控制,只要踏下制动踏板,制动信号灯立即发亮。

翘板式开关常用作前照灯开关、顶灯开关、危险信号灯开关等,一般带有指示板照明灯,指示板上有表示用途的图形符号。

2. 前照灯变光开关

前照灯变光开关的作用是使前照灯远光和近光交替变换，一般为机械式开关。常用的有推拉式、脚踏式和板柄旋转式，其中推拉式和脚踏式灯光开关结构简图如图 7-1-4 所示。

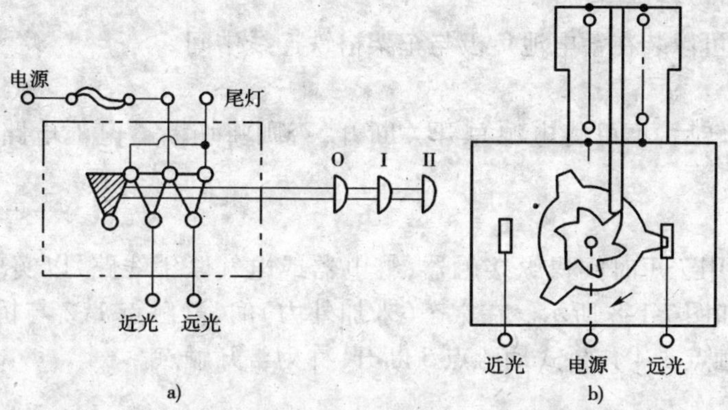

图 7-1-4　变光开关结构简图
a）推拉式；b）脚踏式

3. 制动信号灯开关

制动信号灯开关有气压式和液压式之分。气压式制动信号灯开关如图 7-1-5 所示，当踏下制动踏板时，压缩空气进入开关，膜片拱曲，触点与接线柱接触，使接线柱之间接通，制动信号灯发光；当松开制动踏板时，在弹簧的作用下电路断开，制动信号灯灭。

液压式制动信号灯开关如图 7-1-6 所示，其工作原理与气压式基本相同，不同之处是靠制动系统的油液压力变化而接通或切断制动灯电路的。

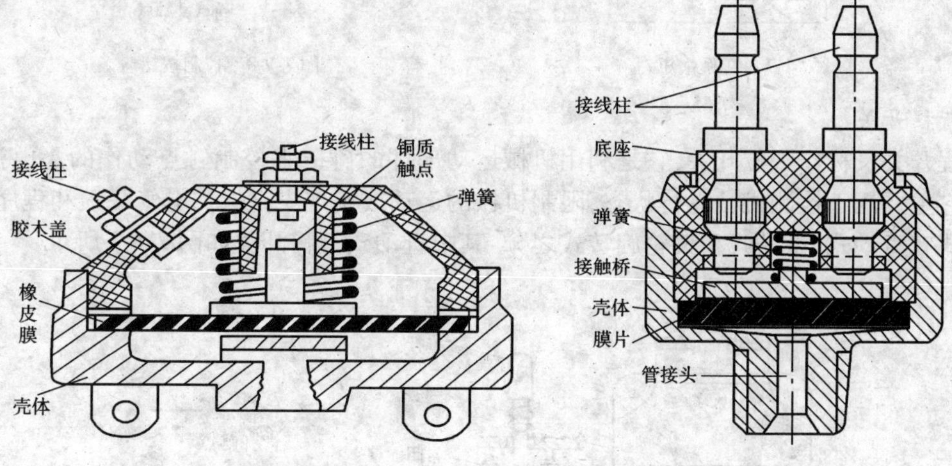

图 7-1-5　气压制动信号灯开关

图 7-1-6　液压式制动信号灯开关

4. 电源总开关

电源总开关的作用是在筑路机械停驶时切断总电源，以防止蓄电池通过外电路自行漏电，确保电路系统的安全。常用的有手动闸刀式和电磁式两种。其中电磁式的 TKL－20 型电源总开关（也称蓄电池继电器）的结构如图 7-1-7 所示，它由铁芯、钢柱、接触桥、触点和线圈 1、线圈 2 等组成。

电源总开关的接通或断开是通过起动开关（不同于起动按钮）操纵的，当起动开关接通电路时，电流由蓄电池正极→蓄电池开关接线柱 B→熔断丝→起动开关→线圈 1→触点→搭铁→蓄电池负极形成回路。接触桥在线圈 1 的电磁吸力作用下向下移动，接通主电路；当起动开关断开时，线圈 1 和线圈 2 中的电流被切断，接触桥在弹簧的作用下向上移动，从而切断主电路，蓄电池不向用电设备供电。

电源总开关也可以装在蓄电池负极与车架搭铁连线中间。

【特别提示】

发动机正常运转后，不可将电源总开关断开，否则将切断蓄电池电路，影响发电机正常工作。

5. 控制按钮

控制按钮主要用于短时间操纵接触器、继电器或电气联锁线路，以实现对各种运动的控制，其结构示意图如图 7-1-8 所示。在常态（未加外力）时，静触点 1、2 与桥式动触点 5 闭合，称为常闭触点，静触点 3、4 与桥式动触点 5 断开，称为常开触点。

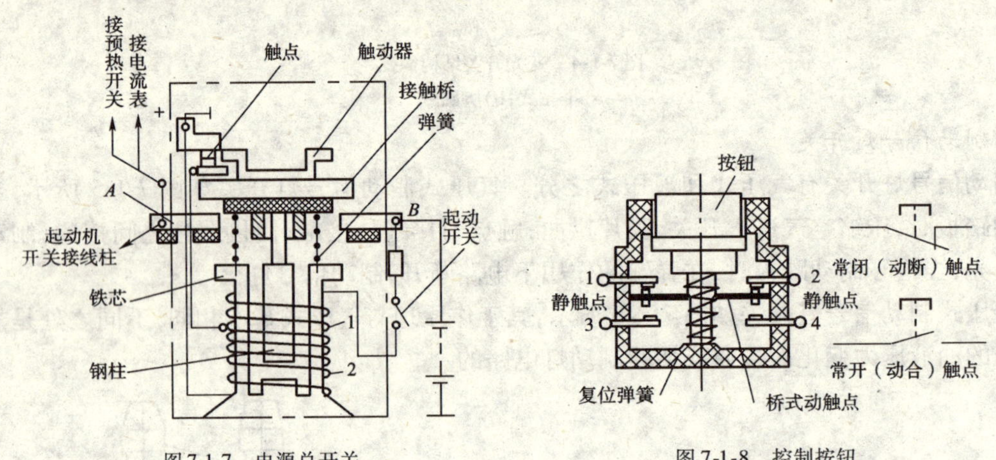

图 7-1-7　电源总开关　　图 7-1-8　控制按钮

6. 行程开关

行程开关又称作限位开关，它是利用机械运动部件的碰撞来控制触点动作的小电流开关电器。它主要用于检测机械运行状态，限制机械的运动或实现安全保护电气联锁和程序控制，结构形式有直动式、微动式和滚轮旋转式之分，其中直动式行程开关如图 7-1-9 所示。

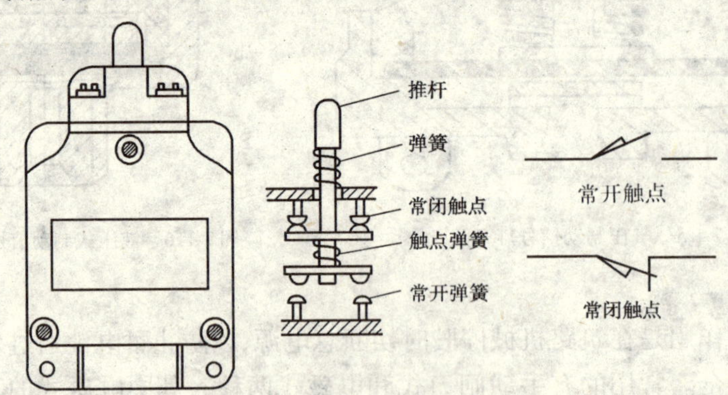

图 7-1-9　直动式行程开关

7. 接触器

接触器是用来频繁接通和切断电动机或其他负载主电路的一种自动切换电器，通常分为交流接触器与直流接触器。主触点控制交流电路的称为交流接触器,主触点控制直流的称为直流接触器。如图 7-1-10 所示为 CJO-20 型交流接触器的结构原理图,其结构上由触点、电磁机构、弹簧、灭弧装置和支架等部分组成。

8. 继电器

继电器是一种根据外界输入的一定信号(电的或非电的)来控制电路中电流“通”与“断”的自动切换电器。它主要用来反应各种控制信号,其触点通常接在控制电路中。继电器的工作电压分为 12V 和 24V 两种,二者不能通用。

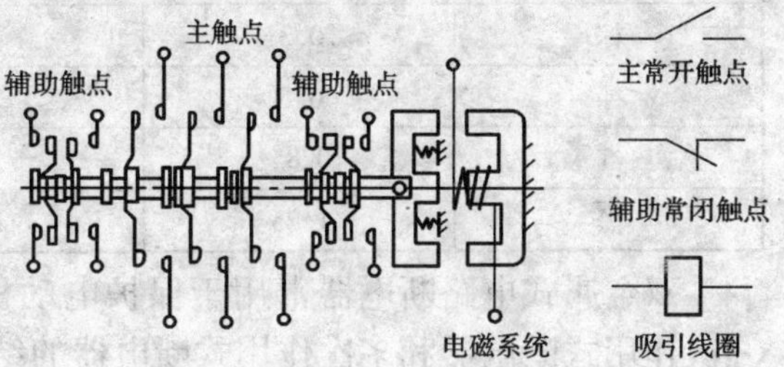

图 7-1-10 交流接触器结构原理图

【知识链接】

继电器的种类繁多,按反应信号的不同,可分为电压、电流、功率、时间、热继电器和压力继电器等;按动作原理的不同,可分为电磁式、感应式、电动式、电子式继电器和热继电器等。常用的有电磁式继电器、热继电器、时间继电器和压力继电器,其中时间继电器和热继电器示意图如图 7-1-11 所示。

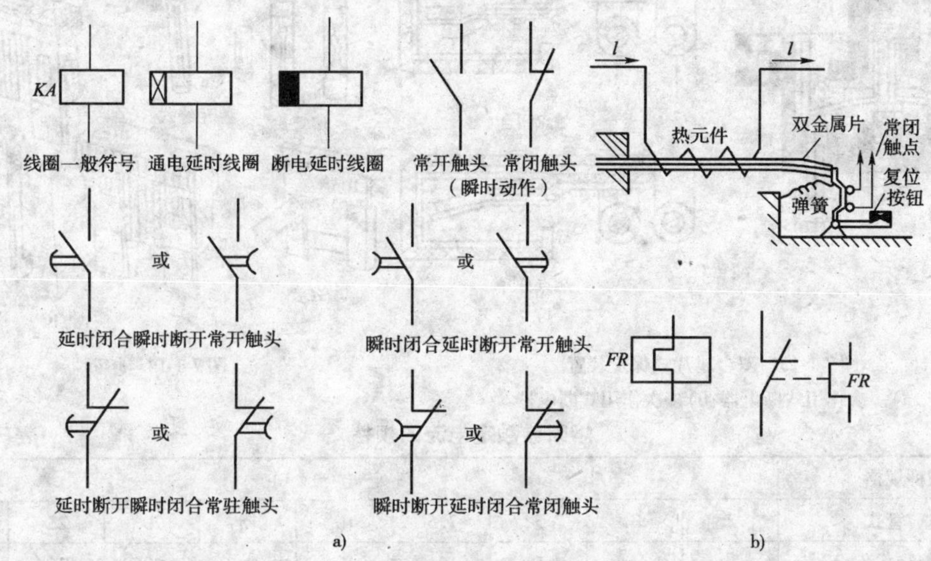

图 7-1-11 继电器

a)时间继电器;b)热继电器

9. 保险装置

为了防止过载和短路时烧坏用电设备和导线,在电源与用电设备之间串联有保险装置。常见的有易熔线、双金属式电路断电器和熔断器三种。

易熔线如图 7-1-12 所示,它是一种截面积小于被保护电线截面积,可长时间通过额定电流的铜芯低压导线或合金导线。其绝缘层一般标有“fuse be link”字样,主要用于保护电源电路和大电流电路。不同规格易熔线分别用表 7-1-4 所示的棕、绿、红、黑四种颜色表示。

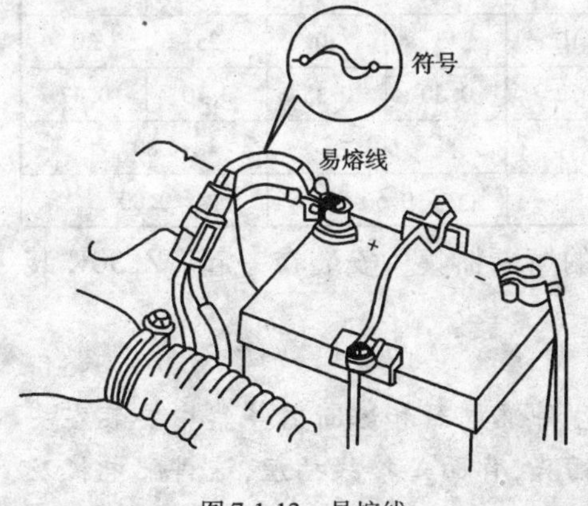

图 7-1-12 易熔线

易熔线的规格　　表 7-1-4

色　别	截面积(mm^2)	连续通电电流(A)	5s 熔断电流(A)	构　成
棕	0.3	13	约 150	ϕ0.32×5 股
绿	0.5	20	约 200	ϕ0.32×7 股
红	0.85	25	约 250	ϕ0.32×11 股
黑	1.25	33	约 300	ϕ0.5×7 股

双金属式电路断电器常用于保护电动机等较大电流的电器设备,其特点是可重复使用。一次作用式断电器和多次作用式断电器的结构如图 7-1-13 所示。一次作用式断电器断电后,重新使用时需人为地按一下;多次作用式断电器当电路中出现过载、短路或搭铁故障尚未排除时,电路时通时断,可保护电源、灯泡和线路不被损坏。

熔断器常用于保护局部电路,限额电流值较小,常见类型如图 7-1-14 所示,其额定电流的规格见表 7-1-5。

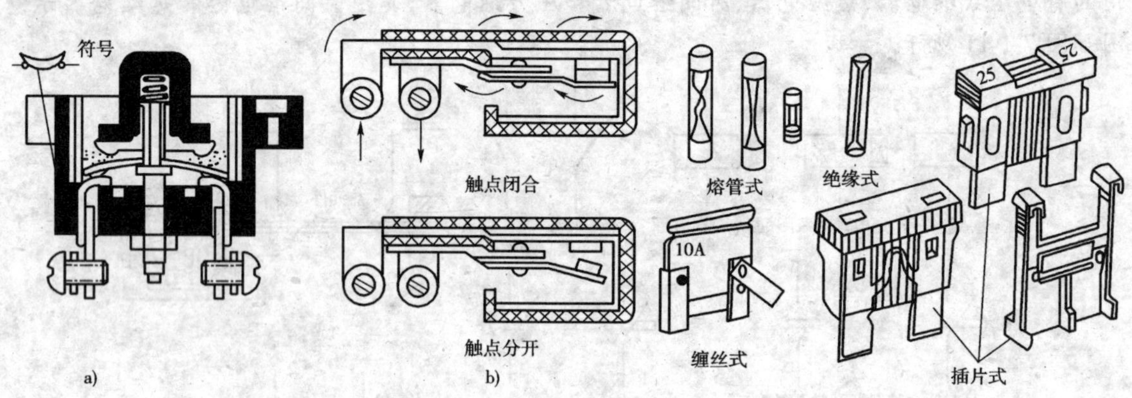

图 7-1-13　双金属片式保险装置

a)一次作用式断电器;b)多次作用式断电器

图 7-1-14　熔断器

熔断器额定电流的规格　　表 7-1-5

品种规格		额定电流(A)								
玻璃管式		2	3	5	7.5	10	15	20	25	30
绝缘式				5	8	10		20	25	
插片式	电流(A)	2	3	5	7.5	10	15	20	25	30
	颜色	无色	紫	棕黄	褐	红	浅蓝	黄	白	绿
金属丝式	电流(A)		3		7.5	10	15	20	25	30
	直径(mm)		0.11		0.20	0.25	0.30	0.35	0.40	0.47
熔片式	电流(A)	20			45		60		80	
	厚度(mm)	0.20			0.40		0.60		0.80	

为便于检查和更换熔断丝,筑路机械上常将各电路的熔断器集中安装在一起。ZL50C 装载机熔断丝盒如图 7-1-15 所示。

【知识链接】

随着继电器和熔断器的逐渐增多,许多筑路机械将各种继电器和熔断器等集中安装在一块或几块配电板上,配电板正面装有继电器和熔断器的插头,背面是接线插座,这种配电板及其盖子常称为中央集电盒。

【任务实施】

筑路机械电路总线，一般包括基本车辆电气系统和具有特殊功能的电控系统两大部分。基本车辆电气系统包括有充电系、起动系、照明及仪表、辅助装置等，汽油机增加了一套点火系；电子控制系统如电子油门控制系统、自动调平电控系统等。筑路机械电路总线图就是将机械的电路总线（不同用途的用电器通过开关、导线、保险器以及电子控制装置与电源连接起来所构成的电气系统）用图形表达的一种方式，简称电路图。

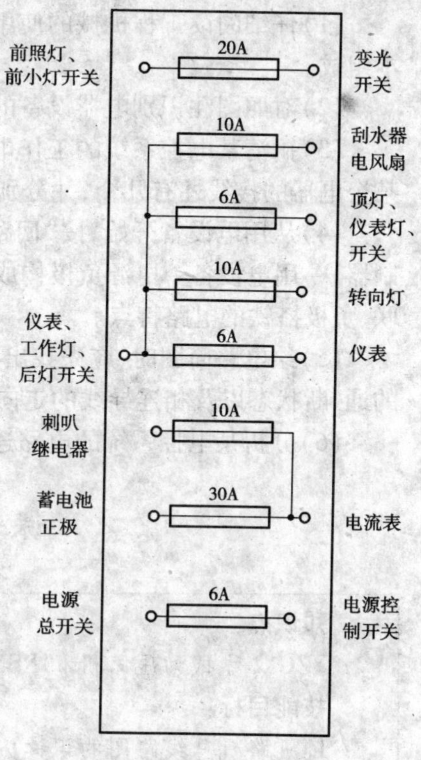

图 7-1-15　ZL50C 装载机熔断丝盒

由于文字、技术标准等差异，各筑路机械生产厂家在电路图的绘制、符号标注等方面不尽相同。因此，了解各种电路图的特点和阅读方法非常重要。

1. 电路图的表达形式

1）线路图

线路图是将所有筑路机械电器按车上的实际位置，用相应的外形简图或原理简画出来，并用线条一一连接起来。由于筑路机械电器的实际位置及外形与图中所示方位相符，且较为直观，便于循线跟踪查找导线的分支和节点。但由于线路图线束密集、纵横交错，图的可读性较差、电路分析过程相对较为复杂。

2）原理图

电路原理图是按规定的图形符号，把仪表及各种电器设备，按电路原理，由上到下合理地连接起来，然后再进行横向排列形成的电路图。它可以是子系统的电路原理图，也可以是整车电路原理图。这种画法对线路图作了高度地简化，图面清晰，电路简单明了，通俗易懂，电器连接控制关系清楚，因此对分析系统的工作原理、进行故障诊断非常有利。

3）线束图

线束图主要用来说明哪些电器设备的导线汇合在一起组成线束，从何处进行连接，对实车布置和电器设备安装提供了方便。该图的特点是不说明线路的走向和原理，线路简单。

4）系统电路图

系统电路图是将单个电控系统按功能特点，只画出与该电系有关联的电器元件间连接关系的电路图。

2. 电路图中各种电器元件（或部件）的表示方法

（1）用国家标准符号表示。

（2）用厂方规定的符号表示。

（3）用各种电器的简易外形图表示。

3. 电路图的识读

要研究全车线路，首先应识读其电路原理图。识读电路原理图必须熟悉电器设备的图形符号，弄清电器设备和控制电路的工作原理（即电流走向随着工作状态的变化等）及有关电路所需通过的控制开关、熔断器、插接器等。然后根据线路图分清电器设备和它们在工程机械上的实际位置，根据线束图和系统电路图辨别出电器元件各接线柱的作用和线束接线柱的来龙去脉。

产品说明书中的电路图多为线路图或原理图，其识读方法如下：

(1)仔细阅读工程机械的使用手册，了解该种工程机械的用途、性能特点和电控系统的基本组成。

(2)对照图注识别电器设备的名称和分布位置。

(3)搞清某电控系统的工作电压是12V还是24V。电器设备之间是单线还是双线连接，某个电器的接线柱有几个，并分别与哪些电器相连。

(4)从用电设备开始，按"回路法"[即由电源正极→开关或继电器→保险装置→(电子控制器)→用电设备→电源负极构成回路]查找并绘出不同功能电控系统的电路简图，并注意并联、负极搭铁的电路特点。

(5)绘电路简图时，应先找出各电控系统的电源线及公共搭铁线，再注意开关在不同位置的通、断状态以及相连导线的走向，各用电器与电源之间必须构成回路。

(6)分析某电控系统的电路连接有什么特点。

课题二　压路机总线路

知识点：

YZC12型振动压路机和XSM218、XSM220振动压路机电气系统的组成和作用。

技能目标：

1. 压路机总线路图的识读方法；
2. 压路机电气系统常见故障及排除方法。

【任务引入】

电气系统是振动压路机的一个重要组成部分，在保证压路机作业速度、压实质量以及监控报警等方面起着至关重要的作用。

【任务分析】

本课题以三一公司生产的YZC12型振动压路机电气系统和徐州工程机械科技股份有限公司生产的XSM218、XSM220振动压路机电气系统为例介绍系统的工作原理，分析电路中各部分的组成及作用。

【相关知识】

一、YZC12型振动压路机电气系统

如图7-2-1所示该系统由基本车辆电系、行驶驱动控制电路、振动控制电路、辅助电器设备控制电路等组成。

1. 基本车辆电系

基本车辆电系包括发动机起动与充电系、发动机工作监控系统、喇叭、仪表、工作灯、制动和紧急停车等。

1)充电系

(1)用两个12V的蓄电池串联而成24V，由开关S1控制蓄电池的充、放电路的通断。

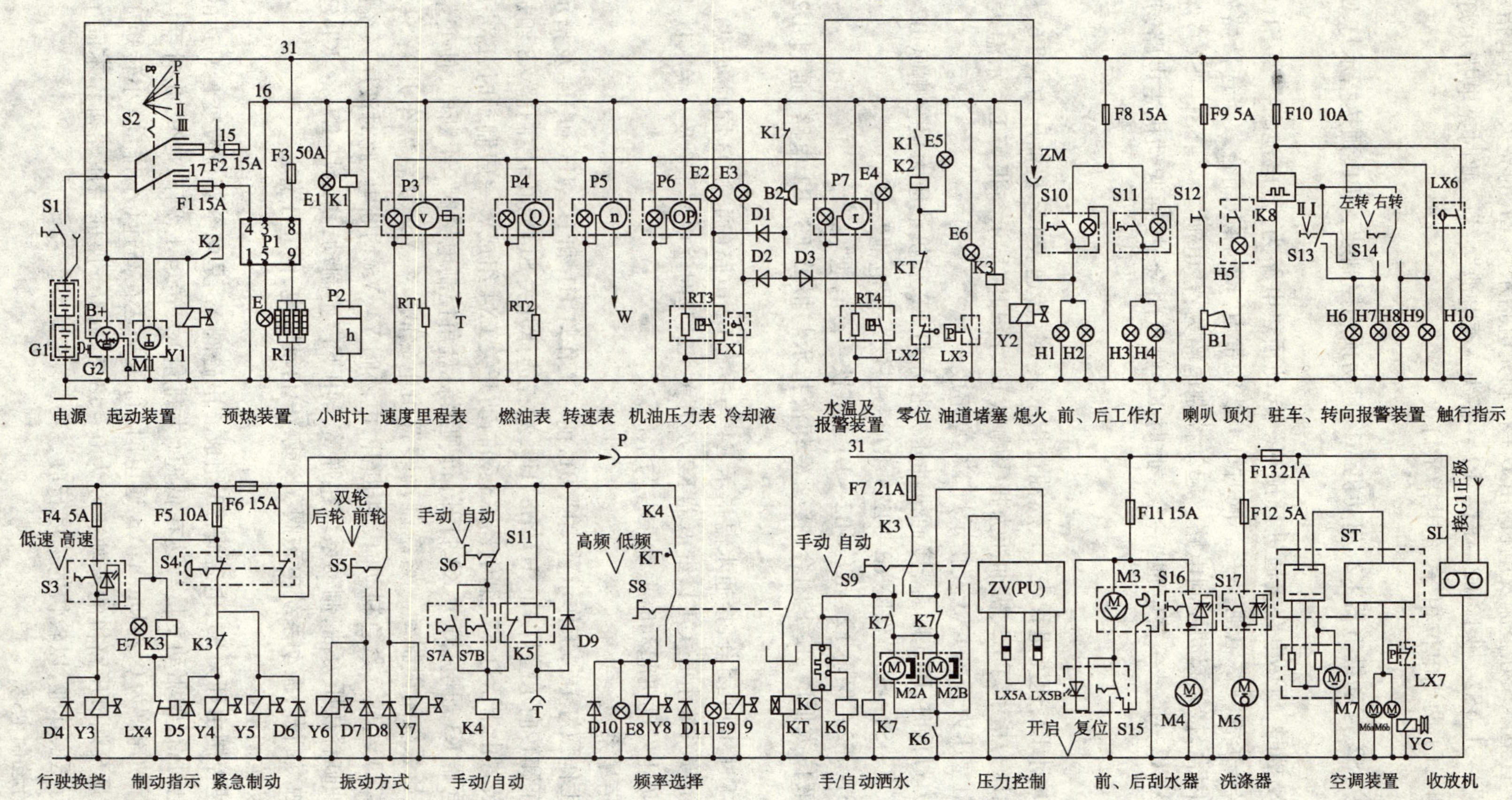

图 7-2-1　YZC12 型振动压路机电气设备总线路

(2)采用9管整体式硅整流发电机，由D+控制充电指示灯E1的亮灭。充电指示灯电路为：蓄电池"+"→S1→S2→保险F2→E1→P2→搭铁→蓄电池"-"。此时充电指示灯亮，当发电机正常运转时，E1两端电位相等，充电指示灯灭。

2)起动系

由起动开关S2、起动继电器K2、起动机M1、起动预热控制装置P1、预热指示灯E、预热电阻R1等组成。

当旋到起动挡时，预热电路接通进行预热。起动预热电路为：蓄电池"+"→S1→S2→保险F1→P1→R2→搭铁→蓄电池"-"。同时，K1线圈带电，K1触点闭合。当选挡器处于零位时，KT、LX2均闭合，接通起动控制电路。起动控制电路为：蓄电池"+"→S1→S2→保险F2→K1→K2→KT→LX2→搭铁→蓄电池"-"。此时K2触点闭合，接通起动机主电路，带动发动机运转。

3)仪表系

由工作累时计P2、速度里程表P3、燃油量指示表P4、转速表P5、机油压力表P6、机油压力开关RT3、机油压力指示灯E2、机油压力报警喇叭B2、冷却液指示与报警E3、水温表P7及指示灯E4、油路阻塞压力开关LX3及指示灯E6等组成。

当机油压力过低时，RT3闭合，接通机油压力指示灯E2和机油压力报警喇叭B2的电路。其电路为：电源+→S1→S2→保险F2→E2→RT3→搭铁→蓄电池"-"。

电源+→S1→S2→保险F2→K1→B2→D1→搭铁→蓄电池"-"。

当冷却液液位太低时，LX1闭合，接通冷却液指示与报警E3、B2电路(通过D2同时实现)。

当水温太高时，RT4闭合，接通水温指示E4与报警B2电路(通过D3同时实现)。

零位自动闭锁系统由开关K1，继电器K2及开关K2，延时继电器KT及开关KT，零位起动指示E5组成，防止发动机起动时振动泵参与工作。

4)照明及信号系

由驾驶室工作顶灯H5，工作示警喇叭B1，前后工作灯H1和H2、H3和H4及指示灯开关S10和S11，停车和转向示警灯H6、H7、H8、H9，左右选择开关S14，频闭控制器K8组成。

一般制动装置由指示灯E7、继电器K3和制动开关LX4组成。一般制动时，LX4闭合，灯E7亮，同时继电器K3通电，开关K3打开，行驶泵斜盘角控制电磁阀Y4断电，使变量泵斜盘角为零，实施液压系统闭锁制动。紧急制动装置由电磁阀Y4、Y5，紧急停车开关S4，指示灯E7，延时继电器KT组成。紧急制动时，S4断开，电磁阀Y4、Y5均断电，此时液压系统闭锁，同时前后轮制动油缸释放压力油，制动系统在弹簧作用下产生制动，指示灯E7亮，KT延时几秒钟后断电，KT触点断开，振动系统电磁阀Y8或Y9自动断电，停止工作。

2. 行驶驱动控制电路

行驶高低速控制由开关S3，电磁阀Y3组成。电磁阀Y3是两个双位置变量马达的位置控制开关，Y3断电时，行驶驱动变量马达在低速(大排量)大转矩工况下工作，此时手控变量泵调节压路机的行驶速度为0~7km/h；Y3通电时，行驶马达在高速(小排量)小转矩工况下工作，此时手控变量泵调节压路机的行驶速度为0~13.5km/h。保证了压路机在不同工况下以最佳的速度进行压实作业，以较快的速度行驶。

3. 振动时的控制电路

通过开关S5可以选择前轮振动、后轮振动或前后轮同时振动的方式，Y6、Y7为对应的前后振动轮驱动马达控制电磁阀。通过 S6 可以选择自动或手动。通过 S8 可以选择高频或低频控制,Y8 电磁阀控制振动泵在大排量位置,即高频小振幅工况下工作;Y9 电磁阀控制振动泵在小排量位置,即低频大振幅工况下工作,这样可以有效地压实不同种类及厚度的铺料层。

4. 辅助设备控制电路

1)手动/自动洒水控制

手动/自动洒水控制器由选择开关 S9,继电器 K6、K7,常开触点 K6、K7,常闭触点 K7,驱动水泵电机 M2A、M2B,以及洒水智能控制器 ZV 等组成。洒水系统还包括水泵,三级过滤器,前后水箱、水管、接头等。前后车架各有一个水箱。

驾驶员在驾驶室内能方便地进行洒水操作。洒水系统有压力喷水和重力洒水两套装置,保证在任何情况下都能够为钢轮洒水。智能控制器是一个由微处理器(CPU)控制,并编有专用控制程序的高科技电子产品,能够实现自动压力喷水。

2)刮水器与洗涤器、收放机

前后刮水器由微型直流驱动电机 M3、M4,开关 S15、S16 组成。洗涤器由洗涤喷水电机 M5,控制开关 S17 组成。收放机电源由蓄电池直接供给,电压为 24V。

3)蟹行指示、空调装置

蟹行指示 E11 用作手动控制压路机进行蟹行作业时的指示。

空调系统包括制冷和采暖两部分。其中制冷系统里,M6a、M6b 为蒸发器风机,采用的是轴流式双轮直流(24V)风机,其作用是强制驾驶室里的空气进行循环。M7 为冷凝器风机,其作用是增强冷凝器的散热能力,保证冷凝器的工作质量。YC 为压缩机,它是空调系统的心脏部分,保证制冷剂正常的工作循环。LX7 为压力开关(P),当系统出现冰堵活杂物堵塞,使压缩机高压出口的压力高于 3.1MPa 时,或当系统出现泄漏导致系统压力低于 0.23MPa 时,切断压缩机电路,使压缩机无法工作,从而起到保护作用。

二、XSM218、XSM220 振动压路机的电气系统

如图 7-2-2 所示该系统主要有发电系统、起动系统、控制系统、照明系统、讯号系统等组成。

1. 电源系

该型号的压路机采用型号为 31750B 电压为 12V 的两个蓄电池串联使用,线路电压为 24V,蓄电池位于压路机尾部的左侧,发电机采用整体式交流发电机。

(1)其励磁回路为:

蓄电池“+”→起动机主接线柱→电流表→钥匙开关→保险 2→发电机→励磁绕组→调节器→搭铁→蓄电池“-”。

(2)其充电回路为:

发电机电枢接线柱→钥匙开关→电流表→起动机主接线柱→蓄电池“+”→ 蓄电池“-”→搭铁。

2. 起动系

电控选档器操纵杆必须放在空挡位置时起动中间继电器触点才能闭合。按下起动按钮,起动继电器触点闭合,其电路流径为:

蓄电池“+”→起动机主接线柱→电流表→钥匙开关→保险 8→起动中间继电器闭合触点→起动按钮→起动继电器线圈→搭铁→蓄电池“-”。

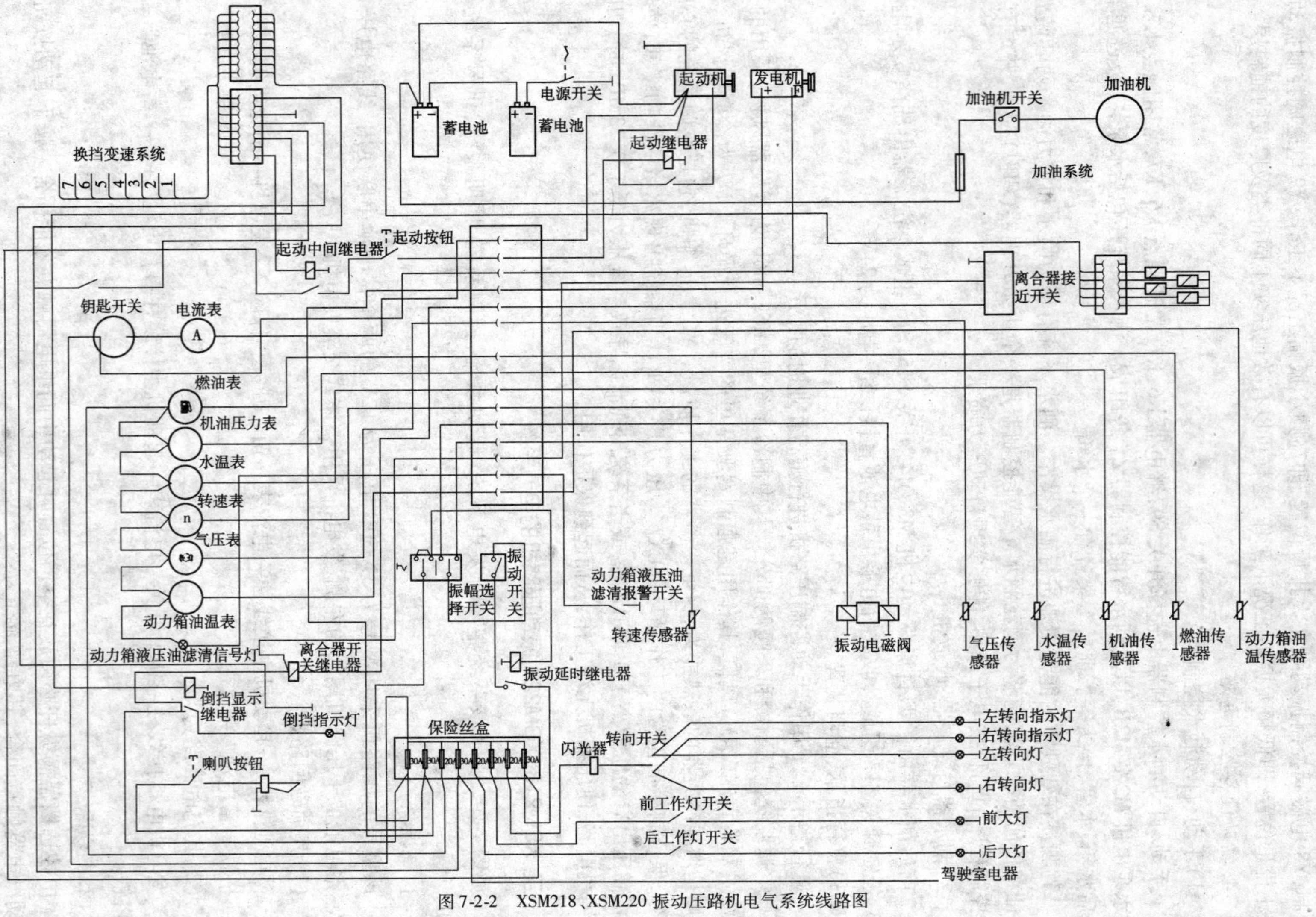

图 7-2-2　XSM218、XSM220 振动压路机电气系统线路图

此时起动机电磁开关通电，接通主接触盘，起动机产生电磁转矩带动发动机运转。

3. 控制系统

控制系统的功能是控制各种仪器、仪表及灯具，电源总开关位于工具箱左侧，控制整个压路机的线路通断。其余仪表均位于驾驶室内的仪表板上。

发动机起动后，须先踩下离合器踏板，才能操纵电控选挡器进行选挡，其控制电路为：电源“+”→保险1→离合电磁阀→离合器接近开关→搭铁。

离合器电磁阀通电产生吸力，电控选挡器锁止状态解除，此时方可挂挡。

振动频率的选择可以是自动的，也可以是手动的。高频、低频的控制由振幅选择开关，振动延时继电器，振动电磁阀组成。其控制电路为：

电源“+”→保险1→振幅选择开关→振动延时继电路线圈→搭铁→电源“—”。

电源“+”→保险8→振动延时继电器闭合触点→振动开关→振幅选择开关→振动电磁阀→搭铁→电源“—”。

4. 照明系统

照明系统的功能是在夜间或不良天气作业时，照明作业面及驾驶室，在压路机驾驶室前后并设有照明灯和顶灯。

照明灯的电路：蓄电池“+”→保险6→前工作断开关→前大灯→搭铁。

蓄电池“+”→保险5→后工作断开关→后大灯→搭铁。

5. 讯号系统

讯号系统的功能是向驾驶员和周围环境发出讯号，引起注意，以免发生人机事故。其主要设备有电喇叭、转向讯号灯、动力箱液压油滤清信号灯及各种仪表。

(1)电喇叭电路：蓄电池“+”→起动机主接线柱→电流表→钥匙开关→保险2→喇叭按钮→喇叭→搭铁→蓄电池“-”。

(2)转向灯电路：蓄电池“+”→起动机主接线柱→电流表→钥匙开关→保险7→闪光器→转向开关→左右转向灯及指示灯→搭铁→蓄电池“-”。

(3)动力箱液压油滤清信号灯电路：蓄电池“+”→起动机主接线柱→电流表→钥匙开关→保险3→动力箱液压油滤清信号灯→接线板→动力箱液压油滤清报警开关→搭铁→蓄电池“-”。

当动力箱液压油滤清信号灯亮时，表明滤清器太脏，须及时更换或清洗滤清器的滤芯。

(4)柴油油位表安装在仪表板上，当其指针接近零时，要及时加油，不允许用完后再加油。

油位表电路：蓄电池“+”→起动机主接线柱→电流表→钥匙开关→保险3→油量表→接线板→油量表传感器→搭铁→蓄电池“-”。

(5)制动气压表指示制动气压，工作前应保证制动气压不低于最低允许值，若气压过低应及时检修，否则不允许机器工作。

气压表电路：蓄电池“+”→起动机主接线柱→电流表→钥匙开关→保险3→气压表→接线板→气压传感器→搭铁→蓄电池“-”。

(6)动力箱油温表正常温度指示为60~65℃，瞬间最高温度不能超过80℃。

动力箱油温表电路：蓄电池“+”→起动机主接线柱→电流表→钥匙开关→保险3→动力箱油温表→接线板→动力箱油温传感器→搭铁→蓄电池“-”。

(7)动力箱油压表正常油压指示在1.3~1.6 MPa。

动力箱油压表电路：蓄电池“+”→起动机主接线柱→电流表→钥匙开关→保险3→动力

箱油压表→接线板→动力箱油压传感器→搭铁→蓄电池“-”。

(8)水温表电路:蓄电池“+”→起动机主接线柱→电流表→钥匙开关→保险3→水温表→接线板→动水温传感器→搭铁→蓄电池“-”。

(9)转速表电路:蓄电池“+”→起动机主接线柱→电流表→钥匙开关→保险3→转速表→接线板→动转速传感器→搭铁→蓄电池“-”。

【任务实施】

振动压路机基本电系常出现的故障和排除方法可参见前面几个单元,这里不再赘述;只针对YZC12型振动压路机其他主要电系常见故障的诊断和排除方法列表如表7-2-1所示。

YZC12型振动压路机其他主要电系常见故障的诊断和排除方法 表7-2-1

行驶电气系统	行驶系统只有低速挡	先检查保险F4是否烧断;在检查开关S3是否能闭合;如正常进一步检查电磁阀Y3是否有电,有电时,进一步检查电磁阀是否短路、断路、搭铁等故障,如果一切正常,应检查相关的液压系统
振动电气系统	前后轮均无振动	先检查保险F16是否烧断,再在手动方式下检查继电器K4、KT是否能闭合,如果正常,继续检查Y8、Y9是否有电或出现断路、短路搭铁故障,如果一切正常,应检查相关的液压系统
	只有高频或低频振动	先检查高、低频选择开关是否正常,再检查Y8、Y9电磁阀是否短路、断路或搭铁。如正常应检查相关的液压系统
	只有前轮或后轮振动	检查开关S5及相应的电磁阀Y6、Y7是否有电,或出现短路、断路、搭铁故障。如正常,应检查相关的液压系统
空调系统	制冷系统异响	应检查传动皮带是否过松;风机风扇是否加有杂物,电机是否过分磨损;电磁离合器是否打滑;压缩机内部润滑不良等
	系统不制冷	先检查保险F13是否烧断,再检查风机是否运转,电磁离合器是否工作正常,制冷剂的量是否过多或过少,最后检查控制开关、压力开关,怠速控制器是否故障

课题三　装载机总线路

知识点:

ZL50C型装载机电气系统的组成和作用。

技能目标:

1. 装载机总线路图的识读方法;
2. 装载机电气系统常见故障及排除方法。

【任务引入】

装载机的电气系统相对其他工程机械而言比较简单,因此,其总线路也简单明了。作为驾驶与维修人员应能根据线路总图找出装载机的充电系、起动系等主要电气系统中组成元件的线路连接情况,以便于检查与排除装载机电气故障。

【任务分析】

虽然装载机的生产厂家及型号较多,但是它的电气系统线路布置却是大同小异。本课题以目前使用较多的ZL50C装载机电气系统为例,分析电路的组成、特点和常见故障的诊断方法。

【相关知识】

ZL50C 装载机电气系统介绍(山工集团生产)

ZL50C 装载机电器设备总线路包括充电系、起动系、照明及信号系、仪表系和辅助电器装置。全车电气线路(见图 7-3-1)为并联单线制、负极搭铁,电气系统工作电压均为 24V,各系统电路特点分析如下:

1. 充电系

(1)用两个 6-Q-195 型 12V 蓄电池串联而成 24V,由电磁式电源总开关(蓄电池继电器)控制蓄电池的充、放电路的通断,而电源总开关又受点火开关的控制,停车时可防止蓄电池的漏电。

(2)发电机采用的是带中性点的整体式硅整流发电机,使得充电系统具有电压调节精度高、故障少、耐震、防潮、防尘、耐高温等优点。

(3)仪表盘上的工时表(小时计)是由发电机内的转速传感器控制而工作的,它用来记录发动机的工作时间。

(4)电流表与蓄电池串联,显示蓄电池充、放电电流大小;电源电路中的保险器为 50A 快速熔断片。

2. 起动系

ZL50C 装载机起动系电路由点火开关、起动继电器、起动机组成。起动机采用 QD274 型电磁操纵强制啮合直流串励式电动机。

3. 照明及信号系

(1)各灯具并联连接。

(2)前大灯为两灯制双丝灯泡,由前大灯开关来控制。前后小灯、仪表灯、开关指示灯由小灯、仪表灯开关控制。

(3)两个工作灯和两个后大灯分别由工作灯开关、后大灯开关控制。

(4)闪光器 SG224C 串联在转向灯电路中。

(5)制动灯由制动灯开关控制。倒车蜂鸣器由倒车报警开关控制。

4. 仪表系

ZL50C 装载机仪表系的仪表有电流表、发动机水温表、变速器油压表、变矩器油温表、发动机油压表、双针式气压表和小时计等。其传感器串联在对应仪表的搭铁电路中,各表的正常指示值如表 7-3-1 所示。

ZL50C 装载机各仪表正常指示 表 7-3-1

仪 表	正常指示值	量 程
电流表	—	±50A
发动机水温表	67~90℃	50~135℃
变矩器油温表	50~120℃	50~135℃
变矩器油压表	1.4~1.6MPa	0~3.2MPa
发动机油压表	0.2~0.4MPa	0~0.6 MPa
双针式气压表	0.6~0.8MPa	0~1.0 MPa

5. 辅助电器

ZL50C 装载机辅助电器主要包括电动刮水器、暖风、电风扇、电喇叭和保险装置等。

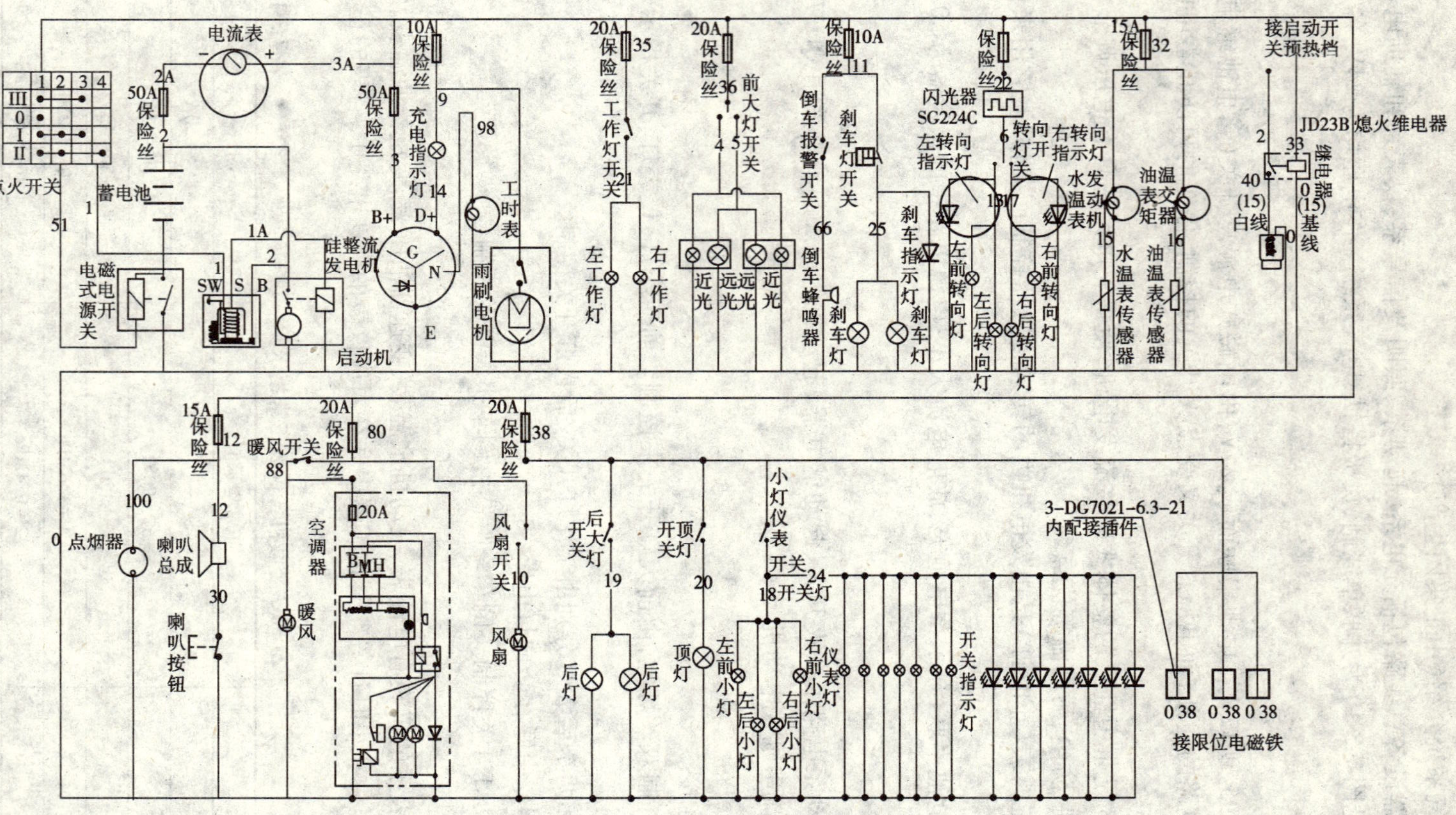

图 7-3-1 ZL50C 装载机电气设备总线路

【任务实施】

ZL50C 装载机主要电系常见故障的诊断和排除方法如表 7-3-2 所示：

ZL50C 装载机主要电系常见故障的诊断和排除方法 表 7-3-2

系 统	故 障 现 象	原因及排除方法
充电系	不充电	先检查保险是否烧断，充电电路连接是否良好；再检查电磁式电源总开关和点火开关是否工作良好；最后检查发电机工作是否正常
	充电电流过大	充电电流过大主要是由于调节器调压值过高或失效造成，应更换
	充电电流过小、充电电流不稳	先检查各连接导线是否接触良好、电源总开关触点是否严重烧蚀；再检查发电机内部是否出现接触不良、局部短路、断路、个别二极管断路故障；最后确定调节器是否良好
起动系	起动机不转	先检查蓄电池是否严重亏电，电缆连接是否牢靠；再检查起动继电器；最后检查起动机的直流电机是否能转，电磁开关是否正常工作
	起动机运转无力	先检查蓄电池是否亏电，电缆接头是否接触不良；再检查直流电机内部是否存在局部断路、短路，换向器脏污，烧蚀等故障；最后检查电磁开关接触盘是否过度烧蚀
	起动机空转	先检查单向离合器是否打滑，拨叉是否脱出；再检查驱动齿轮与飞轮齿圈是否过度磨损；最后检查主电路接通是否过早
照明系统	所有灯都不亮	先检查相关保险是否烧断；再检查相应开关工作是否正常
	个别灯不亮	先检查灯泡是否烧坏；再检查相应连接导线是否断开
仪表系统	整个仪表均不正常	先检查保险是否烧断；再检查公共火线是否断开
	个别仪表不正常	先检查该仪表与传感器的连接导线是否接触良好；再检查该仪表配套的传感器是否失效；最后检查该仪表表头内部是否出现故障

课题四 挖掘机总线路

知识点：

EX200-5 型挖掘机电气系统的组成和作用。

技能目标：

1. 挖掘机总线路图的识读方法；
2. 挖掘机电气系统常见故障及排除方法。

【任务引入】

随着对挖掘机在工作效率、节能、操作轻便、安全可靠等各方面性能要求的提高，挖掘机的机电一体化技术的复杂程度也在进一步增加，与此相对应的全车电气及控制电路的难度也在增大。在此我们对微机、微处理器、传感器等控制电路不做进一步的研究，只要求大家能从错综复杂的线路总图中分出电源电路、起动电路、预热电路等基本电路，并根据其组成能检查与排除简单故障。

【任务分析】

要想做到正确分析挖掘机线路总图，首先我们要知道挖掘机全车电气系统的基本组成，主要电路的元件连接，并能根据线路图确定故障原因及部位。下面我们以大宇 DH220LC-V 型挖掘机电气系统为例，分析其电路的组成、特点和常见故障的诊断方法。

【相关知识】

挖掘机总线路分析，以日本日立（HITACHI）履带式单斗液压挖掘机 EX200-5 型为例，介绍挖掘机电气系统的分析方法（重点介绍主电路系统）

电气控制系统由主电路系统、控制系统和监测系统组成。电气控制系统线路图如图 7-4-1 所示。

主电路的功能是使发动机及其附属设备进行工作。

控制电路控制发动机、液压泵和阀门的工作。阀门包括各种执行机构如电磁阀、主控制器（MC）、开关盒、传感器和压力开关等。

监测电路的功能是使包括各种监测器、传感器和开关在内的监测装置工作。

一、主电路系统

1. 电源电路（图 7-4-1）

电源电路的功能是向挖掘机的所有电气系统供应电力，其由钥匙开关、蓄电池、保险丝盒、熔线和蓄电池继电器组成。

当蓄电池的负端子接在车体上，钥匙开关在 OFF 位置时，来自正端子的电流流向如下：

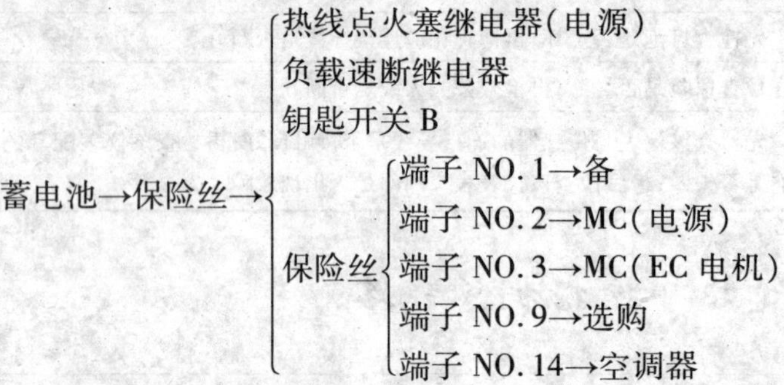

2. 预热电路（图 7-4-1）

该电路的作用是帮助发动机在寒冷天气下起动，其由钥匙开关、热线点火塞继电器、热线点火塞组成。

当钥匙开关转到“预热位置”时，钥匙开关的端子 B 就同该开关中的端子 G1 接通。来自端子 G1 的电源电流在流过保险丝盒端子 20 以后，流向热线点火塞继电器端子 3，激励热线点火塞继电器，同时从端子 20 来的电流还流向监测器中端子 31，操作监测器，并点亮了预热指示器。蓄电池的电流通过保险丝和热线点火塞继电器端子 1、2 流到热线点火塞。预热约 20s 后，监测计时器就把预热指示器转到 OFF 状态，告知发动机已经预热。

3. 起动电路（图 7-4-1）

该电路主要的作用是起动发动机。该电路由钥匙开关、起动器（起动电机）、起动继电器组成。

当钥匙开关转到 ON 位置时，它上面的端子 B 就同端子 G_2、M 和 ST 接通。来自端子 M 的电流流向蓄电池继电器端子 M_4，并激励蓄电池继电器，使蓄电池的电流通过蓄电池继电器端子 MB 而流向起动器上的端子 B 和起动继电器。

钥匙开关的端子 ST 同起动继电器上的端子 S 接通，这就使得蓄电池的电流流过起动继电器内的线圈，让继电器把电路关闭。于是，蓄电池电流就能流到起动器上的端子 C，把内部的起动继电器关闭，起动器就开始转动，带动发动机起动。

钥匙开关的端子 G_2 是用导线与端子 G_1 连接的。当钥匙开关在起动位置时，蓄电池电流就流到预热电路，流到热线点火塞。

来自端子 M 的电流流到主控制器（MC），说明钥匙开关是位于 ON 或起动位置，当这个电流信号到达 MC 后，MC 就发出相应的驱动信号给 EC 电机，EC 电机开始移动调节器杆。

4. 充电电路（图 7-4-1）

该电路对蓄电池充电，补充消耗的电能，主要元件为交流发电机（带稳压带）。

发动机起动之后，钥匙开关返回到 ON 位置。它上面的端子 B 与端子 M 和 ACC 相通，这时，交流发电机开始对蓄电池充电。来自交流发电机端子 B 的电流，通过蓄电池继电器而流到蓄电池，进行充电。

另外，此电流通过保险丝盒的端子 4 流向主控制器（MC）端子 A1，成为电磁线圈（电磁阀）的电源，电流通过端子 11 流向工作灯，通过端子 6 流向监测器端子 29，进入小时表，还通过保险丝盒的端子 13 流向加热器。来自发电机端子 L 的电流流到监测器端子 42，使交流发电机指示灯熄灭。

5. 附属设备电路（图 7-4-1）

当钥匙开关放置在 ACC 位置时附属设备电路便工作，其主要由钥匙开关、蓄电池、保险丝盒等组成。

当钥匙开关转到附属位置时，端子 ACC 同端子 B 接通，于是蓄电池电流通过保险丝端子 B、端子 ACC 进入保险丝盒，从保险丝盒端子 15、16、17、18 分别进入喇叭继电器、收音机、点烟器、顶灯，同时通过端子 19 流进附属电路，使之进行工作。

6. 发动机停止电路（图 7-4-1）

该电路利用调速（EC）电机使发动机停止工作，其主要由主控制器（MC）、调速（EC）电机组成。

当钥匙开关从 ON 位置转到 OFF 位置时，主控制器（MC）就得到信息（钥匙开关的 ON 状态已切断），于是 MC 发出控制信号使调速电机移到停止位置，使发动机熄火。

【任务实施】

电气系统的故障判断与排除

挖掘机有时出现的电气故障可能由多种原因引起的，一般可参照表 7-4-1 进行判断和排除。

挖掘机常见电气故障的诊断与排除 表 7-4-1

故障现象	故障原因	排除方法
起动机不转动	蓄电池亏电	充电或更换电瓶
	端子接触不良	清理或更换
	起动开关坏了	更换
	起动继电器坏了	更换
	起动控制器失灵	更换
	导线失效	修理或更换

续上表

故障现象	故障原因	排除方法
起动机不转动	蓄电池继电器失灵	更换
	熔断丝烧了	更换
蓄电池不充电	接头松动或腐蚀	拧紧或变换
	电力不足	更换
	发电机皮带松或损坏	调整
	发电机失灵	修理或更换
蓄电池输出电压低	蓄电池内部短路	更换
	导线短路	修理
发动机速度不受控制	速度控制旋钮故障	更换
	节流控制器故障	更换
	速度控制马达故障	更换
	熔断丝故障	更换
	导线损坏	修理
	连接故障	修理
动力模式选择不工作	熔断丝烧断	更换
	动力模式开关失灵	修理
	连接失灵	修理
	导线损坏	修理
	EPOS-V 控制器故障	修理
工作模式选择不工作	熔断丝烧断	更换
	工作模式选择开关故障	更换
	连接失灵	更换或修理
	导线损坏	修理
	EPOS-V 控制故障	修理或更换

课题五　微机控制系统简介

知识点：

1. 微机控制系统的组成；
2. 微机控制的基本原理；
3. 微机控制的应用方式。

【任务引入】

在现代筑路机械中，微机控制技术得到了广泛的应用。将微机控制技术应用于现代公路工程机械中，不仅可以提高产品的质量，降低制造和使用成本，提高生产率，而且也可改善操作条件，提高设备的自动化程度和控制精度，从而提高施工质量。因此，我们必须了解微机控制的基本工作原理，适当掌握微机控制的应用方式。

【任务分析】

微机控制技术的应用需要微机控制系统的支撑，而微机控制系统由几个部分组成，要了解微机控制的工作原理，则必须熟悉微机控制系统的组成部分，再来了解各组成部分的工作原理，并在此基础上掌握微机控制的应用方式。

【相关知识】

根据控制环路可以将控制系统分为开环控制系统和闭环控制系统两类，如图7-5-1所示。在开环控制系统[图7-5-1a)]中，电控单元不对控制系统的输出进行监测，即系统的输出量在整个控制过程中对系统的控制不产生任何影响。在闭环控制系统[图7-5-1b)]中，电控单元通过反馈传感器和反馈电路对控制系统的输出进行连续监测，并根据实际输出与期望输出的差异产生相应的修正信号，使随后的实际输出更进一步向期望输出靠近。闭环控制系统虽然比开环控制系统的结构复杂一些，但可以获得较高的控制精度。所以，在现代公路工程机械微机控制系统中广泛采用的是闭环控制系统。

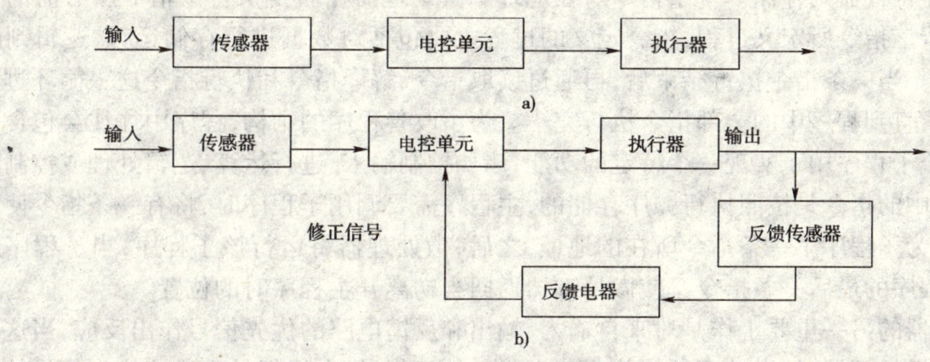

图7-5-1　开环控制系统和闭环控制系统

【任务实施】

一、微机控制系统的组成及工作原理

筑路机械微机控制系统的组成一般由感测控制信号的传感器、以计算机为核心的电控单元和实现控制意图的执行机构三部分组成。

1. 电控单元

电控单元常叫ECU(Electronic Control Unit)，其主要作用是对输入信号进行处理，根据计算机中存储的程序对传感器和控制开关输入的各种信号进行运算、分析和判断，形成相应的控制指令，并控制有关执行机构产生与控制指令对应的动作，使机械被控系统实现快速、准确的自动控制。ECU可以分为硬件和软件两部分，硬件部分是构成ECU的物理元器件，软件部分是实现ECU控制功能的指令和数据系统。

常见电控单元的电路如图7-5-2所示，下面介绍其基本工作原理。

ECU的主要工作就是按照特定的程序对输入信号进行处理，并形成相应的控制指令，向执行机构输出驱动信号。

存储器有一些特定区段，称为寄存器区。其中存放处理器下一指令所在地址的寄存器称为程序寄存器，用于临时存放从存储器中读出指令的寄存器称为指令寄存器。

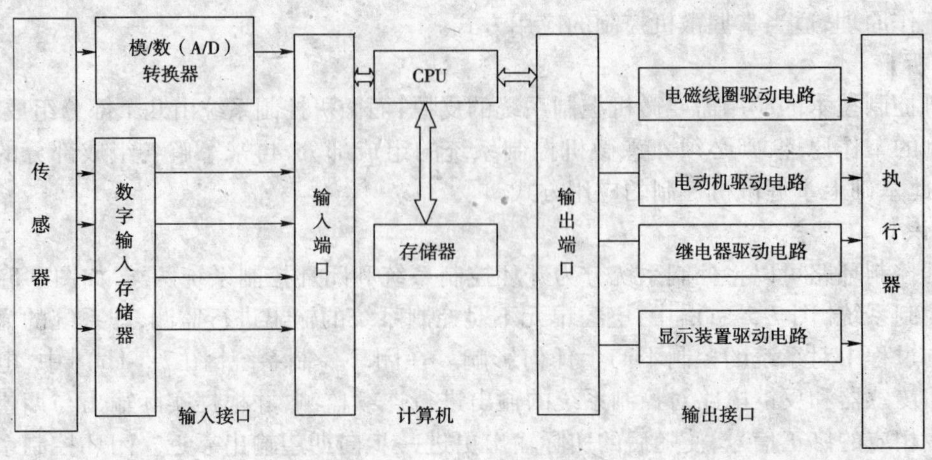

图 7-5-2　电控单元的电路

微处理器工作时先根据程序寄存器中的地址将指令读入指令寄存器中,然后对指令进行译码,而程序寄存器则存储下一条指令所在地址。微处理器在获得执行该指令所必需的信息以后,将执行该指令所定义过程,指令定义的过程主要包括对数据进行存储运算、逻辑判断和函数转换等。当一条指令执行结束后,再通过读取指令、解译指令和执行指令这一循环过程执行下一指令,直到程序中的全部指令执行完毕。为了改善程序的结构,程序中往往会包含一些子程序,每个子程序用于实现一个特定的功能,诸如控制输入、进行运算、逻辑处理或控制输出等。子程序中的指令是按照执行顺序存储的,主程序需要调用子程序时,将有一条指令使程序寄存器设置为子程序第一条指令所在的地址,之后,微处理器将运行该子程序,当子程序运行结束时,子程序的最后一条指令又使微处理器返回当初离开主程序时的位置。

微处理器的另一重要工作是对来自输入、输出和反馈电路的优先信号作出反应,当这些优先信号输入微处理器时,微处理器将停止正在进行的工作,转向运行处理这些优先信号的子程序,这一过程称为中断服务,这些需要优先处理的信号称为中断信号。中断服务功能可以使微处理器不必对控制系统进行连续监测,又可以在进行其他控制过程中按照需要对优先信号进行及时处理,使处理这些信号的时效性得到保证。例如,发动机因点火过早导致爆震发生时,由爆震传感器反馈的爆震信号将使微处理器中断正在进行的工作,而转向运行延迟点火时间的子程序,使爆震现象得到抑制。

2. 执行机构

在现代公路工程机械微机控制系统中,执行机构按照 ECU 的指令通过改变位置或状态,使被控对象发生预期的变化。常见的执行机构有电动式、液动式和气动式三大类。

1)电动式执行机构

电动式执行机构以电能为动力,把电能转变为位移或转角等,以实现对被控对象的速度、流量和压力等参数的控制。电动式执行机构包括交流(直流)伺服电动机、步进电动机等各种电动机和电磁铁。下面重点介绍在现代公路工程机械控制驱动系统中最常用的是三相交流异步电动机。

2)液动式执行机构

液动式(液压)执行机构是将液体压力能转换为机械能,拖动负载实现直线或回转运动。液动式执行机构承载能力强、工作平稳、冲击和振动小、输出扭矩大、可实现无级调速、电液联合容易实现自动化,在工程机械电子控制系统中得到了广泛应用。液动式执行机构主要包括直线往复运动液压缸、回转液压缸和液压马达。

3)气动式执行机构

气动式执行机构由汽缸、气阀或气动马达等组成。常用的有薄膜式、长行程式和活塞式等几种。

(1)薄膜式执行机构

如图7-5-3所示,薄膜式执行机构主要由薄膜式连杆机构和调节阀组成。当输入气压变化时,薄膜上部的压力相应变化,使连杆上下移动,带动下端的调节阀阀芯移动,阀芯与阀座间的距离也随着变化,从而改变了管道的流通面积,达到调节流量的目的。

(2)长行程式执行机构

如图7-5-4所示,长行程式执行机构由工作汽缸、导阀、平衡支架、波纹管等组成。当气压信号输入时,波纹管顶端的高度随信号变化而变化。平衡支架也上下移动,使压缩空气经工作气道进入上下气道,工作汽缸中的活塞因上下气压的不平衡而移动,通过连杆及传动机构拖动输出臂,输出臂与负载相连。长行程执行机构把输入的压力信号变为力矩、转角式位移,适应于角行程调节。

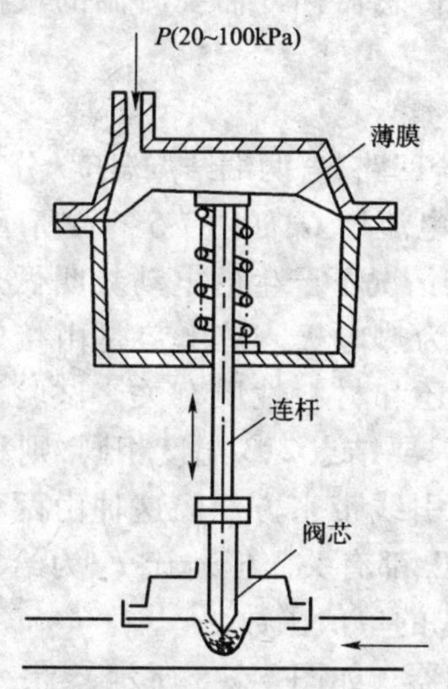

图7-5-3 薄膜式执行机构原理图

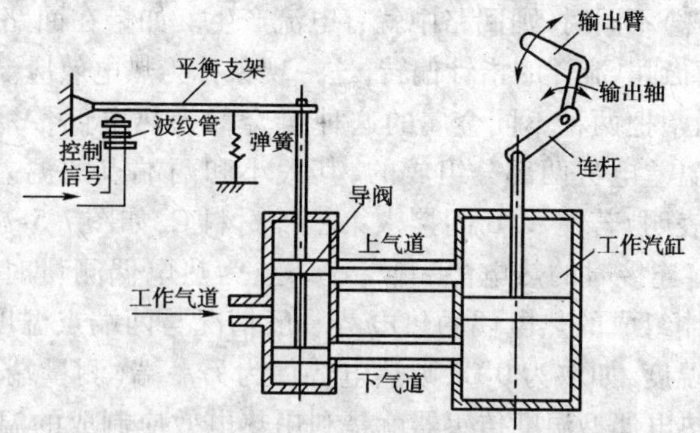

图7-5-4 长行程执行机构原理图

3. 传感器

微机控制系统要从被控对象的现场得到各种信号,供ECU分析、判断和处理,传感器就是完成信号采集任务的部件,它可以将被测量(物理量)转换为电信号。传感器的分类方法和种类很多,我们这里仅就公路工程机械中较常用的传感器,如温度传感器、转速传感器、位移传感器等做一些介绍。

1)温度传感器

温度传感器常用的有热敏电阻型和热电偶型两类。

(1)热敏电阻型温度传感器

热敏电阻是一种利用半导体材料的电阻值随温度而变化的性质制成的温度敏感元件。在温度测量中,使用得最多的是负温度系数(NTC)型热敏电阻,它的电阻值随着温度的提高而减小,变化情况见图7-5-5所示,温度变化1℃电阻值可以变化5%~10%,电阻值为10kΩ的热敏电阻在发动机工作温度范围内的阻值变化范围为500~10 000Ω。

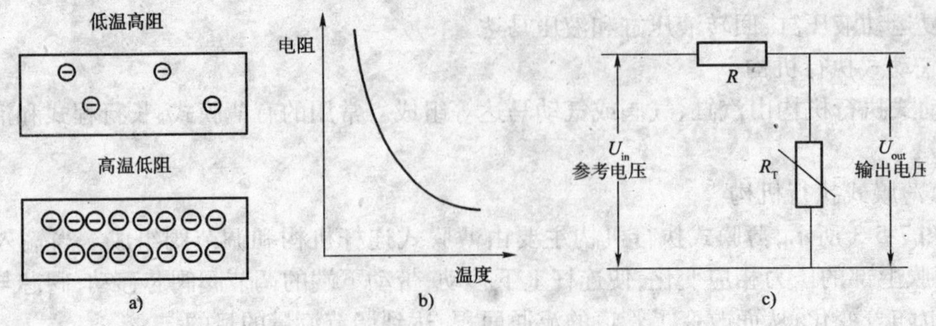

图 7-5-5 热敏电阻工作原理图

a）半导体电阻随温度变化情况；b）热敏电阻传感器的温阻特性；c）热敏电阻温度传感器电路

尽管热敏电阻在高温范围内的灵敏度有所降低，但热敏电阻温度传感器仍然具有很高的灵敏度，可以测量 0.05℃的温度变化。虽然热敏电阻随温度变化产生的是电阻值的变化，但可以通过图 7-5-5c）所示电路将热敏电阻的电阻值变化转换为电压或电流的变化。需要注意的是，通过热敏电阻的电流不能过大，以免热敏电阻因自身功率损耗过大引起发热。通常将热敏电阻装入壳体中形成温度传感器，再将温度传感器插入需要测温的液体或气流中。

（2）热电偶型温度传感器

把两种不同的金属 A 和 B 连接成如图 7-5-6a）所示的闭合回路，若两端结点温度（分别为 T 和 T_0）不同时，则回路中就有电流产生。如果在回路中接入电流计 G，如图 7-5-6b）所示，就可以看到电流计的指针偏转，这一现象称为热电效应。在这种情况下产生的电动势叫做热电势，通常把两种不同金属的这种组合称为热电偶，A 和 B 称为热电极。热电势是由接触电势和温差电势两部分组成的，其大小和两端点的温差有关，还和材料性质有关。试验和理论都表明，若在 A、B 间接入第三种材料 C，如图 7-5-7 所示，只要结点 2，3 温度相同，则和 2、3 直接连接时的热电势一样，这一点为热电偶测量时加测量引线带来方便。这种由两种不同导体组成的热电偶的热电势一般情况与两端点温度 T 和 T_0 都有关。但若让 T_0 为给定的恒定温度，如取为 0℃，则热电势仅为另一端（测量端）温度 T 的单值函数。

热电偶型温度传感器就是利用热电效应制成的温度传感器。如图 7-5-8 所示，当一个结点 4 的温度保持恒定，电路中的电压变化将是另一结点 1 处温度变化的线性函数。其工作温度的范围在 250 ~ 2 000℃，常用于测量发动机排气和增压的温度。

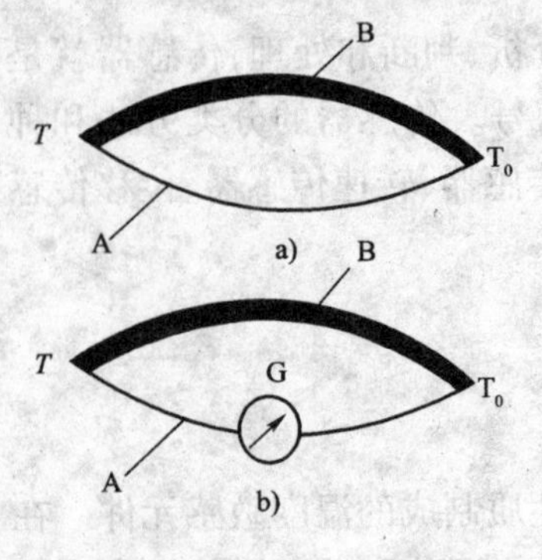

图 7-5-6 热电效应原理图

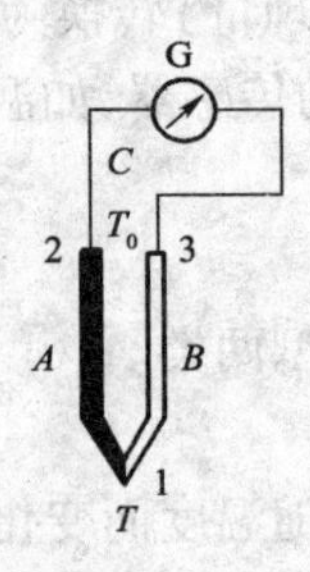

图 7-5-7 热电偶结构示意图

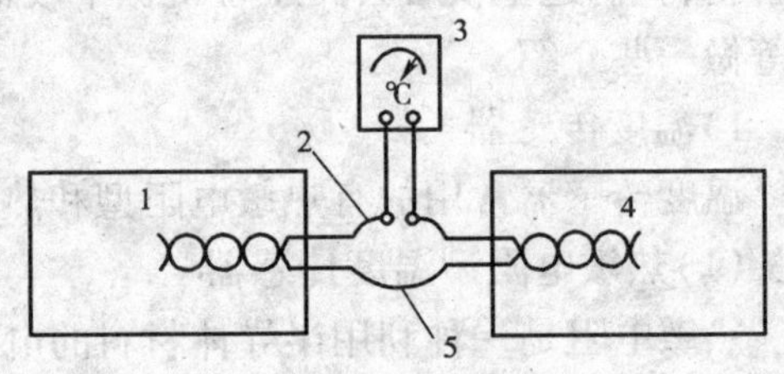

图 7-5-8 热电偶温度传感器的工作原理

1-被测温度；2-金属 A（铂）；3-温差电压；4-恒定温度；5-金属 B（铑）

2)转速传感器

大部分筑路机械上使用的转速传感器是一种接近开关式转速传感器,如小松 WS16S-2 铲运机、日产 EX200 挖掘机、意大利 BEN7.16 装载机等谁使用的转速传感器。其作用主要是用来测试变速器输入轴或轮边减速器输出轴的转速。WS16S－2 铲运机变速器的输入轴每旋转一周,产生四个脉冲信号,微小的脉冲信号被送入转速传感器控制器,经过转换、放大和整形,然后把每转产生的四个矩形脉冲信号送至变速控制器中,见图 7-5-9。

转速传感器的旋转齿轮轴穿过变速器中的两根轴与涡轮轴连接在一起,也就是转速传感器的齿轮轴与变速器的输入轴是同转速的。这种接近开关式传感器实际上是一个开关式变磁阻转速传感器。被测轴旋转时,转速传感器的磁极芯轴与装在被测轴上的齿轮之间的间隙改变,磁路中的磁阻改变,因而通过芯轴线圈的磁通也将发生变化,线圈中产生感应电动势,感应电动势的频率 $f = nZ/60$,则输入轴的转速为:

$$n = 60f/Z$$

式中:Z——与转速传感器芯轴相对的被测轴齿轮的齿数;

n——被测轴的转速,r/min;

f——感应电动势频率,Hz。

检测出感应电动势频率就可以计算出被测轴的转速。如 WS16S-2 铲运机上的被测齿轮是“十”字形的,有 4 个齿,则输入轴的转速 $n = 15f$。

3)位移传感器

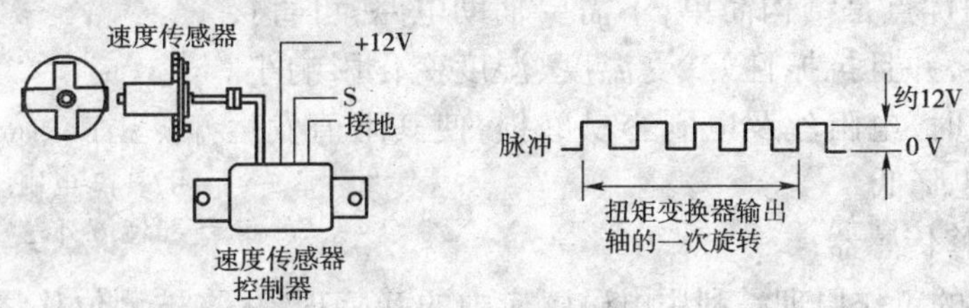

图 7-5-9　速度传感器及控制器

(1)电位器式位移传感器

这种传感器是一种应用广泛的器件,它可以把机械位移(线位移、角位移)转换为与它成一定函数关系的电阻或电压信号,如图 7-5-10 所示。

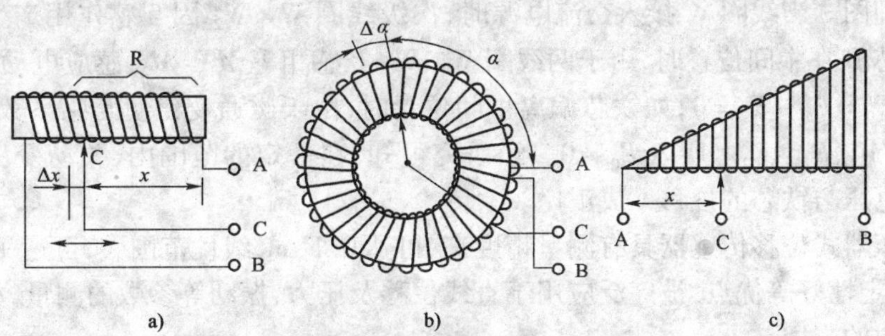

图 7-5-10　电位器式传感器示意图

a)直线位移型;b)角位移型;c)非线性型

图 7-5-10a)为直线位移型,当被测位移变化时,触点 C 沿电位器移动。如果移动 x,则 C 点与 A 点之间的电阻为:

$$RAC = \frac{R}{L}x = K_L x \tag{7-5-1}$$

式中,K_L 为单位长度的电阻,当导线材质分布均匀时是一常数,因此这种传感器的输出(电阻)与输入(位移)呈线性关系。

传感器的灵敏度为:

$$S = dR/dx = K_L = 常数$$

图 7-5-10b)为角位移型电位器式传感器,其电阻值随转角 α 而变化。传感器的灵敏度为:

$$S = dR/d\alpha = K\alpha$$

式中:$K\alpha$——单位弧度对应的电阻值,当导线材质分布均匀时,$K\alpha$ 是一常数。

非线性电位器,又称函数电位器,是输出电阻(或电压)与输入位移之间具有非线性函数关系的一种电位器。

如图 7-5-11 所示为日本新泻的水平传感器所采用的一种角位移型传感器。当拉杆 1 随重锤 5 左右摆动时,电阻丝 3 在电刷 2 内往返滑动,使电位器电阻值随重锤摆动而改变,并与重锤摆动角度成正比例。在实际使用中,因水平控制系统是一闭环控制系统,为防止在调节过程中发生过调而产生振荡现象,在传感器内灌入阻尼油,使重锤在调节过程中有一个较缓慢的摆动过程。

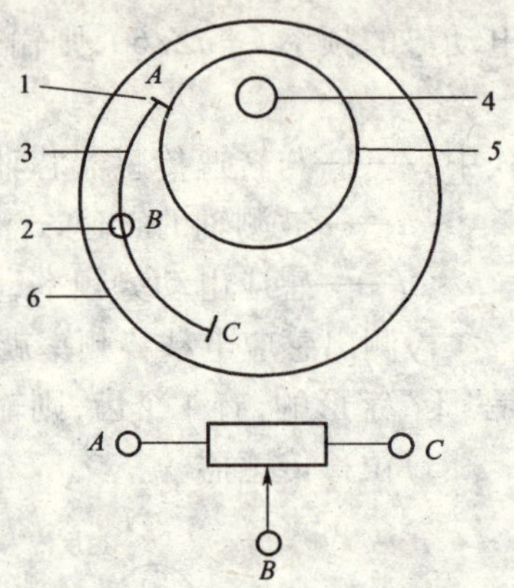

图 7-5-11　电位器式传感器结构简图

1-拉杆;2-电刷;3-电阻丝;4-固定轴;5-重锤;6-外壳

这类传感器的优点是结构简单,不需要辅助电路,可直接与主控制电路想接,并且抗振性好,受温度、湿度变化影响小。其缺点是长期使用时,电阻丝及电刷容易磨损,使其阻值发生改变,同时灵敏度也降低。

(2)互感式位移传感器

互感式传感器的工作原理是利用电磁感应中的互感现象,将被测位移量转换成线圈互感的变化。这种传感器实质上就是一个变压器,所不同的是把中间铁芯和位移连在一起,从而使互感与位移成一定的关系。由于常采用两个次级线圈组成差动式,故也称为差动变压器式位移传感器。

差动变压器式位移传感器的结构形式有多种,以螺管形应用较为普遍,如图 7-5-12 所示为其结构原理图。当线圈 W 接入交流电源时,次级线圈 W_1、W_2 因互感作用产生感应电动势 E_1、E_2,如铁芯 B 在中间位置时,由于两线圈 W_1、W_2 互感相等 $M_1 = M_2$,感应电动势 $E_1 = E_2$,故输出电动势 $E_0 = E_1 - E_2 = 0$;如铁芯偏离中间位置时,由于磁通变化使互感系数一个增大,一个减小,$M_1 \neq M_2$,$E_1 \neq E_2$。所以 $E_0 \neq 0$。经研究可知,在一定的范围内,差动变压器式位移传感器的输出电压与铁芯的位移 x 成正比。

差动变压器式位移传感器具有测量精度高,可达 0.1μm,线性范围大,可达 ±100mm,具有结构简单,稳定性好等优点,被广泛应用于直线位移及压力、振动等参数的测量,如在摊铺机自动找平系统中的应用。

(3)涡流式位移传感器

涡流式传感器的变换原理,是利用金属导体在交流磁场中的涡电流效应。高频反射式涡流传感器的工作原理如图 7-5-13 所示,金属置于一只线圈的附近,它们之间相互的间距为 δ。当线圈输入高频(几兆赫兹以上)激励电流 i 时,便产生交变磁通 Φ。金属板在此交变磁场中

会产生感应电流 i_1，这种电流在金属板内是闭合的，所以称为“涡电流”简称“涡流”。与此同时，该涡流产生的交变磁场又反作用于线圈，引起线圈自感 L 或阻抗 Z_L 的变化，其变化与距离 δ、金属板的电阻率 ρ、磁导率 μ、激励电流强度及角频率 ω 等有关，若只改变距离 δ 而保持其他系数不变，则可将位移的变化转换为线圈自感的变化，并通过测量电路转换为电压输出。

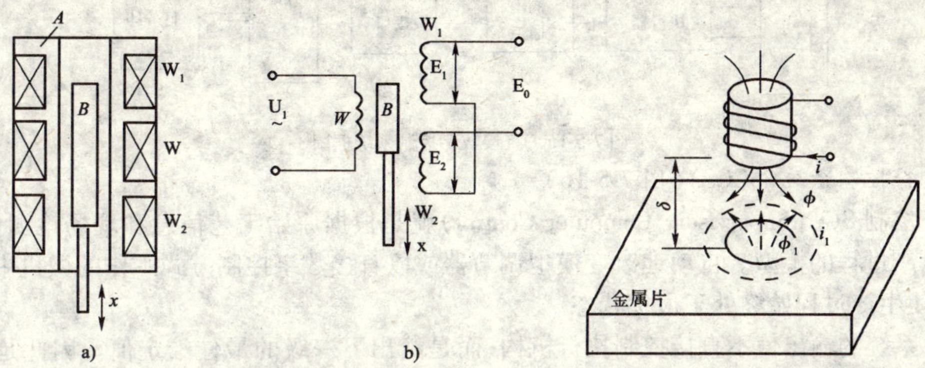

图 7-5-12　差动变压器的结构原理图
a）结构图；b）电路图

图 7-5-13　高频反射式涡流传感器

涡流式传感器具有结构简单，安装方便，易于进行非接触测量，灵敏度较高，抗干扰能力较强，不受油污等介质的影响等一系列优点。其测量范围约为 0 ~ 3mm，分辨力可达 1μm。

二、微机控制的应用方式

1. 数据采集和数据处理系统（图 7-5-14）

微机在数据采集和处理时，主要是对大量的过程参数进行巡回检测、数据纪录、数据计算、数据统计和整理；数据越限报警及对大量数据进行积累和实时分析。这种应用方式虽然不直接参与生产过程的控制，但还是具有明显的作用。比如可以利用其运算速度快的特点对整个生产过程进行集中监视，可对大量的输入数据进行集中、加工和处理来指导生产工程控制，也可预先存入各种技术参数的极限值，在处理过程中进行越限报警来保证生产过程的安全。

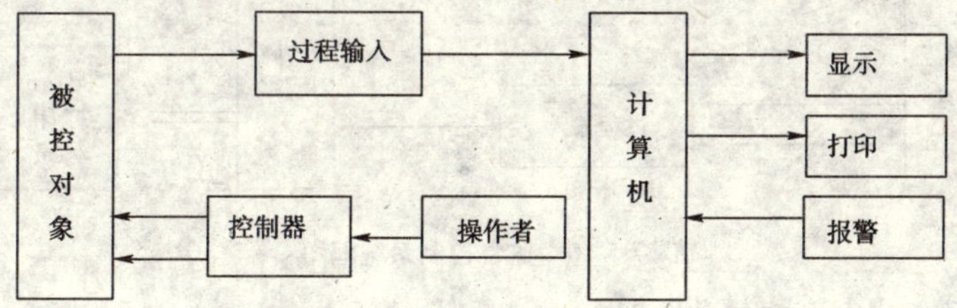

图 7-5-14　数据采集和数据处理系统框图

2. 直接数字控制系统（DDCS）（图 7-5-15）

直接数字控制系统 DDCS（Direct Digital Control Systems）是微机在工业中最普遍应用的一种方式。DDCS 中的微机参加闭环控制过程，无需中间环节（调节器）。微机通过过程输入通道对一个或多个物理量进行巡回检测，并根据规定的控制规律进行运算，然后发出控制信号，通过输出通道直接控制执行机构。

在 DDCS 中，微机不仅完全取代模拟调节器，实现多回路的 PID（比例、微分、积分）调节，而且不需要改变硬件。只通过改变程序就能有效地实现较复杂的控制规律，如非线性、纯滞后、自适应控制、最优控制等。

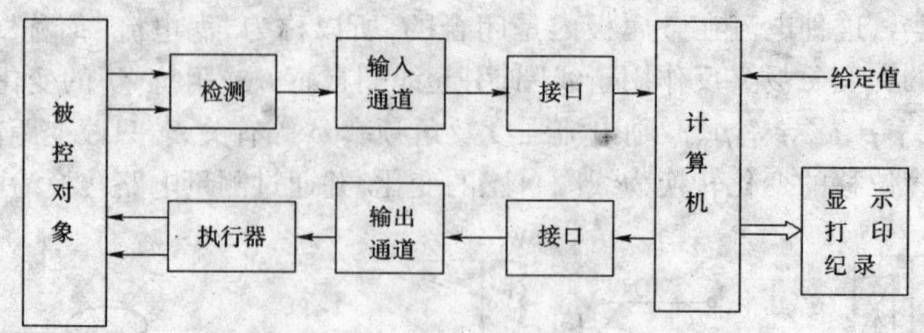

图 7-5-15　直接数字控制系统框图

3. 监督控制系统(SCCS)(图 7-5-16)

监督控制 SCC(Supervisory Computer Control)就是根据原始工艺信息和现场检测信息,按照描述生产过程的模型。自动地改变模拟调节器或以直接数字控制方式工作的微机中的给定值,从而使生产过程始终处于最优状态。

SCC 系统的输出值不直接控制执行机构,而是给出下一级的最佳给定值。因此是较高一级的控制。它的任务是着重于控制规律的修正与实现。

4. 分布式控制系统(DCS)

分布式控制系统也称为集散型控制系统(Distributed Control Systems),简称集散系统。它是一种新型过程控制系统,采用一台中央计算机指挥若干台面向控制的现场测控计算机和智能控制单元。这些现场测控计算机和智能控制单元可直接对被控装置进行测控,负责对过程进行控制,并向中央计算机报告过程情况。中央计算机负责全局的综合控制、管理、调度、计划以及执行情况报告等任务。

DCS 与集中型系统相比,其功能更强,具有更高的安全性和可靠性,系统设计、组态也更灵活、方便,也能分布于较大的地域。

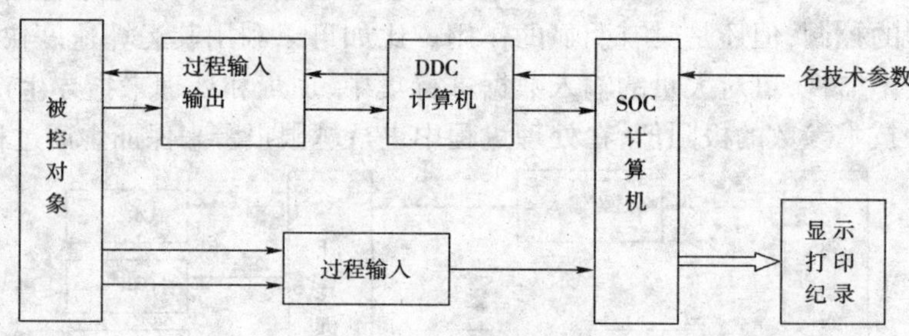

图 7-5-16　监督控制系统框图

思考题

1. 工程机械电器设备线路连接有哪些特点? 通常分为哪几大部分?

2. 公路工程机械电气总线路一般包括车辆电气系统和具有特殊功能的电控系统两大部分,其电路图的表达形式有哪几种?

3. 公路工程机械全车线路进行故障诊断过程中(包括充电系、起动系等在内),为什么随便"搭接"或"短接"会产生新的故障(举例说明)?

4. 举例分析、说明微机控制系统在工程机械上的作用和意义。

5. 简述工程机械上常用传感器的作用原理。

参考文献

[1] 吴文琳. 图解汽车电器与电控系统手册. 北京:化学工业出版社,2007.
[2] 舒华,姚国平. 汽车电器与电子技术. 北京:人民交通出版社,2004.
[3] 董国平. 汽车维护与故障排除. 北京:人民交通出版社,1995.
[4] 梁杰,于明进,路晶. 现代工程机械电气与电子控制. 北京:人民交通出版社,2005.
[5] 焦生杰. 现代筑路机械电液控技术. 北京:人民交通出版社,1997.
[6] 何继挺,展朝勇. 现代公路施工机械. 北京:人民交通出版社,1999.
[7] 杨海泉. 汽车故障诊断与检测技术. 北京:人民交通出版社,2004.
[8] 叶昌元. 汽车电器设备维护与故障排除. 北京:中国劳动出版社,1999.
[9] 张茂国. 汽车电器设备构造与维修. 北京:人民交通出版社,2004.
[10] 巫兴宏. 汽车电器设备构造与维修. 北京:高等教育出版社,2005.
[11] 崔长海. 柴油机维修专门化. 北京:人民交通出版社,2004.
[12] 冯久东. 公路工程机械电器电子控制装置. 北京:人民交通出版社,2005.
[13] 赵仁杰. 工程机械电器设备. 北京:人民交通出版社,2002.
[14] 周萼秋. 现代工程机械. 北京:人民交通出版社,1997.